ÉLÉMENTS PROPORTIONNELS

DE

CONSTRUCTION MÉCANIQUE

DISPOSÉS EN SÉRIES PROPRES A FACILITER LES ÉTUDES

DES

ÉLÈVES DES ÉCOLES PROFESSIONNELLES ET LES TRAVAUX DES DESSINATEURS,
INGÉNIEURS ET CONSTRUCTEURS

PAR

D.-A. CASALONGA

INGÉNIEUR CIVIL

TEXTE

PARIS

IMPRIMERIE DE L'ÉCOLE CENTRALE DES ARTS & MANUFACTURES
ET DE LA SOCIÉTÉ
DES ANCIENS ÉLÈVES DES ÉCOLES D'ARTS & MÉTIERS
J. DEJEY & Cⁱᵉ**, ÉDITEURS**
18 — RUE DE LA PERLE — 18

1874

INTRODUCTION

Les bonnes proportions dans les parties d'une construction, de quelque nature qu'elle soit, assurent la solidité en même temps qu'elles satisfont agréablement la vue, et conduisent à l'économie.

Les machines françaises, par l'harmonie et la proportionnalité de leurs organes, le bon goût de leurs formes, ont attiré, à l'Exposition de 1867, l'attention générale des constructeurs étrangers. Les Anglais, notamment, bons juges en pareille matière, ne se sont pas fait faute de déclarer la supériorité de la construction française à ce sujet. Aussi a-t-on remarqué, à l'Exposition récente de Vienne, peu de changements dans cette construction, tandis qu'il s'en est produit davantage sur les moteurs belges, suisses et allemands.

Une machine horizontale, déjà signalée en 1867 (1), et exposée par une grande maison de Paris, a été également remarquée comme réunissant au plus haut degré la bonne disposition, la meilleure forme et la proportionnalité des pièces.

L'ouvrage que nous publions a pour but de vulgariser et d'entretenir cette qualité que nous ont reconnue les constructeurs européens. Il a pour but aussi, et surtout, d'abréger le temps consacré à l'étude des projets de construction mécanique ou métallique, en leur donnant, dans les pièces de détail qui en dépendent, une grande sécurité.

Les grands ateliers affectent des sommes considérables à l'établissement de leurs *séries* ou éléments proportionnels de construction; et il nous a été donné de constater que des ingénieurs libres ont dépensé des sommes considérables pour collectionner une partie de ces renseignements que notre ouvrage met à la disposition de tous pour une somme minime. Les dessinateurs, les chefs de travaux ou de bureaux de dessin, les ingénieurs pour la construction, trouveront, au cours de leurs études, une aide efficace dans la possession de ces documents, où ils trouveront les détails des projets dont ils auront déterminé les conditions principales.

Les élèves des Écoles industrielles, qui se destinent à la mécanique, trouveront aussi, dans ce même ouvrage, un auxiliaire sûr et avantageux. Dès l'école même, ils s'habitueront aux objets élémentaires de la construction et à leurs proportions, lesquelles dérivent presque toutes d'une dimension principale que le calcul doit leur fournir. Et l'on pourrait dire que la possession de ces séries est aussi utile aux constructeurs qu'aux élèves de l'École Centrale et à ceux des Écoles des Arts et Métiers.

On sait avec quels soins, dans les bureaux d'études et jusques dans les ateliers, on recherche la perfection de la pièce qui doit se prêter tout à la fois à un travail facile des machines-outils, au nettoyage, au graissage, s'il y a lieu, et offrir en même temps une résistance suffisante. Et c'est bien à cette recherche que l'on pourrait appliquer le précepte de Boileau; car ce n'est, en effet, qu'après avoir. . . . *ajouté quelquefois et souvent retranché*, que l'on s'arrête à la forme définitive longtemps cherchée.

Il est évident que l'on n'est pas astreint pour cela à suivre rigoureusement l'objet déterminé, qui peut être modifié suivant les circonstances ou le goût de chacun; mais cette modification ne pourra être jamais que superficielle et l'on n'aura pas à chercher le fonds, et, en quelque sorte, à l'inventer. Pour le mieux démontrer, nous avons exposé des séries sur un même objet, établies à des époques un peu éloignées et par des personnes ou des maisons différentes, et l'on peut voir que les changements qui en résultent n'affectent que faiblement l'ensemble.

Nous croyons donc pouvoir dire sans immodestie, après les considérations qui précèdent, que cet ouvrage est appelé à rendre de grands services à la construction et à former de bonne heure le goût professionnel.

Outre l'économie de temps qu'elle réalise et la sécurité

---

(1) Nous avons, à cette époque, publié cet intéressant moteur, dans un travail de concours qui nous valut l'honneur d'obtenir le prix institué par la Société des Anciens Élèves des Écoles des Arts et Métiers.

qu'elle procure, la pratique des séries favorise la lecture des dessins de machines, rapproche les types qu'elle tend à uniformiser, apprend à bien dessiner, donne l'habitude instinctive de la proportionnalité, et indique le meilleure distribution des cotes sur un dessin.

Le mérite de l'auteur n'est pas, à beaucoup près, d'avoir entrepris la tâche considérable de former, par un travail laborieux de calculs et de recherches, des séries *d'après lui*. Il n'est autre, au contraire, que d'avoir colligé de nombreux éléments, se trouvant disséminés dans plusieurs mains ou en divers ouvrages d'une grande notoriété et d'une utilité incontestable. Bon nombre de documents ont été empruntés aux communications faites à l'auteur, aux albums qui lui ont été remis, ou ont été puisés à des travaux de publication récente. En remerciant ici tous ceux qui ont bien voulu contribuer à faciliter sa tâche, le même auteur se fait un devoir d'indiquer le *Vignole des mécaniciens d'Armengaud*, le *Constructeur de Reuleaux*, les publications de la *Société industrielle de Mulhouse*, et celles de la *Société des Anciens Élèves des Écoles des Arts et Métiers*, comme lui ayant fourni de précieuses indications. On voit ainsi ce qui fait la valeur réelle de l'ouvrage, dont les véritables auteurs sont, par le fait, de nombreux et très habiles ingénieurs.

Ce travail, presque totalement dépourvu de toute notion théorique, résume, en effet, les efforts combinés d'un grand nombre de Dessinateurs et d'Ingénieurs compétents, s'étant corrigés mutuellement sur des dessins en grandeur d'exécution ; et ce n'est qu'après . . . *avoir poli sans cesse et repoli* l'objet, examiné ensuite par des praticiens exercés, que la série a été établie et *mise en pratique*.

Nous nous sommes efforcé de réaliser, dans cette volumineuse compilation, la plus grande exactitude. Mais, si quelques erreurs de copie ou d'impression avaient pu encore être commises, nous saurions gré à tous ceux qui voudraient bien nous en faire part, dans l'intérêt de l'ouvrage, et du but que l'on s'est efforcé d'atteindre.

Il est d'ailleurs de la nature de ces séries, qui se complètent souvent l'une par l'autre, de ne pas laisser à l'erreur la faculté de se consommer. En effet, non-seulement on est averti par la figure faite exactement à une *échelle métrique* et servant de terme constant de comparaison, mais encore, si une lettre indicative manquait, si un nombre était erroné, l'ensemble des autres valeurs ferait bientôt retrouver la lettre absente ou le nombre défectueux, par le seul effet de la proportionnalité ou de la vérification

que plusieurs cotes de détails font des cotes d'ensemble.

Ainsi, il y a aux planches 18 et 19 deux séries de robinets à deux brides, paraissant semblables ; seulement l'une est pour robinets ordinaires, l'autre pour robinets destinés à supporter une certaine pression.

La première série est moins étendue que la deuxième, dont les dimensions, en certains points qui doivent offrir de la résistance ou plus de garde, sont en outre plus grandes.

En examinant la deuxième série, on voit, par exemple, que la cote indicative $17 = h + 2g$.

$$16 = 4 + 5 + 7 + 13 + 14 + 15, \text{ etc.},$$
$$19 = 1, \quad 20 = a + 2\,o,$$
$$c = m + 2\,l = e + 8 + 9 + 10 + 11.$$
$$r = y + 2\,x, \quad x = p, \text{ etc.}$$

De sorte que si l'une des cotes ci-dessus manquait ou était fausse, soit par une simple soustraction, soit par l'exécution même du dessin, elle serait forcément retrouvée ou corrigée. Nous sommes ainsi amené à faire remarquer, en passant, qu'il y a à distinguer, dans une série, les cotes *principales* des cotes *secondaires*, dont plusieurs peuvent manquer sans nuire aucunement à l'exécution du dessin.

Sans doute ces explications sont superflues pour ceux qui, après avoir passé par les bureaux d'études, sont devenus les chefs, à titres divers, de ces bureaux ou des ateliers qui en dépendent. Mais combien qui, n'ayant pas passé par ces bureaux, ignorent avec quel soin ces séries sont établies et de quel secours elles peuvent être ! Celui-là même qui n'en retirerait qu'*un renseignement* utile ne serait-il pas encore amplement dédommagé du prix dont il aurait payé leur acquisition ?

L'intérêt qui s'attache à ce travail s'accroît encore de celui qu'offrent les planches exécutées avec tous les soins dont on a l'habitude d'user en matière de dessin industriel. Les jeunes élèves, se destinant aux carrières professionnelles, pourront y faire choix de modèles parfaitement exacts et conformes à leurs études.

Bien que l'ouvrage soit susceptible d'être continué dans une large mesure, on a cru, au moins en attendant, devoir se borner à deux parties, chacune de 32 planches ; la première contenant des éléments plus simples que ceux contenus dans la deuxième, une classification rigoureusement méthodique n'ayant pu, d'ailleurs, être observée.

Sobre d'aperçus techniques, l'auteur s'est seulement attaché à introduire, dans la nomenclature des objets exposés, les quelques considérations sommaires suivantes.

DESCRIPTION DES PLANCHES

PREMIÈRE PARTIE

On a consigné, dans les premières planches, notamment dans la planche 1, des éléments relatifs à l'outillage et au tracé des filets de vis. Cette question, dont se sont occupés plusieurs ingénieurs et constructeurs mécaniciens, est des plus importantes : non seulement parce qu'il importe d'avoir un filet bien formé et résistant, dans tous les cas, mais parce qu'il serait très utile de n'avoir qu'un filet établi sur des pas uniformes, généralement acceptés par tous les constructeurs.

Les tableaux numériques de la planche 1 indiquent six séries de pas différents, dont quatre, mais trois surtout, sont généralement en usage. On peut voir dans le tableau graphique contenant, en un seul faisceau, les courbes de relation de ces séries, les différences et les rapprochements qui existent entre chacune d'entre elles.

Le grand constructeur anglais Whitworth est le premier qui ait établi et fait adopter en Angleterre la série de pas qui porte son nom. On reproche à cette série d'avoir un angle de filet trop faible (52°); d'avoir les arrondis trop prononcés; et de donner, pour les grands et les petits diamètres, mais notamment pour les derniers, un filet un peu trop grossier. A part ces critiques de détails, cette série est bien proportionnée, surtout pour les diamètres moyens. Son principal inconvénient réside dans le système de mesure qui lui sert de base, alors que le système métrique tend aujourd'hui à se généraliser de plus en plus parmi les nations européennes continentales.

L'uniformité de pas, que l'on désire de toute part, ne peut donc pas être réalisée par la *série Whitworth* qui, transformée en mesures métriques, donne des quantités, fractionnaires du *millimètre*, jusqu'à la troisième décimale.

C'est pour ces motifs, que les *chemins de fer français* ont adopté une série à eux, qui se prête généralement bien au taraudage dans le fer, mais qui ne comprend que les diamètres de 8 à 40 millimètres avec une rampe un peu forte pour les petits diamètres et, au contraire, un peu faible, pour les gros. En outre, les filets, qui ont généralement un angle de 55°, sont d'une hauteur assez grande pour que leur résistance soit faible, surtout dans le cas des filets de fonte. Cette série a été poussée, planche 8, jusqu'au diamètre de 50 millimètres, au-dessus duquel on peut généralement donner au pas le 1/10 du diamètre.

L'État français, pour ses établissements de construction, a adopté la base unique de l'angle de 60° pour le filet. C'est le même angle, recommandé par Poulot dès 1862, qui a été adopté tout récemment par la maison Ducommun, laquelle a transformé son outillage d'une manière aussi sûre que rapide, bien qu'une telle opération, dans un grand atelier de construction, parût devoir offrir de grandes difficultés. En faisant une telle transformation, cette importante maison s'est non-seulement assuré une série fort bien proportionnée, mais elle a montré en même temps combien il serait facile d'arriver à une série généralement uniforme, quelle que soit la diversité de l'outillage actuel. Il est, en effet, de la nature de cet outillage, de se remplacer rapidement, car il n'y a jamais économie à se servir d'outils détériorés. En remplaçant les outils usés par des outils de série uniforme, on arriverait, en peu de temps, au desideratum exprimé par tous ceux qui connaissent l'importance de cette question. M. Steinlen, ingénieur des ateliers de M. Ducommun, a exprimé un ensemble de propositions, dont l'effet serait certainement d'arriver à un résultat très désirable.

La ligne droite du tableau graphique est celle qui correspond à la série proposée par Armengaud dans son *Vignole des mécaniciens*. Cet ingénieur, si universellement connu, dans les ouvrages duquel tant d'entre nous, et bien d'autres, ont puisé des renseignements si utiles, avait exposé une série tout à fait proportionnelle, basée sur le rapport constant $p = 0,08\,d + 1$, dont MM. Ducommun se sont d'ailleurs beaucoup approchés, au-dessus de 18 millimètres de diamètre. Mais, tout en adoptant la hauteur de Whitworth pour le filet, il avait admis des diamètres un peu trop espacés, et dans quelques-uns desquels entrait, en fraction, le *demi-millimètre* non encore adopté d'une manière courante dans la fabrication des fers marchands.

FILETS ARRONDIS, CARRÉS, TRAPÉZOÏDAUX. — Dans la même planche 1 se trouvent les proportions des filets arrondis, carrés et de forme trapézoïdale. Le diamètre, pour ces sortes de filets, étant généralement assez fort, on peut en prendre le 1/10 pour la valeur du pas, à moins que l'on ne préfère l'obtenir par la relation d'Armengaud, $p = 009\,d + 2$. De même, dans l'un et l'autre filet, lorsque les métaux sont de force équivalente, le creux est égal à l'épaisseur du filet, égale elle-même à la moitié du pas. Quant à la hauteur du filet arrondi, Reuleaux la détermine par la relation $h = \dfrac{25,4}{40}\,p$. Nous avons adopté le rapport plus simple de Poulot, $h = \dfrac{1}{2}\,p$.

De même pour le filet carré, pendant que Reuleaux adopte la même valeur, $h = \dfrac{25,4}{40}$, et Armengaud $h = \dfrac{19}{40}\,p$, Poulot fait $h = \dfrac{4}{10}\,p$ ou $\dfrac{16}{40}\,p$, ce qui donne un noyau et des filets plus résistants. Il convient seulement de donner à l'écrou, en vue de l'usure, 14 fois la hauteur du pas.

Les proportions du filet trapézoïdal sont établies d'après Reuleaux. Ce filet est particulièrement recommandable quand on a à s'opposer à un grand effort agissant dans le même sens, et tendant à provoquer le desserrage de la vis, comme par exemple dans les laminoirs. MM. Lemaréchal, lamineurs de métaux à Paris, en ont qui ont succédé à d'autres systèmes de vis, et dont ils sont très satisfaits.

La forme théorique de ce filet est un triangle isocèle droit ; mais les angles intérieurs et extérieurs, au lieu d'être arrondis, sont abattus suivant la méthode de l'américain Sellers, pour sa série de pas triangulaires. On voit qu'une réaction, dirigée suivant la flèche, est répartie sur des génératrices du filet, qui sont normales à l'axe ; et c'est sur l'avantage que procure cette disposition, dans certains cas, qu'est fondé le filet des vis à bois dites *à marteaux*, dont nous parlons plus loin.

TARAUDS. — Après la détermination d'une bonne série de pas, il reste à déterminer une bonne série de tarauds.

Il y a à distinguer dans les tarauds, suivant la fonction à accomplir, le *taraud mère*, le *taraud à la main*, le *taraud aléseur*, sans énumérer certains tarauds spéciaux pour entretoises, écrous à plusieurs filets, etc., rentrant d'ailleurs dans l'une des trois dénominations indiquées.

La fonction du *taraud mère*, planche 1, n'est pas de *fouiller* le filet des coussinets, d'en former le pas entièrement ; mais seulement de finir et d'aviver ce même filet. Poulot recommande la section à gorge arrondie et à faces parallèles, préférablement à la section en V, dont les angles vifs intérieurs peuvent provoquer des fentes à la trempe, et dont les coupants, formés par des faces inclinées, sont moins vifs et tranchants. Il recommande aussi de donner à ce taraud un diamètre égal à celui à tarauder, *plus une fois la hauteur du filet*.

Le même praticien préfère, pour le *taraud à la main*, indiqué sur la même planche 1, la section offrant quatre gorges à celle n'en offrant que trois. En effet, outre l'augmentation de force du noyau qui en résulte, on s'assure la faculté de pouvoir encore se servir du taraud, dans le cas où l'une des quatre dents viendrait à se rompre ; ce qui n'est plus possible dans le cas de trois seules dents, le taraud ayant besoin d'au moins trois points, sur plus d'une demi-circonférence, pour être guidé.

Le TARAUD ALÉSEUR, avec les proportions généralement admises, est figuré planche 2. Par suite de sa forme conique et dégagée, et de ses arêtes tranchantes, cet outil est d'un très grand usage pour aléser et tarauder, et constitue l'un des plus sérieux progrès en matière de taraudage. Sur une hauteur égale à environ la moitié de son diamètre, près de la tête, le filet est plein, puis il va en mourant jusqu'au bout. On voit, par la section, que les gorges dégagent facilement les copeaux enlevés, et que le mouvement de rotation de ce taraud ne saurait être alternatif. Un homme peut le manœuvrer jusqu'au diamètre de 30 millimètres. Au-dessus il faut la machine à tarauder dont l'emploi est, d'ailleurs, toujours plus avantageux, quand on a de grandes quantités à produire.

COUSSINETS. — Il y a généralement deux sortes de coussinets; ceux en deux pièces, destinés à être ajustés par un système quelconque, sur une filière à bras; et ceux en une seule pièce constituant à la fois les coussinets et la filière même, que l'on appelle, pour cette raison, lunette ou *filière simple*.

Les coussinets, en deux pièces, ont l'avantage de pouvoir tarauder des tiges de diamètres un peu différents, et de donner des taraudages *gais* ou *serrés*, suivant la demande. Ils sont, en outre, susceptibles d'être affûtés sur la meule par leurs quatre faces inclinées, lorsque le filet est un peu émoussé du côté de ces faces.

La lunette donne, au contraire, des taraudages exactement de même diamètre, et, par conséquent, est avantageuse dans tous les cas où une même pièce doit être reproduite un grand nombre de fois; ce qui indique déjà que son emploi sera surtout préférable avec la machine à tarauder.

ALÉSOIRS. — On sait que leur fonction est de dresser et lisser des trous qui ne se correspondent pas, même après l'usage d'une broche, ou qui offrent des aspérités ou des irrégularités de diamètres.

Deux de ces outils ont été dessinés planche 2.

L'un d'eux, destiné à dégrossir, offre plusieurs arêtes très tranchantes, sur des gorges de dégagement pour les copeaux. Ces arêtes se trouvent naturellement sur la même circonférence, dont une portion est conservée pour guider l'alésoir.

Dans l'autre, la portion de circonférence conservée est plus grande, et le métal est plutôt *râclé* que tranché par les deux arêtes à angle obtus, que l'on peut toujours entretenir en bon état, par la possibilité que l'on a de les aiguiser à la meule.

L'un et l'autre sont légèrement coniques, sur une certaine longueur, pour faciliter leur introduction et diviser le travail.

TOURNE-A-GAUCHE. — Après la série des tarauds et celles des alésoirs, vient naturellement celles des tourne-à-gauche.

Nous en donnons une, planche 2, du type à œil central unique, bien qu'il y en ait qui aient trois carrés sur la même barre, ce qui n'est pas à recommander, par suite de l'inégalité de leviers qui en résulte. Lorsque l'on veut avoir plusieurs carrés sur la même traverse, la disposition Poulot est préférable, en ce que l'on trouvera toujours un carré qui coiffera bien la tête du taraud ou de l'alésoir; que les leviers étant égaux les efforts sont mieux répartis; et, qu'enfin, l'ouvrier aura ses doigts à l'abri de tout accident, dans le cas de taraudage ou d'alésage de trous sur grandes plaques.

Nous n'avons pas cru devoir nous engager davantage dans la nomenclature et la description des autres outils de fabrication mécanique. — Nous renverrons ceux que cette question pourrait intéresser au *Manuel du Chaudronnier*, revu et augmenté par nous, publié par la librairie RORET.

La même planche 2 est complétée par deux tableaux extraits de *Reuleaux*, lesquels, joints à celui de la planche 3, pour le poids des tôles, du même auteur, permettront de déterminer rapidement, et avec une grande approximation, le poids de détail ou d'ensemble d'une construction avec boulons, tôles et rivets.

RIVURES pour chaudières à vapeur. — Avant de donner les proportions et les formes des diverses têtes de rivets et de boulons, et des différents écrous employés, nous avons voulu exposer quelques éléments de rivures pour chaudières, d'après les travaux de nos devanciers, et principalement d'après un travail intéressant de M. Browne, ingénieur anglais, traduit et publié par l'ingénieur français Monbro, dans le *Bulletin de la Société des Anciens Élèves des Écoles des Arts et Métiers*.

C'est par la discussion d'un grand nombre d'expériences soigneusement faites, et par l'examen de tous les cas de rupture qui peuvent se présenter dans une rivure, que M. Browne est arrivé à l'établissement des proportions indiquées à la planche 3.

Cet ingénieur admet qu'une rivure peut manquer : par le cisaillement du rivet; par l'arrachement suivant la ligne 1 sur l'axe de rivure; par le déchirement de la pince suivant la ligne 2. Il n'admet pas, comme tendrait à l'admettre M. Reed, le déplacement de la pince par glissement, suivant les lignes 3, parce qu'elle serait déchirée suivant la ligne 2, avant que ce déplacement puisse se produire.

La conclusion de M. Browne n'est pas favorable aux joints en bouts, même avec double couvre-joints, puisque, même alors, la résistance de ces joints n'est que les 72 % de celle de la section en pleine tôle, c'est-à-dire 3 % seulement en plus de celle du joint à recouvrement, à double rivure.

Elle n'est pas non plus favorable à la rivure en zigzag ou en *quinconce*, moins avantageuse que la rivure en chaîne ou à rivets correspondants. M. Browne attribue ce résultat à l'effet de détérioration produit sur la tôle par le poinçon, effet qui se produirait sur une zone concentrique au trou, d'une largeur égale à $\dfrac{d}{2}$. De sorte que l'intervalle 5, compris entre deux trous successifs, se trouve affecté sur une longueur d.

Dans la rivure en quinconce, au contraire, malgré que l'on ait deux lignes d'arrachements 7 — 7, chacune d'elle étant affectée d'une quantité d, l'affectation totale est $2\,d$, et l'expérience prouve que, pour qu'il y ait arrachement suivant les deux lignes 7 — 7, plutôt que par le seul côté 5, il faut que la distance, entre les deux files de rivures, soit les 66 °/₀ du pas, ou $3\,d$, quand $p = 4,5\,d$.

L'effet de détérioration sur les tôles, par le poinçon, est indiqué par des expériences qui donnent généralement un avantage de 7 °/₀ aux rivures sur tôles *percées au foret*.

Dans sa remarquable théorie de l'écoulement des corps solides, M. Tresca a indiqué, d'une manière frappante, le phénomène qui s'accomplit lors du poinçonnage. La diminution du volume de la débouchure, surtout quand l'épaisseur est forte relativement au diamètre du poinçon, et l'invariabilité de densité du métal, montrent clairement qu'il y a incorporation de matière dans la plaque, qui subit ainsi un premier effort de refoulement; elle se trouve donc prédisposée aux déchirures, sous l'effet ultérieur des efforts exercés par les rivets, tendant à se frayer un passage devant eux, ou à séparer le métal suivant leur ligne de rivure.

L'ingénieur anglais a généralement admis que le diamètre du rivet était égal à 2 fois l'épaisseur du corps de tôle. Ce rapport diffère de celui $d = 1,5\,e + 4$, d'après lequel est formé le tableau donnant les formes et dimenssons des rivets.

La différence entre ces deux rapports est nulle pour l'épaisseur 8, et faible pour les épaisseurs courantes comprises entre 6 et 12 millimètres.

Quoi qu'il en soit, en suivant le rapport constant $d = 2\,e$, on aurait des diamètres trop faibles dans le cas de tôles minces, et trop forts dans le cas de tôles épaisses; et, néanmoins, il importe de tenir compte de l'indication du tableau relatif à la proportionnalité et à la résistance des rivures. Les nombres conformes aux expériences de Farbairn, y montrent que, *pour une même nature de rivure*, le rapport r de la résistance du joint à celle de la section en pleine tôle, est d'autant

plus grand que $\dfrac{d}{e}$ est lui-même plus grand. On voit que, pour un rapport $\dfrac{d}{e} = 2$, on a $r = 0,56$, valeur peu différente de $0,55$ donnée par M. Browne.

Il suit de là, et on le conçoit, que jusques à la limite suffisante d'étanchéité, il y a intérêt à augmenter le diamètre du rivet et le pas de la rivure.

Dans la construction des gazomètres, où la pression est faible et où l'herméticité de la rivure est obtenue par l'interposition d'un carton, ou de filasses plastiques, l'épaisseur de la tôle est généralement constante, le diamètre des rivets est de 7 à 7,5 millimètres, la distance de l'axe de rivure au bord de la pince est de 13 millimètres, et le pas de 25 millimètres.

DIAMÈTRE DES CHAUDIÈRES ET ÉPAISSEUR DES TOLES. — Le rapport de la résistance de la rivure à celle de la section en pleine tôle, indique que, dans le cas d'une rivure à simple recouvrement, qui est le cas le plus général, il y a 45 °/₀ de tôles en excès, et que dans le cas où l'on renforcerait suffisament la rivure, il serait rationnel de modifier la formule :

$$e = 1,8\,D\,P + 3 \text{ millimètres,}$$

dont on s'est servi pour déterminer les tableaux donnant les épaisseurs e pour divers diamètres D, d'après une pression P.

Cette formule est, en effet, établie en fonction de la pleine tôle, et c'est pourtant la rivure que l'on devrait seulement considérer. Il est vrai que le cœfficient de résistance est pris très faible, puisque l'épaisseur est encore plus forte de 3 millimètres que le *décuple* de celle qui correspond au point de rupture. Il est vrai aussi, que le serrage des têtes de rivets augmente la résistance des joints; mais, outre que tous les rivets peuvent ne pas serrer également la tôle, on ne peut guère compter sur cette résistance, que doit contribuer à affaiblir la variation de température, entre des limites assez étendues. Tout au plus pourrait-on y compter, avec quelque raison, pour les rivures des ponts et charpentes.

PROPORTIONS ET FORME DES RIVETS. — Les rivets doivent être faits avec un excellent fer, dont la résistance à la traction est généralement supérieure à celle de la tôle, dans le rapport de 40 à 30. La résistance au cisaillement n'étant égale qu'aux 2/3 de celle par traction, il y aura une première compensation.

Les dimensions données au tableau, planche 3, sont celles généralement admises, et déduites de la relation

$$d = 1,5\,e + 4.$$

Ce rapport, donné par Armengaud, a été suivi par Reuleaux ; mais, pendant que le premier auteur donne à l une longueur égale à $2\,e + 1,14\,d$, le deuxième fait $l = 2\,e + 1,7\,d$. Cette différence, avec toutes les autres choses égales d'ailleurs, nous a frappé, et nous avons donné à l une *moyenne* entre les deux valeurs.

La longueur $l = 2\,e + 1,14\,d$ est peut-être un peu faible, parce que le diamètre du trou, étant généralement plus grand que celui du rivet, de 1 millimètre à 1 millimètre 1/2, il existe un jeu, autour de la tige, qui doit être comblé par le refoulement du métal. Il faut, en outre, que la tête soit bien formée et qu'il y ait plutôt un léger excès de métal.

Mais la longueur $l = 2\,e + 1,7\,d$ paraît exagérée, surtout si l'on considère la série de M. Gouin et C$^\text{ie}$, d'après Molinos et Prosnier, où cette longueur est seulement de $2\,e + 0,08\,d$.

La valeur de cette variable est d'une certaine importance, et il est évident que toute maison de construction la déterminera par expérience, car elle dépend à la fois du diamètre du rivet, du jeu autour de la tige, et de la forme de la bouterolle.

Il est à peine utile de faire remarquer que, si cette hauteur était faible, la tête, incomplétement formée, aurait une résistance moindre. En outre, le vide autour de la tige pouvant ne pas être comblé, la résistance du joint se bornerait à celle due au frottement résultant de la pression des têtes sur les tôles, sans que la tige des rivets intervienne en aucune façon, jusqu'à ce qu'il y ait glissement de ces tôles l'une sur l'autre.

Si, au contraire, la longueur de tige, destinée à former la rivure, était de beaucoup trop grande, outre l'excès de métal qui borderait la tête, il y aurait à craindre sur la tôle un effet de refoulement trop énergique qui pourrait encore contribuer à augmenter l'altération commencée par le poinçon, et dont nous avons déjà parlé.

TRACÉ DES FEUILLES ET DES LIGNES DE TROUS POUR VIROLES CONIQUES DE CHAUDIÈRES A VAPEUR. — Ce mode d'assemblage, par des viroles coniques égales, s'emboitant l'une dans l'autre, a paru préférable à l'emmanchement de viroles cylindriques s'emboitant dans d'autres d'un diamètre plus grand de deux fois l'épaisseur de la tôle. — Ce dernier mode de montage, plus commode néanmoins, donne des rivures à *rebrousse-poil* qui sont plus facilement rongées par l'action du feu, ce qui paraîtrait pouvoir s'expliquer, non par un effet de force vive du courant gazeux, relativement insignifiant, mais par l'effet du choc de matières fixes entraînées, et probablement aussi par suite d'une élévation locale de température.

En ce qui concerne la première hypothèse, l'appareil de Tigelhman où, à l'aide d'un simple jet de vapeur mélangé de sable fin, on entame les corps les plus durs, suffit à la justifier amplement.

Quant à la seconde, outre l'opinion, en sa faveur, de M. Audenet, ingénieur de la Marine, qui admet dans les carneaux de chaudières l'existence de veines d'oxyde de carbone, enrobées d'une couche d'air, nous pourrions citer les travaux de Ponsard, qui a retiré de remarquables avantages en appliquant ses foyers gazogènes au chauffage des chaudières à vapeur, en se fondant sur l'utilité du mélange intime de l'oxyde de carbone et de l'air, ce qu'il obtient par des arrivées contraires et des renversements de courants.

Les inflexions et les vicissitudes des veines gazeuses ont non-seulement pour effet de ne laisser échapper aucun gaz combustible, mais encore elles produisent une élévation de température qui augmente la production d'un générateur pour une surface donnée de chauffe.

Dans une virole de chaudière à vapeur, la rivure longitudinale fatigue deux fois plus que la rivure transversale, et il est rationnel de faire, suivant les génératrices, des rivures doubles. C'est donc pour cette rivure longitudinale que l'on déterminera le pas.

La feuille de tôle, reconnue saine, étant divisée en quatre parties égales par deux directrices rectangulaires, on porte, à partir du bord de la tôle, du côté où sera le plus grand arc, et suivant le sens perpendiculaire au laminage, la hauteur de la pince $1,5\,d$. Par le coup de pointeau donné en ce point devra passer le plus grand arc de la ligne de rivure.

La flèche $f = e\,\dfrac{p^2}{4\,dL}$; d étant le plus grand diamètre intérieur de la virole à l'endroit de la rivure, — L la distance d'axe en axe de deux rivures transversales, p le pas.

Connaissant la flèche f et la corde $C = \pi\,d$, on déduit le rayon $R = \dfrac{\dfrac{C^2}{4} + f^2}{2}$: et il est alors bien facile de tracer complétement la feuille et d'indiquer les *pinces d'angle*, que l'ouvrier doit préparer à la forge pour faciliter les assemblages aux points de croisements des quatre épaisseurs de tôle.

Notre pensée de contenir, dans un cadre restreint, des considérations d'un ordre théorique, nous empêche d'entrer dans plus de détails au sujet d'une industrie qui est devenue aujourd'hui l'une des plus considérables.

Vis a bois, Tire-fonds, Vis a marteau ou a garnir. — Il paraîtra naturel qu'après avoir traité des moyens de fixer les unes aux autres les plaques métalliques, on examine ceux dont on se sert pour la fixation des plaques ou pièce de bois.

La vis à bois, planche 4, est le moyen de fixation généralement usité. Il y a peu à ajouter aux indications consignées sur la planche même. La tête plate fraisée est employée quand elle doit être noyée, soit dans le bois même, soit dans une plaque métallique posée sur le bois et d'une épaisseur au moins égale à la hauteur de la tête.

Quand cette plaque est plus mince ou que c'est une simple rondelle, que la vis peut être sujette à être retirée, et qu'enfin il n'y a pas inconvénient à ce que la tête soit en saillie, on emploie la tête ronde ou en goutte de suif.

Tire-fonds. — Dans le cas de serrages plus énergiques on emploie les tire-fonds qui ne sont autres que des vis relativement plus fortes, ayant une tête carrée ou hexagonale, nécessitant l'emploi de la clef, au lieu de celui du tourne-vis.

Vis a marteau ou a garnir. — Cette vis est ainsi appelée parce qu'elle est considérée comme appoint et qu'au lieu d'être *vissée* elle pourrait être, *à priori*, plantée au marteau.

La forme du filet indique que cette vis peut entrer facilement, mais que sa résistance à l'arrachement est considérablement plus grand. Ce genre de vis est à la vis à bois ordinaire, ce que le filet trapézoïdal, que nous avons examiné, est au filet triangulaire.

Crochets pour cordes a roues. — Nous ne dirons rien de ce mode de jonction suffisamment déterminé par les deux projections de face et de profil de l'objet, vu en projection oblique. — Dans tous les cas où pour tours à roues, à pédales, etc., on se sert de poulies à gorge nécessitant l'emploi de cordes rondes, ce mode de jonction est très utile et préférable aux simples crochets que l'on emploie quelquefois.

Gouge, Vrille, Fraise, Tourne-vis. — Ce sont les outils inhérents à l'emploi des vis à bois ; la gouge demande l'usage du vilebrequin qui s'emploie quelquefois aussi avec le tourne-vis et toujours avec la fraise. La vrille succède à la gouge quand le vilebrequin ne peut pas être manœuvré. Entre les mains des charpentiers, la gouge est plus forte, plus longue, emmanchée au milieu d'une traverse en bois, et prend le nom de *tarière*.

Il y a des gouges et tarières d'un système différent de celui indiqué.

Têtes de boulons. — On voit, planche 5, plusieurs types adoptés par diverses maisons de construction et les chemins de fer. Les têtes carrées non encastrées et les têtes hexagonales, de même section que l'écrou correspondant, sont les plus généralement employées. La tête, quelque forme qu'elle affecte, devra toujours être reliée à la tige par un arrondi. D'ailleurs, les boulons comme les rivets, s'obtiennent généralement par des procédés mécaniques, et les outils sont disposés pour obtenir les formes les plus convenables à la résistance.

Têtes de rivets. — Il en a déjà été donné des proportions à la planche 1. Mais on n'y a considéré qu'un rivet simple et deux formes de têtes. Les cinq types indiqués, planche 6, sont les plus généralement adoptés. — Reuleaux rapporte que, pour le pont de Dirschau, en Allemagne, on a employé des rivets à tête en goutte de suif, reliés à la tige par un commencement de fraisure à 45 degrés et d'une hauteur égale au $1/8^e$ du diamètre de cette tige, ce qui équivaut à un fort arrondi, dont l'effet est de beaucoup augmenter la solidité de la tête.

Écrous et Rondelles. — On s'est beaucoup occupé des proportions à donner aux écrous. Plusieurs constructeurs donnent au cercle circonscrit à l'hexagone, quand la section est à six pans, un diamètre double de celui de la tige. C'est d'après ce rapport constant qu'est établie la série des écrous de la planche 6, et de fait, il peut être admis pour les diamètres courants. Mais il est visible que les petits diamètres donneraient, d'après ce rapport, des écrous trop faibles, pendant qu'au contraire, les gros diamètres donneraient des écrous avec excès de métal.

Or, dans une construction, il y a toujours intérêt à économiser le poids, en tant que la solidité de l'assemblage est assurée.

Plusieurs auteurs proposent de déterminer le diamètre *inscrit* à l'hexagone par la relation :

$$D = 1,4\ d + 5$$

ou le diamètre *circonscrit*
par $\quad D' = 1,15\ D$ } quelle que soit la nature du filet.

Quant à la hauteur de l'écrou, il est indiqué, planche 23, que, théoriquement, il suffirait qu'elle fût égale au 1/4 du diamètre. Pratiquement, le filet cède avec une hauteur de 1/3 du diamètre, ce qui peut s'expliquer par ce fait que le filet doit plutôt travailler au cisaillement qu'à la flexion.

ÉCROU BAS. — On voit donc que, même l'écrou bas, qui n'a que les $7/10^e$ du diamètre en hauteur, offre une résistance suffisante. Cependant on ne l'emploie généralement que comme contre-écrou.

ÉCROU ORDINAIRE. — A plus forte raison la résistance est-elle suffisante pour l'écrou ordinaire ayant une hauteur *égale au diamètre* de la tige.

ÉCROU HAUT. — Dans certains cas où les pièces serrées sont soumises à des ébranlements, ou quand l'écrou doit être souvent desserré, on exagère encore sa hauteur. C'est ainsi que dans les presse-étoupes généralement, on emploie des écrous hauts. Dans bien d'autres cas, il est souvent préférable d'employer un écrou *ordinaire* superposé d'un écrou *bas*, ce qui diminue singulièrement les chances de desserrage.

Bien que certains constructeurs admettent quelquefois des écrous carrés, notamment pour fonds de cylindres, néanmoins on considère cette forme comme peu avantageuse pour la répartition du métal. Elle se prête mieux, toutefois, au serrage par la clef, qui en altère moins facilement les arêtes que dans les écrous à six pans, surtout pour cs petites dimensions.

ÉCROUS BORGNES. — Ces écrous sont généralement en bronze et abritent le bout de la tige pour la soustraire à l'oxydation, afin que l'écrou puisse être facilement desserré, quand il est utile.

ÉCROUS NOYÉS. — Il est des cas où les écrous ne peuvent pas rester en saillie, comme sur les faces de certains modes de pistons. Ils sont alors cylindriques et noyés dans l'épaisseur du métal. Leur serrage s'opère à l'aide de clefs dont nous donnons plus loin, planche 13, la série.

RONDELLES. — Les rondelles ou *rosettes* sont généralement disposées sous les écrous devant serrer sur du bois ou tout autre matière peu résistante. On répartit ainsi l'effort sur une plus grande surface et, en outre, on supprime le mouvement direct de rotation sur la surface à préserver, car généralement la rondelle reste fixe et l'écrou tourne sur elle.

On emploie quelquefois la rondelle sur du métal même, soit dans un but d'ornementation, soit pour se procurer du serrage, et elle porte alors une collerette intérieure; soit, comme nous le verrons plus loin, à propos des boulons de fondation, pour rattraper un trop grand jeu. Néanmoins, quand le métal serré est de la fonte, on préfère faire venir à la coulée, un bossage ou téton que l'on peut convenablement dresser.

RONDELLES INCRUSTÉES. — Un boulon, serrant des plaques l'une contre l'autre, est soumis, comme le rivet, à un effort de cisaillement; et comme, en outre, sa tige a généralement du jeu, les surfaces serrées peuvent glisser l'une sur l'autre, sous l'effort de traction, infléchir légèrement la tige, et donner lieu à une composante qui fatigue beaucoup la tête et les filets.

On augmente notablement la solidité d'un assemblage par boulons, en interposant, concentriquement aux tiges, et entre les deux surfaces de contact, une rondelle entaillée d'une demi-épaisseur dans chaque plaque. L'épaisseur de la rondelle, dans ce cas, doit être évidemment supérieure à celle de la série et généralement double.

RONDELLES GOUPILLÉES, planche 8. — Une rondelle peut être goupillée de plusieurs façons, et la nature elle-même de la goupille peut être différente. Les rondelles ordinaires, dont nous avons donné la série, peuvent être goupillées *devant* et à plat. Leur épaisseur sera augmentée de la moitié du diamètre de la goupille, quand celle-ci sera logée à moitié sur la face de devant. Mais on préférera à cette disposition, qui a pour but de rendre solidaires la goupille et la rondelle, celle indiquée planche 8. Il est, en effet, aussi facile de percer un trou entier dans l'épaisseur de la rondelle que de pratiquer une gorge demi-circulaire sur sa face antérieure. On arrive, en somme, assez aisément à faire correspondre le trou de l'axe avec celui de la goupille; et l'assemblage est plus propre.

GOUPILLES. — La goupille, qui est indiquée dans l'assemblage que nous venons de considérer, est une simple tige, légèrement conique, arrondie à ses deux extrémités.

Si elle n'est pas verticale, si elle est un peu graissée accidentellement, qu'elle ait un peu de jeu, et que l'assemblage subisse quelques trépidations, cette goupille peut sortir de sa loge.

GOUPILLE FENDUE. — La goupille fendue, dont il est donné une série, offre, sans contredit, plus de sécurité que la précédente; car, outre que les deux branches font ressort, leurs extrémités sont généralement ouvertes suivant le tracé pointillé, une fois la goupille enfilée. Ce dernier détail indique que de telles goupilles ne peuvent être sorties trop fréquemment. Cette goupille peut également s'employer *devant* les rondelles et écrous, ou les traverser.

GOUPILLE DE SURETÉ. — Un écrou d'une certaine hauteur, d'un serrage fixe, à un tour près, peut être également goupillé parallèlement à l'axe. — La goupille, qui est une simple tige ronde, terminée en tête de clavette, est engagée moitié dans l'écrou, moitié dans la tige. Mais le plus souvent la goupille de sûreté est employée pour fixer un moyeu sur sa *portée*, quand celle-ci se termine par une face transversale, qui permet de percer un trou dont le centre devra être à peu près sur la circonférence de contact, et plutôt dans le moyeu, généralement plus fort, que sur l'arbre.

BOULONS DE FONDATION. — La planche 8 en contient une série depuis 25 jusqu'à 90 millimètres de diamètre. La partie inférieure du boulon est renforcée par suite de l'affaiblement produit par l'ouverture destinée à recevoir la clavette.

Celle-ci s'appuie sur une plaque en fonte qui s'applique elle-même sur la pierre par sa grande face, la mettant ainsi à l'abri des altérations que pourrait y produire la clavette. Le trou dans la pierre est d'un diamètre plus grand que celui qui est percée dans l'oreille du bâtis en fonte, et celui-ci, à son tour, à un diamètre suffisant pour que le boulon puisse être retiré librement. Le grand jeu, que cette considération oblige à laisser autour de la tige, nécessite l'emploi d'une rondelle à collerette intérieure.

FIXATION DES MOYEUX SUR LEURS ARBRES. — Nous avons déjà indiqué un moyen de fixation, à l'aide d'une simple goupille de sûreté, quand la loge peut en être facilement pratiquée. Planches 9 et 10 sont figurés deux autres modes de fixation. L'un par un simple plat sur l'arbre et une rainure correspondante dans le moyeu, l'autre par une cannelure creusée sur cet arbre, correspondant également à une rainure dans le moyeu.

Ces deux modes de fixation sont quelquefois employés sur le même arbre, dans le cas de grands efforts de torsion.

CLEFS A DOUILLE. — Ces clefs sont destinées à actionner des écrous logés dans des cavités, comme cela a lieu, par exemple, dans les manchons d'accouplement (voir pl. 16), de crainte que les vêtements des ouvriers ne s'accrochent aux aspérités des pièces de rotation.

CLEFS A MANCHE EN BOIS. — Ces clefs sont ordinairement très légères, et ne s'emploient que pour de faibles efforts; elles conviennent à tous les petits robinets purgeurs, réchauffeurs, etc.

DOUILLES CLAVETÉES. — Ce mode d'assemblage est une espèce de manchonnage; mais il ne s'emploie que dans le cas d'un mouvement longitudinal alternatif, et rarement dans le mouvement de rotation.

BAGUES A VIS DE SERRAGE. — Ces bagues, comme cela est indiqué, servent généralement d'embases mobiles.

MANIVELLES EN FER. — Ces sortes de manivelles sont adaptées aux appareils de force, tels que les treuils; et leur soie, ou manche, est souvent disposée pour deux hommes. Elles sont quelquefois équilibrées par un contre-poids. L'arrondi, suivant lequel la soie est reliée à la barre de la manivelle, doit être résistant. Dans un treuil roulant, où l'on avait abandonné la charge sans serrer le frein, la vitesse imprimée à la manivelle a été telle que la force centrifuge développée a mis presque dans le même prolongement la barre et la soie qui peut aussi être détachée et causer des accidents.

MANIVELLES A MANCHE EN BOIS. — Ces manivelles, planche 12, sont indifféremment en fer ou en fonte et s'emploient pour des efforts moyens. La garniture en bois, mobile sur la soie en fer, garni mieux la main, qu'elle n'excite pas par un frottement continu.

CLEFS DIVERSES, POUR TÊTES CARRÉES ET A SIX PANS, planches 12, 13 et 14. — Parmi ces clefs, comme on le voit, les unes sont ouvertes, les autres fermées. Dans un cas, l'axe de la tête est dans le plongement de celui de la soie; dans un autre, il fait avec ce dernier axe un angle de 15 degrés.

Pendant que l'une a de fortes dents et une soie très longue, l'autre a des lèvres minces et une queue très courte.

Toutes ces particularités ont leur raison d'être.

La clef simple, ouverte, à six pans, de la planche 12, est pour des écrous établis sur le rapport constant du double diamètre de la tige, pour le diamètre circonscrit. La clef voisine est pour des sections carrées ayant pour côté les diamètres correspondants de tiges.

Les clefs fermées correspondantes ont pour objet de diminuer la largeur de la tête, ce qui peut être utile dans certains cas où l'on est gêné pour agir sur la tête de l'écrou. Enfin, l'angle de 15 degrés, que l'on établit entre l'axe de la soie et celui de la tête, a pour objet de pouvoir reprendre le serrage de l'écrou, en renversant la clef sens dessus-dessous, quand la soie a une faible amplitude entre deux obstacles.

Lorsque l'on a à serrer des goujons, des tuyaux, des écrous ronds et lisses, on se sert avec avantage de clefs à serrages automatiques. Nous en indiquons une due à M. Samuel, constructeur à Paris, qui a fait une spécialité de ces sortes d'outils.

Les Clefs a crochets de la même planche sont pour les écrous noyés de la planche 12.

Enfin la clef a presse-étoupe, planche 14, est d'une faiblesse qui est bien en rapport avec l'usage auquel elle est destinée.

Les Manivelles en fer pour robinets a soupape, planche 14, sont quelquefois remplacées par un petit volant, auquel on ajoute aussi parfois une petite poignée.

La planche 15 contient une série de *lames et clavettes porte-lames*, avec les arbres *porte-forets* correspondants, à simple et à double emmanchement. Des *carrés pour manivelles*, il suffit de dire que les arêtes n'y sont pas vives, pour conserver sa force au corps du carré, et que, pour les ménager encore plus, on a donné à la portée une grande longueur.

Le presse-étoupe en bronze, figuré à la même planche, est pour tiges de faible diamètre ; il est d'un type assez connu.

Non moins connu est le type de *presse-étoupe* en bronze ou en fonte, à *brides ovales* (planche 16). Il a été dessiné, sur une même figure, deux sortes de presse-étoupe ; un pour tige verticale ; l'autre pour tige horizontale, différant du précédent par l'adjonction d'une petite coquille en bronze

sous le bourrage, et par la fermeture du téton du couvercle sur la tige, laissant ainsi une cavité de dégagement. Le biseau intérieur pointillé indique la disposition récente adoptée par Farcot, pour agir au milieu du bourrage et en déterminer mieux l'application contre les parois de la tige et du corps du presse-étoupe.

Manchons d'entrainement, planche 16. — La série de manchons, indiquée à cette planche, se rapporte au cas où l'accouplement des arbres doit être fixe et où il n'y a pas trop à se préoccuper de leur séparation dans le sens longitudinal. Les écrous et têtes de boulons étant complétement noyés, ainsi que les clavettes, ces manchons n'offrent aucun danger pour les hommes qui pourraient s'en approcher quand ils sont en marche. Ce système de manchons est beaucoup employé, ainsi que celui dit *à plateaux.*

Plusieurs autres variétés de manchons sont connues, soit que l'enveloppe des arbres soit en une seule pièce, les arbres se chevauchant à demi-fer, en crochet ou à queue d'hironde ; soit qu'il y ait deux enveloppes serrées parallèlement ou concentriquement l'une à l'autre, avec ou sans rainure circulaire, pour s'opposer au mouvement longitudinal d'écartement. M. Boudin, 60, rue Saint-Maur, à Paris, construit de ces sortes de manchons qui offrent toute sécurité tout en étant très légers.

Dans certains cas l'accouplement a besoin d'une certaine mobilité, On emploie dans ce cas les manchons à plateaux avec goujons à tête ovoïde engagée, mais non serrée; les joints de Cardon, d'Œdan ou autres dispositions dont il serait inopportun de parler ici.

Mordaches avec ou sans manchons, planches 17, 22 et 23. — Ces objets servent à fixer sur les plateaux des machines-outils, mais plus particulièrement sur ceux des tours, les pièces que l'on veut percer, aléser ou tourner, après en avoir facilité le centrage. Leur force varie suivant les pièces à griffer. Nous en avons donné diverses séries dont une spéciale, pour les corps de pompe.

Brides diverses, Contre - Brides, Tubulures, planches 17 - 18. — La fixation d'une bride, sur une tubulure en cuivre, est une opération qui demande beaucoup de soins.

La méthode généralement employée consiste à rabattre un bord qui devient naturellement plus mince, et à le loger dans une gorge pratiquée à la bride. On donne à cette gorge un fond légèrement conique vers le trou, et on en arrondi la circonférence intérieure.

On brase ensuite, derrière la bride, une collerette de soudure forte, ou à défaut, de soudure à l'étain; mais si le tuyau est sujet à fatiguer, il est préférable de le repousser en dehors de manière à ce que la bride se trouve prise entre le bord rabattu et ce cordon repoussé.

Lorsque les tuyaux sont obtenus *sans soudure*, l'opération devient moins difficile, parce que l'on n'a pas à craindre de dessouder le tuyau en brasant la bride.

MM. Oescher, Mesdach et C°, de Paris, livrent au commerce de ces tuyaux sans soudure, ainsi que des tubulures pouvant y être rapportées, ces tubulures étant toutes préalablement embouties aux diamètres de leur série. La fixation de ces tubulures, sur les corps des tuyaux, se fait comme celles des brides, sans avoir à craindre de dessouder le tube dans le voisinage. Nous indiquons, planche 22, la forme de ces sortes de tubulures préparées.

Les brides, soit rondes, soit ovales, sont quelquefois libres sur simple bord rabattu, ou sur une petite bride fixe.

Il est aussi indiqué, planche 18, des brides et tubulures dans le cas où elles sont fondues. Jusqu'à 40 millimètres ces tubulures sont en bronze, au-dessus elles sont en fonte. Planche 22, nous donnons une série de brides fondues, correspondant aux brides rapportées aux tuyaux en cuivre. Cette série est pour des joints pouvant être fortement serrés.

Les CUIRS EMBOUTIS, dont une série est indiquée à la même planche 18, sont d'un usage fréquent dans les pistons de pompe. Leur préparation exige des soins, pour que le cuir ne soit pas détérioré. Celui-ci devra être préalablement bien graissé et assoupli, et l'emboutissage devra être lentement progressif pour ne pas provoquer des gerçures.

ROBINETS CONIQUES, planches 19 et 20. — Ces robinets, qu'ils soient destinés à la vapeur ou à l'eau, avec ou sans pression, sont ceux qui sont le plus généralement employés, malgré la grande diversité des types connus.

Pour qu'un robinet ait les qualités voulues, il faut : 1° Que les diverses sections, situées entre le plan extérieur de la bride et la clef, soient toutes sensiblement égales entre elles et à celle de passage à travers la clef; — 2° que celle-ci, parfaitement rodée dans son boisseau, offre une *garde* suffisante, suivant la pression du fluide qui doit traverser le robinet; — 3° que la clef, pour remédier à l'usure et aux adou-

cissements qu'elle peut subir, ait également un serrage suffisant.

Au-dessus de 60 millimètres de diamètre les clefs sont creuses pour ménager la matière.

On fait quelquefois des robinets à plusieurs voies, pour réunir des tubulures courbes, à angles droits ou disposées en triangle équilatéral. Mais, outre que ces robinets sont volumineux et coûteux, ils n'offrent presque jamais assez de garde, et sauf pour de rares exceptions, il est préférable d'employer autant de robinets simples que de branchements. Les robinets sont généralement en bronze. Lorsque cependant leur poids est exagéré, on fait le boisseau en fonte. Au-dessus d'un certain diamètre, il y a avantage à délaisser le robinet conique pour employer un système d'obturation consistant en vannes, tiroirs ou clapets dont nous n'avons pas à exposer ici la variété.

ROBINETS A PRESSE-ÉTOUPE, planche 19. — Lorsque l'étanchéité est une condition indispensable on emploie des robinets à presse-étoupe. La clef jouit du serrage suffisant, mais elle ne traverse pas le boisseau à sa partie inférieure. Toute fuite, à l'extérieur, ne peut donc avoir lieu que par la partie supérieure. Mais l'action du bourrage, que l'on peut serrer à volonté, s'ajoute à la garde de la clef, et ces robinets sont ainsi rendus parfaitement étanches.

TUYAUX EN FONTE. — TUYAUX DIVERS. — Il existe plusieurs sortes de tuyaux pour la conduite de l'eau, du gaz ou de la vapeur; leur différence n'existe naturellement que dans leur mode d'assemblage.

En dehors de l'assemblage à brides, que nous avons déjà considéré, et pour de petits diamètres, on emploie assez généralement du caoutchouc de bonne qualité, plus ou moins vulcanisé, et bien emboîté. Pour les gros diamètres, on se sert de chanvre enduit de poix et de poudre de brique, de ciment et particulièrement de plomb, sur garniture en étoupe fortement chassée.

Les joints, avec interposition de rondelle en caoutchouc, suivant le système Petit ou autres, ont l'avantage de donner de la mobilité à la conduite qui peut prendre les sinuosités voulues, et se prêter aux tassements des terres, sans que l'on ait à craindre des ruptures.

Dans la série que nous donnons des tuyaux à emboîtements, dits *façon-Paris*, avec garniture en étoupe, superposée de plomb, on a ménagé une gorge circulaire intérieurement au manchon. Cette gorge a pour but, en faisant venir un bourrelet au plomb, d'en empêcher la sortie. L'utilité de cette rainure est contestée.

Tubes en fonte, en fer, en cuivre et en plomb, et leurs assemblages. Tubulure sans soudure Oescher, Mesdach et C°, planche 22.—Nous avons consigné dans cette planche, en outre d'une nouvelle série de tuyaux à brides en fer et en fonte, dans le cas de forte pression, des dispositions d'assemblages pour tuyaux en plomb, en fer, en fonte ou en cuivre.

Ces dispositions ne peuvent guère s'appliquer qu'à des tuyaux d'un diamètre relativement faible.

En ce qui concerne la série des tubes en fer, elle se rapporte presque exclusivement à celle de MM. Mignon et Rouart. Ces constructeurs peuvent livrer des tubes de toutes dimensions avec raccords variés, coudes à angles droits, augmentant ou diminuant le passage d'un tuyau à un autre, etc.

La tubulure sans soudure, préalablement préparée pour s'appliquer sur tuyaux de divers diamètres, est celle dont nous avons déjà parlé.

Vases graisseurs, a couvercle bridé, planche 25. — Ces graisseurs sont employés sur les pièces en mouvement. Lorsque ce mouvement est faible, on dispose un godet sur le couvercle, pour recevoir l'huile en marche. Lorsque l'amplitude du mouvement est plus grande, comme dans la grosse tête des bielles, le couvercle n'a pas de godet, et l'on met l'huile directement dans le corps du graisseur, après avoir arrêté le mouvement et dégagé le couvercle.

La simple inspection des figures indique comment, en appuyant sur le chien à ressort, le couvercle se trouve dégagé. Pour que la pression atmosphérique ait un libre accès à l'intérieur du graisseur, le couvercle est percé d'un ou plusieurs trous.

Pour le graissage des excentriques circulaires, le graisseur étant disposé latéralement, le téton central, qui reçoit la mèche alimentaire, est incliné ; et le plus souvent, il consiste en un simple tube rapporté, en cuivre rouge.

Autres graisseurs et embases. Graisseurs pour paliers, planche 26.— Ce système de graisseur est un des premiers connus. Par suite des nombreux systèmes de godets rapportés, plus ou moins automatiques, mais notamment de celui de De Lacoux, il est aujourd'hui peu employé, si ce n'est sur le chapeau de certains paliers ordinaires fixes, avec lequel il vient de fonte. Le couvercle est généralement en bronze.

Graisseurs a corps sphérique ou cylindrique. — En outre du graisseur à couvercle, dont nous venons de parler, on se sert aussi, notamment pour les pièces en mouvement, des graisseurs à corps sphérique, ou à corps cylindrique avec couvercle vissé (planche 26). Ces deux graisseurs peuvent être considérés comme semblables, si ce n'est que dans celui à corps cylindrique, le couvercle peut être enlevé, le corps nettoyé, la mèche plus facilement visitée et remplacée.

Embases. — Le diamètre de l'embase est déterminé par des considérations que nous n'avons pas à exposer ici. Ce diamètre étant obtenu, il importe de donner à l'embase une longueur de portée aussi grande que possible, afin de diminuer la pression par unité de surface. Le graissage est alors plus facile et plus efficace, et l'usure de l'embase est moins rapide. En général, la longueur de l'embase doit être d'autant plus grande, que l'arbre est plus chargé.

Paliers ordinaires, planche 27. — Ces paliers, très connus, sont d'un usage fréquent, par suite de leur légèreté relative et de leur bas prix, résultant d'une fabrication courante. Les divers paliers ordinaires ont peu de différence entre eux. Pour les petits diamètres, le chapeau est tenu sur le corps de palier par des goujons. Pour des diamètres plus grands, ces goujons sont remplacés par des boulons, dont la tête est noyée ou prise entre deux oreilles venues à la semelle et qui l'empêchent de tourner.

Les coussinets des paliers ordinaires, dont nous donnons la série, sont ajustés par leurs joues, sur des dressages venus aux faces extérieures du palier. Ce mode d'ajustage est plus précis et surtout plus commode que celui qui consiste, planche 28, à faire venir une saillie au milieu du coussinet, pour l'ajuster dans une rainure correspondante, pratiquée dans le corps du palier.

Lorsque le palier est sur simple semelle, il possède, à la partie inférieure, de petites vasques destinées à recueillir l'huile de graissage. Quand il est fondu avec le bâti, ces vasques n'existent pas, et le dressage se continue en dessous à une distance déterminée, sur la figure, par la cote indicative R (et non la cote C, comme il est indiqué par erreur à la planche 27).

Il n'a pas été indiqué de graisseur au chapeau. Le graisseur habituel est celui indiqué planch. 26 (et non planch. 21). Néanmoins, on applique quelquefois les godets en cristal du système De Lacoux ou autres.

Paliers larges. — Ces paliers sont employés lorsque

les arbres qui s'y appuyent sont très chargés, comme des arbres de roues hydrauliques, par exemple ; et, qu'en outre, ils peuvent éprouver, par le fait de forts engrenages, des poussées latérales ou des effets de soulèvement. Leur semelle est une large plaque, fortement scellée à la maçonnerie sur laquelle elle doit porter bien droit. Des nervures renforcent cette plaque et la relient au corps du palier. Le compartiment du milieu fait réservoir d'huile, pour les diperditions, et un bouchon à vis sert à en faire la vidange.

PALIER GRAISSEUR AVEC COUSSINET FORMANT RÉSERVOIR D'HUILE. — Ce palier offre un système assuré de graissage automatique. Il est dû à M. Avisse, et a été exploité exclusivement par M. J.-F. Cail et Cⁱᵉ, pendant toute la durée du brevet. Le seul inconvénient inhérent à ce palier consiste dans la nécessité de grossir la portée, ce qui renchérit le prix de l'arbre par suite du travail de forge qui intervient. Il y a aussi à considérer que le travail du frottement a lieu à l'extrémité d'un rayon plus grand. Mais ceci est d'une minime importance eu égard à la perfection du graissage.

Les coussinets, très légers et bien ajustés, sont munis d'un godet de remplissage et de bouchons de visite et de vidange. L'étude de ce palier a d'ailleurs été reprise et perfectionnée, dans certains détails d'ajustement, par la Cᵒ de Fives-Lille.

PALIERS DOUBLES GRAISSEURS A SUCCION AUTOMATIQUE, DE M. BOUDIN, planche 31. — Ces paliers nous paraissent recommandables. Ils ne nécessitent aucun renflement aux arbres, et, quelle que soit la vitesse de rotation, leur graissage peut être considéré comme certain.

Bien que d'exploitation récente, ce palier est déjà avantageusement connu et apprécié dans l'industrie mécanique.

L'huile n'est pas inutilement agitée, comme dans certains paliers graisseurs, et, quelque plein que soit le réservoir, il n'y a pas lieu de craindre d'extravasement. Le graissage a lieu par l'effet de la capillarité, à l'aide d'une mèche, qui peut être quelconque, mais que M. Boudin prépare depuis peu spécialement. L'huile est toujours épurée, les pailles de fer unies à l'huile usée tombant en boue au fond du réservoir, où l'on a soin de mettre de l'eau à 1/4 environ de sa contenance.

Les mèches latérales peuvent être enlevées, visitées ou remplacées, dès que le chapeau du palier est supprimé, et sans aucun déplacement de l'arbre. Il n'en est pas de même de la mèche inférieure. Mais l'expérience a montré que sa durée est très grande et son fonctionnement régulier. L'alimentation latérale suffit d'ailleurs à elle seule à un parfait graissage.

Le constructeur, dans le but de satisfaire à toutes les circonstances, a établi des séries avec portées différentes, en employant la fonte soit exclusivement, soit en combinaison avec le bronze ou du métal anti-friction. La série O est celle qui est établie en vue du plus grand travail. Les prix des numéros 1 à 10, en sont compris entre 16 et 220 fr.

Le même M. Boudin construit des manchons d'accouplement à bagues filetées, que nous avons eu occasion de mentionner à propos des manchons d'entraînement.

PALIERS GRAISSEURS A RONDELLE DE RELEVAGE, pl. 32. — Ces paliers, du système A. De Coster, sont comme ceux du système Avisse, à réservoir d'huile inférieur. Mais là s'arrête la similitude. La portée n'est pas grossie, elle est plutôt affaiblie par l'implantation d'un taquet contre lequel est fixée une rondelle de relevage qui trempe d'une certaine quantité dans l'huile.

Lorsque l'arbre est en mouvement, cette rondelle entraîne, par adhérence, la matière lubrifiante qui s'écoule de la partie supérieure dans une gorge en patte d'araignée, laquelle la distribue aux coquilles inférieures plus larges que celles du haut.

On peut remarquer que le réservoir d'huile est continuellement agité par la rondelle, ce qui, outre l'effet d'altération sur l'huile, empêche la décantation des boues; cette agitation peut aussi, lorsque le réservoir est plein et que l'huile s'est figée pendant le repos, en hiver, produire une émulsion susceptible de déborder par l'œil du palier.

Nous avons eu occasion de voir, en diverses circonstances, des paliers De Coster depuis longtemps en service. Leur état d'entretien était parfait; nous n'avons jamais été à même, non plus, de remarquer l'extravasement indiqué, bien qu'il nous semble pouvoir se produire dans les circonstances indiquées, et que l'on puisse y obvier par deux rondelles en feutre qui empêcheraient en même temps l'introduction de la poussière.

Ce palier est d'un ajustage facile, et sa portée est plus grande que dans tout autre système, ce qui est une des meilleures conditions de durée et d'utilisation du graissage.

DESCRIPTION DES PLANCHES

DEUXIÈME PARTIE

CHAISES A PALIERS GRAISSEURS ET ORDINAIRES, planches 33 et 34.—Ces chaises sont employées pour transmissions supérieures aux machines-outils. La plupart du temps elles sont boulonnées contre les entraits du bâtiment ou contre les murs. Il n'y a rien de particulier à signaler sur elles, puisque les paliers dont elles sont formées ont été examinés, et qu'une chaise n'est autre chose qu'un palier de suspension ou d'applique.

La variété des chaises est aussi grande au moins que celle des paliers. Certaines chaises sont disposées comme le chapiteau d'une colonne, ayant leur palier d'un côté, et sont pour cela appelées *chaises à colonne creuse*. D'autres sont dites à *fourchette*, comme certains paliers, et les arbres qui s'y appuyent peuvent être déplacés verticalement. Enfin il existe des chaises avec palier Sellers ou *à potence*, lequel comporte des coussinets sphériques et peut se déplacer dans tous les sens.

Les chaises d'applique portent généralement sur les murailles, avec ou sans interposition de semelles en bois. Les boulons traversent les murs et sont reliés par un cadre en fer, sur lequel a lieu le serrage des écrous.

Étant donné un système de palier, la chaise qui en dépend doit-être telle que la distance de l'axe du palier à celui de la chaise, soit la plus faible possible, tout en permettant le dégagement facile du chapeau. Cette considération s'applique plus particulièrement aux chaises de suspension. Quant aux chaises d'applique, la distance de l'axe du palier au patin de la chaise est déterminé par le diamètre que l'on est obligé de donner aux poulies de transmissions.

POULIES A BRAS, LARGES ET ÉTROITES, planche 35.—La poulie est l'organe de transmission le plus docile; il importe seulement qu'elle fonctionne dans de bonnes conditions. On donne généralement à la jante d'une poulie une légère courbure, dans le but de maintenir la courroie dans l'axe. Mais le meilleur moyen d'atteindre ce but consiste à bien placer la poulie conduite dans le prolongement de celle qui conduit.

Néanmoins, dans le cas de vibrations qui peuvent faire sauter la courroie ou la faire dévier, non-seulement on a recours à la courbure mentionnée, mais on fait venir à la jante des joues latérales.

Il importe que le diamètre et la largeur des poulies soient bien proportionnés à l'effort à transmettre. En général, il conviendra d'adopter des vitesses et des largeurs de jante, assez considérables, pour ne pas imposer aux courroies une trop grande fatigue et recourir à des épaisseurs qui occasionnent une grande raideur et une plus rapide altération du cuir, sans parler de la plus grande usure des coussinets des paliers, de l'excès de frottement qui en résulte, et enfin des danger d'arrachements qui sont surtout à craindre pour les petites transmissions intermédiaires, et qui ont souvent occasionné de graves accidents. On est induit souvent à augmenter l'adhérence des courroies en projetant sur elles de la poudre de résine; mais ce moyen a des inconvénients. On a cherché à y remédier en superposant une jante de cuir à poste fixe, à la jante métallique de la poulie. Ce moyen est excellent, mais il demande à être pratiqué avec beaucoup de soins, en vue surtout de la solidarité de la jante rapportée avec la jante métallique.

La garniture de cuir a été également appliquée avec succès aux poulies de transmission par câble télédynamique. La gutta-percha, que l'on a employée primitivement, finissait par être complétement malaxée et décomposée par l'action du câble, surtout en été et dans les pays chauds. Le meilleur cuir à employer est celui de buffleterie; il est disposé pour être serré sur la jante à l'aide d'un tendeur situé en dedans de cette jante.

Les bras des poulies sont droits, en forme de yatagan ou en S. Leur section est de forme elliptique ou en croix : ils peuvent être considérés comme simultanément encastrés au moyeu et à la jante, et leur section devrait être la même en ces deux points. On leur donne néammoins un peu plus de force vers le moyeu.

Comme il est indiqué à la même planche 35, on fait quelquefois des poulies en deux pièces; par suite d'un excès de grandeur ou par des nécessités de montage. Mais la plupart du temps la jante est en une seule pièce que l'on divise en deux après le tournage et l'alésage.

Les poulies sont fixées sur leurs arbres d'après les indications des planches 9 et 10 (séries des moyeux).

CÔNES POUR CHANGEMENT DE VITESSES, planche 36. — Ces organes sont affectés spécialement aux machines-outils, où selon la nature des pièces et le genre de travail, il convient de pouvoir faire varier la vitesse dans des limites assez étendues, indépendamment de la variation que l'on peut obtenir par le jeu et la combinaison des engrenages.

Un cône pour changement de vitesse est toujours conduit par un cône semblable, mais disposé en sens contraire. Dans un changement de position de la courroie, la variation de vitesse qui en résulte est la somme des variations, en sens contraire, qui ont lieu sur chaque poulie.

Les cônes à croisillon, sur l'avant, sont employés pour les transmissions intermédiaires aux machines-outils. Le Croisillon des cônes est quelquefois situé au milieu de leur longueur, le moyeu étant relié alors aux étagements successifs, par quatre nervures ou plus, en éventail.

Quand les arbres, destinés à recevoir les cônes de transmission de mouvement, ont des diamètres différents, on donne à l'alésage des cônes un diamètre égal à l'arbre le plus gros plus 30 millimètres. L'emmanchement des cônes a lieu alors par l'intermédiaire de bagues, cylindriques extérieurement et au diamètre de l'alésage des moyeux; mais coniques à l'intérieur, au diamètre moyen de l'arbre considéré, avec pente de 24 millimètres pour °/₀, et en deux pièces.

VOLANTS, planche 37. — Ceux dont nous donnons la série sont d'un diamètre et d'un poids relativement considérables, et, comme on le voit, en plusieurs parties assemblées par des emmanchements dressés ou tournés, et serrés par des boulons.

Le volant est l'organe régulateur par excellence des machines à mouvement alternatif. Son action, dans les machines à vapeur, est au moins aussi efficace que celle des régulateurs à force centrifuge, bien que d'une nature un peu différente : Et la régularisation d'une machine à l'aide d'un pendule conique, ou toute autre disposition agissant sur la distribution, sera d'autant plus efficace que la puissance du volant sera grande.

On ne considère généralement comme poids du volant que celui de la jante. Celle-ci doit donc offrir une masse considérable qui, pour des volants de grands diamètres, peut acquérir une vitesse notable d'où pourrait résulter, par l'effet de la force centrifuge développée, une rupture dont les conséquences sont toujours désastreuses. La jonction des différentes parties de la jante, entre elles et aux aux bras, devra donc être bien solide.

On donne quelquefois aux bras des volants des formes courbes, à section ovale, comme à certaines poulies, dans le but de diminuer la résistance de l'air, et l'effet de ventilation qui en résulte quelquefois.

Mais cette disposition, dont on peut contester les avantages, est peu applicable aux volants d'une certaine puissance, qui doivent offrir une grande rigidité autant dans le plan du mouvement, pour résister à la force centrifuge, que dans le sens transversal, pour s'opposer aux mouvement de *lacet* qui résultent quelquefois d'un défaut de montage, ou d'une inégale répartition de la matière à la coulée.

Les bras courbes n'ont leur raison d'être que pour des volants de faible diamètre, ou d'un seul morceau, pour donner à la jante une certaine élasticité et en empêcher la rupture par traction lors du refroidissement de la coulée.

Les volants servent quelquefois de poulies ou d'engrenages de transmission. Dans ce dernier cas, les dents sont généralement rapportées et en bois de cormier, pour diminuer le bruit et faciliter le remplacement des dents usées ou rompues.

Têtes de Bielles, planche 38. — De même que pour tous les organes que nous venons d'examiner et pour la plupart de ceux qui vont suivre, la variété des têtes de bielles est très-grande.

Non-seulement la différence existe dans la longueur de la *portée* et le mode d'assemblage des coussinets, mais elle se retrouve aussi dans le mode de fixation et de serrage de ces coussinets, et dans le système de graissage, qui n'a pas été figuré, mais que l'on peut facilement adapter d'après les séries et les systèmes précédemment exposés.

Le corps des bielles est ordinairement *de révolution*, et légèrement renflé au milieu pour mieux résister à la flexion. Quelquefois la section du corps, au lieu d'être circulaire et variable, est méplate et constante; les petites faces *de champ* étant des portions cylindriques susceptibles, par conséquent, d'être tournées; quelquefois aussi cette section affecte celle d'un double T; ou, si elle est en fonte, elle est cruciforme à noyau cylindrique.

Lorsque la bielle se termine à l'une de ses extrémités par une fourche à deux petites têtes, la courbe de cette fourche, que l'on faisait primitivement circulaire, est de forme allongée et parabolique, d'une résistance plus grande.

La bielle, lien indispensable entre la tige du piston et la manivelle motrice, est l'organe le plus en vue et celui qui est le plus étudié autant au point de vue de l'aspect, qu'à celui de la résistance aux divers efforts, et du travail des machines-outils. Généralement en fer forgé, elle est rarement soumise à des efforts d'extension ou de compression supérieurs à 2 kilos par millimètre carré.

Roues d'Engrenages *à dents en fonte et en bois*, planches 39 et 40. — Cet ouvrage devant, par sa nature, offrir en regard de chaque objet les indications indispensables et suffisantes, on trouvera aux planches mentionnées toutes les notions pratiques relatives aux proportions et aux tracés des dents et des autres parties des roues d'engrenages.

On n'a considéré que les roues droites; mais il est évident que les mêmes considérations sont applicables aux engrenages coniques.

Les dimensions des jantes et des bras étant déterminées d'après les données des planches 39 et 40, celles du moyeu résultent des séries correspondantes qui ont été données, et d'après le diamètre de l'arbre.

En outre du frottement de leurs axes, les roues d'engrenages donnent lieu à un nouveau frottement sur leurs dents, au point d'engrènement. La valeur de ce frottement et du travail passif qui en résulte, est d'autant plus grande qu'il y a *glissement* de l'une des dents engrenée sur l'autre.

Le travail du frottement des dents est en général d'autant plus faible, étant donné un tracé de dents, que les diamètres sont grands et peu différents entre eux.

On donne une grande résistance aux dents, en les encastrant soit d'un seul côté, soit des deux côtés, dans des joues latérales venues de fonte et s'élevant, soit jusqu'à l'extrémité des dents, soit seulement jusqu'à la circonférence primitive.

Chaînes-Galle, planche 40 et 41. — En outre des transmissions par cordes, en chanvre ou métallique, par courroies, et enfin par engrenages, on emploie, dans certains cas particuliers, pour transmettre le mouvement d'un axe à un autre, des chaînes. Avant de parler des chaînes ordinaires, à maillon ouvert ou étançonné, nous allons dire quelques mots des chaînes-galle, étudiées avec grand soin par l'ingénieur Neustadt qui les a appliquées à ses appareils de levage, et construite avec non moins de soin par la Compagnie des forges d'Audincourt, qui a bien voulu nous en faire tenir la série complète.

Primitivement, et dans le but de diminuer leur poids, les maillons de ces sortes de chaînes étaient évidés au milieu, et l'œil était concentrique à l'axe. Mais cette forme était défectueuse en ce que les fibres du fer se trouvant coupées transversalement au sens du laminage, leur résistance s'en trouvait affectée : en outre, le frottement sur les guides était reporté sur l'œil du maillon déjà affaibli par cet évidement.

La forme droite, adoptée par Neustadt, avec excentration des têtes du maillon, par rapport à l'axe, offre une plus grande résistance, bien que la matière soit inégalement répartie, et que la section au milieu du maillon soit bien plus grande qu'à l'endroit de la fusée.

Pour satisfaire aux conditions d'un bon emploi, les maillons doivent être, en outre, étroits et épais. La largeur est un peu subordonnée au diamètre de la fusée; et l'épaisseur doit être maintenue, à une limite telle, que l'effet de détérioration du poinçon ne soit pas trop grand.

Nous avons vu que, pour des tôles un peu épaisses et pour des travaux spéciaux, les trous devraient être percés au foret, pour conserver au métal ses qualités résistantes que le poinçonnage diminue de 7 à 8 % environ.

C'est donc par le nombre de maillons engagés que l'on tiendra leur épaisseur dans des limites convenables.

Le pignon qui engrène avec la chaîne-galle doit avoir le moindre diamètre possible, puisque le rayon moyen de ce pignon, dans lequel intervient la largeur du maillon, est un levier pour la *résistance*.

Le corps des fuseaux, travaillant à la flexion, a son diamètre déterminé par cette nature de travail, et d'après le nombre de fuseaux engagés. Quant aux fusées qui travaillent à la flexion et au cisaillement, on les calculera pour résister à ce dernier genre d'effort, quand le nombre des mailles sera de deux. Elles devront, au contraire, être calculées à la flexion dans le cas d'un nombre plus grand de maillons.

Les avantages de la chaîne-galle sur la chaîne ordinaire, même pour certains appareils de levage, sont encore bien controversés. Tandis que certains grands ateliers de construction, comme ceux de la C⁰ de Fives-Lille, et divers chemins de fer, comme celui d'Orléans, en font une application courante à leurs appareils, d'autres ateliers et chemins de fer emploient presque exclusivement la chaîne ordinaire.

Pour les chaînes-galle de faible force, de 50 kilos à 200 kilos, leurs fusées sont simplement rivées, comme on l'a indiqué sur la figure planche 41. Pour de plus grandes charges, les fusées se terminent par une partie filetée et reçoivent des écrous, avec léger mattage du dernier filet de la tige.

CHAÎNES ORDINAIRES *et leurs poulies à gorges*, planche 42. — Avant d'établir une comparaison quelconque entre les chaînes-galle et les chaînes ordinaires, nous indiquerons, planche 42, les poulies à gorges sur lesquelles ces dernières chaînes s'enroulent habituellement. La première de ces poulies offre une gorge circulaire unie, destinée à recevoir un maillon qui s'y tient droit, et flanquée de deux banquettes où le maillon suivant est à plat.

Quelquefois, sur ces banquettes sont venues à la fonte des empreintes dans lequel le maillon plat est comme engagé.

La poulie inférieure au contraire, d'une application encore récente offre deux gorges continues lisses, où les maillons sont logés de manière à se tenir à 45 degrés, par rapport au plan de rotation. Chaque maillon travaille ainsi d'une façon identique et ne subit aucune flexion transversale.

A côté de la série de ces poulies, il a été donné un tableau des dimensions et des poids des principales chaînes employées par diverses administrations ou par le commerce.

CHAÎNES CALIBRÉES ORDINAIRES ET LEURS NOIX, planche 43. — Les *noix* sont aux chaînes calibrées ordinaires ce que les pignons sont aux chaînes-galle que nous venons

d'examiner. Le bon fonctionnement des chaînes dépend de l'exactitude du tracé des noix et de la bonne disposition de leurs guides.

Pour établir une noix, étant donné une chaîne, il faut avant tout déterminer aussi exactement que possible, le *pas* moyen de cette chaîne.

Pour cela, il convient de suspendre une certaine longueur de chaîne, la plus grande possible, et de la mesurer exactement; en divisant cette longueur par le nombre de maillons, on en déduit le *pas* cherché.

Cela posé, et ayant ainsi toutes les dimensions des maillons, on en dessine un de *face* et en *grandeur*, sur ses deux axes rectangulaires de symétrie.

Par le centre des demi-circonférences intérieure et extérieure des maillons, on mène une ligne inclinée à un angle correspondant au polygone affecté par la noix. Si la noix est carrée, comme celle figurée planche 43, cette ligne sera inclinée à 45 degrés, et l'on cherchera d'abord sur elle le centre du cercle représentant la *section* du fer, et qui doit être tangent à la demi-circonférence intérieure du maillon vu de face. On a ainsi le commencement du maillon suivant, qui porte à plat sur la noix, et dont la détermination complète est facile. En menant son axe de symétrie, perpendiculaire à son plan, il va rencontrer l'axe horizontal du premier maillon considéré en un point qui est le centre de la noix.

En cherchant, sur l'axe du maillon incliné et vers son autre extrémité, le centre de la demi-circonférence tangente au cercle, représentant la section du fer, et menant par ce point une ligne suivant la direction du côté du polygone correspondant, on a la direction du maillon suivant. Ici le polygone choisi étant un carré, cette ligne est parallèle à l'axe horizontal du premier maillon considéré.

La position successive des maillons engagés étant ainsi déterminée, le noyau de la noix, avec un léger jeu sous les maillons de face, s'en déduit naturellement. C'est dans ce noyau que doit être compris le diamètre de l'axe, calculé pour résister aux efforts considérés. Si ce noyau n'offrait pas une section suffisante, il faudrait, alors, recourir au tracé d'une nouvelle noix, d'un plus grand nombre de côtés.

Il reste, après ce premier tracé, à déterminer le tracé des empreintes extérieures.

On peut voir, par les deux projections latérales que nous avons faites, comment on y arrive. Le maillon qui porte à plat a du jeu latéralement, mais il est bien appuyé par ses extrémités arrondies, dans l'empreinte qui lui sert de loge.

Les noix sont en fonte ou en fer, tenant ou non à l'axe même. Mais le grand travail accompli par la noix, la rendant susceptible d'être changée à un moment donné, il convient de la construire sans qu'elle fasse corps avec l'axe. Si elle est en fer, on peut la tremper au paquet, après avoir été exactement gravée.

Nous venons d'indiquer le moyen graphique pour arriver à la détermination des dimensions transversales de la noix et de la position relative des maillons engagés.

M. Chauvin, de la maison A. Suc et Chauvin, qui s'est acquis une réputation méritée pour ses appareils de levage et autres, a été amené par la pratique, et l'étude du tracé que nous venons d'exposer, à déterminer des formules mnémoniques, par conséquent très-simples, et que nous avons consignées sur la planche même. On voit, à l'aspect de ces formules, qui ne comportent que des opérations brèves, comment on peut obtenir directement l'apothême du polygone affecté par la noix. On voit aussi que, dans la noix quadrangulaire principalement, la valeur du diamètre du fer d influe très peu sur la valeur de A.

C'est d'après ces formules que nous avons déterminé les valeurs des apothêmes de quelques noix fréquemment employées, laissant aux intéressés le soin de déterminer les autres, d'après le pas et les autres dimensions des chaînes à employer.

Nous pouvons maintenant, et à l'aide du tableau milieu de la planche 43, examiner les mêmes chaînes, à un point de vue comparatif, avec les chaînes-galle.

Ces dernières, construites avec d'excellentes tôles douces au bois des forges d'Audincourt, résistant à une traction de rupture de 32 kilos, peuvent travailler avec sécurité à 8 et 9 kilos par millimètre carré.

Mais, dans les chaînes ordinaires la résistance ne peut être déterminée de la même manière, la traction n'ayant pas lieu aussi directement, suivant l'axe du fer, que dans la chaîne-galle; et les conditions, par suite du sens des fibres, du jeu, etc., n'étant pas les mêmes dans les deux cas.

Aussi, pour l'adoption d'une chaîne, dans le cas d'un effort donné, les constructeurs se fondent-ils sur les nombreuses expériences faites sur les chaînes de la marine, et qui offrent tous les cas d'application qui peuvent se présenter en pratique. On est ainsi dans d'excellentes conditions de sécurité, et le travail de traction *supposé* se déduit d'après la double section du maillon; bien que le travail unitaire *réel* ne soit pas susceptible d'être déterminé ainsi, et que,

suivant le diamètre du maillon, le jeu existant, etc., il soit généralement plus ou moins supérieur.

Au fur et à mesure que pour des efforts plus grands le fer du maillon grossit, on le fait travailler de plus en plus; et cette progression ascendente est rationnelle, bien que le contraire parût plus logique au premier abord, puisque l'on sait que la résistance d'un fer est d'autant plus grande qu'il est d'un plus faible échantillon; et, à ce point de vue, un fil de fer de 5 millimètres de diamètre devrait travailler plus, par millimètre carré, qu'un fil de fer d'un diamètre double.

Mais, d'un autre côté, si l'on considère que, par son travail, une chaîne peut non-seulement s'user, mais recevoir une atteinte qui diminue la section d'un de ses maillons en un point quelconque, on reconnaîtra qu'une diminution donnée de 1 millimètre, par exemple, est plus dangereuse pour un diamètre de 5 millimètres que pour un diamètre de 10.

C'est par suite de ces considérations que la chaîne ordinaire, pour de faibles forces, pèse plus au mètre courant que la chaîne-galle correspondante. Depuis 500 kilos jusqu'à 1,500 kilos, les poids peuvent être considérés comme égaux de part et d'autre. Et enfin, au-dessus de 1,500 kilos, l'avantage du poids est en faveur de la chaîne ordinaire.

Les partisans de cette chaîne lui trouvent encore d'autres avantages sur la chaîne-galle; celle-ci offre une plus grande raideur d'enroulement; les frottements y sont plus considérables par suite des glissements fréquents des mailles les unes contre les autres. Les trous des fusées s'ovalisent rapidement et la chaîne venant à s'allonger, l'engrènement sur le pignon moteur n'a plus lieu avec la même exactitude; d'où un glissement et une usure rapides des dents et des fuseaux.

La chaîne ordinaire, offre au contraire, une plus grande mobilité d'articulation. Bien conduite, par des guides convenablement disposés et une noix exacte, elle peut atteindre, à la descente au frein, jusqu'à 1 mètre de vitesse par seconde. Elle peut tirer obliquement, sans crainte de rupture, en dehors du plan de traction. Elle n'a pas besoin d'être aussi bien entretenue et abritée que la chaîne-galle; son usure et son extension sont moins sensibles; et enfin son emmagasinement est plus commode.

Tous ces avantages se traduisent pratiquement par un effort final sur la manivelle d'action, qui est inférieur à celui qu'il faut développer avec une chaîne-galle pour une même charge, en tenant compte bien entendu des différences de vitesse.

Il est bon de remarquer que l'on reconnaît aux chaînes-galle le mérite de ne pas se rompre brusquement comme les chaînes ordinaires et, dans le cas de faibles efforts, ou dans les ateliers et lieux abrités, où elles peuvent être convenablement soignées, leur emploi peut avoir lieu concurremment avec les chaînes ordinaires.

Il importe seulement que celles-ci soient, comme les premières, convenablement établies. MM. Suc et Chauvin ont livrés des grues de 500 kilos, avec chaîne de 9 millimètres de diamètres, qui ont supporté jusqu'à 900 kilos, sans éprouver la moindre déformation; et ces appareils sont en service depuis plusieurs années.

Crochets pour moufles de grues. — *Chaînes à étais et leurs assemblages*, planche 44. — Le crochet est le complément indispensable de la chaîne, dans le cas des appareils de levage, et sa rupture, qui survient fréquemment, peut occesionner des accidents graves.

Le crochet est fixé à la chape par un axe articulé, ou bien à l'aide d'une *flotte* ou emmanchement à écrou comme celui indiqué.

L'écrou est goupillé, et le diamètre du noyau a est déterminé par la relation $a = 0,67 \sqrt{P}$.

C'est d'après cette relation que l'on a déterminé la valeur de a. Mais, pour des poids de 50 à 200 kilos, il conviendrait de faire $a = 1,11 \sqrt{P}$, et de déterminer les autres dimensions par les mêmes rapports admis :

$$b = 1,8\,a \quad c = 1,33\,a \quad d = 2,44\,a \quad e = g = 1,95\,a$$
$$f = 1,46\,a \quad h = 0,97\,a \quad i = 1,83\,a.$$

On remarquera qu'il a été figuré un contre-poids qui appuie sur la chape, et qui est généralement calculé pour faire équilibre au poids de la chaîne et aux frottements. La chaîne peut ainsi se dérouler et le crochet descendre de lui-même jusqu'au point voulu.

Bien que cette condition ne se trouve pas réalisée dans la série exposée, planche 44, néanmoins, il sera toujours préférable de disposer le crochet de telle façon que l'axe de la charge et son point d'attache *passent par l'axe du crochet*, comme on peut le voir à la planche suivante.

Nous terminerons, pour compléter la série de renseignements sur les chaînes, par quelques indications sur celles à étais, généralement employées dans la marine.

Il est reconnu que, dans un maillon de forme oblongue, ou même droite, sous une charge voisine de la rupture, les deux côtés latéraux tendent non-seulement à se mettre en ligne droite, mais même à *rentrer en dedans*. De là, l'indication d'entretoiser ces deux côtés pour augmenter la résistance.

Les étais ont, en outre, l'avantage, en fermant l'œil des maillons, d'empêcher l'enchevêtrement de la chaîne.

Les longueurs de chaînes à étais sont généralement limitées. L'assemblage de plusieurs longueurs entre elles, à une chape ou point d'attache quelconque, se fait assez généralement d'après le mode et les proportions indiqués planche 44.

Les maillons ordinaires étançonnés se terminent par un maillon plus fort et plus ouvert de manière à pouvoir y introduire, en le tournant convenablement, un étrier que traverse un axe oblong en acier galvanisé. Cet axe est retenu par une goupille noyée et retenue de chaque côté, dans sa loge, par une garniture en plomb chassé.

Sur cet axe est évidemment agrafé un autre gros anneau, un crochet, une ancre, etc.

Palans, planche 45. — Les palans terminent dans notre exposé la série des organes affectés au levage des fardeaux. Nous n'avons rien à dire de cet engin universellement connu, et fort peu modifié dans sa forme.

Un perfectionnement important, apporté à la simple poulie dont les marins se servent habituellement, pourrait aussi bien être appliqué aux palans. Ce perfectionnement dû à un anglais, M. Paget, consiste dans un taquet inférieur à ressort qui s'arc-boute contre la poulie quand celle-ci tend à revenir en arrière au moment où l'on va reprendre. Cette disposition a pour effet de soulager assez sensiblement l'homme dans les efforts réitérés qu'il est obligé de faire.

MM. Dandoy, Maillard, Lucq et Cⁱᵉ, de Maubeuge, ont cependant apporté à la fabrication des palans d'importantes améliorations, et ils livrent au commerce de notables quantités de ces engins sous le nom de *Moufles lyonnais*, à deux, et surtout à trois poulies.

Robinets à tête *avec ou sans bride*, Robinets graisseurs, planche 46. — Les robinets dont la série a été précédemment exposée, sont des robinets généralement à deux brides, et par conséquent intermédiaires. Les robinets de tête, comme leur nom l'indique, sont placés à l'extrémité d'une conduite, ou contre un récipient, et émettent immédiatement à l'air libre. En dehors de la seule modification qui résulte de cette fonction, les dimensions du corps, de la clef et des accessoires, se rapportent à celles des séries précédentes.

Le robinet graisseur indiqué est généralement employé

pour la lubrification des tiroirs des machines à vapeur et aussi bien pour les cylindres. Le robinet inférieur étant fermé et le robinet supérieur ouvert, on introduit l'huile dans le corps intermédiaire. Ce corps étant rempli, on ferme le robinet supérieur, et, en ouvrant le robinet inférieur, l'huile s'écoule vers la partie inférieure d'où arrive de la vapeur qui vient se loger à la partie supérieure du corps.

La capacité considérée est quelquefois d'un volume plus grand. Elle affecte alors la forme elliptique aplatie, et le graisseur est alors en deux pièces; le robinet supérieur est vissé sur la partie supérieure renforcée du corps elliptique, et la partie inférieure du corps se termine par une bride ovale.

Robinets a soupape, planche 47.—Comme l'observation en a déjà été faite à propos des robinets ordinaires, lorsqu'il s'agit de grands volumes gazeux ou liquides à distribuer, les robinets coniques ne peuvent offrir une section suffisante sans donner lieu à une grande masse de matière. On a recours alors à des obturateurs à soupapes, qui offrent, pour un faible déplacement du clapet, de larges sections de circulation.

Le robinet à soupape, dont nous donnons la série, est placé sur le dôme des générateurs de vapeur, ou directement sur leur corps. C'est le premier organe régulateur de la marche des machines. En-effet, la vapeur arrive au cylindre à une pression d'autant plus différente de celle de la chaudière que la soupape de distribution est moins ouverte.

Soupape de sûreté *pour cylindres*. — Cette soupape, imaginée par M. Farcot, a pour but d'empêcher les effets de coups de béliers qui ont lieu quelquefois dans les cylindres à vapeur, surtout à la mise en marche, et lorsque l'on n'a pas soin de purger, au fur et à mesure de sa formation, l'eau résultant de la vapeur condensée. Il est évident que cette même soupape est de nature à empêcher qu'il survienne, dans le même cylindre, une pression supérieure à celle pour laquelle il est établi.

Régulateurs à *force centrifuge*. — La question des régulateurs à force centrifuge est une de celles qui ont le plus excité les recherches des inventeurs; et, néanmoins, l'on entend dire encore de nos jours qu'un bon régulateur est à trouver. Les uns recherchent l'*isochronisme*, d'autres la *stabilité*. Tantôt les bielles et leurs bras sont croisés, tantôt les bras seulement. Quelquefois même, les boules sont dis-

posées à la partie supérieure. Enfin, le plus grand nombre est muni de contre-poids diversement équilibrés.

Celui dont nous donnons la série a été construit par la maison Cail et Ce de Paris. Les masses situées à l'extrémité des bielles sont de forme lenticulaire, dans le but de diminuer la résistance de l'air au mouvement. Mais la forme de ces masses est assez indifférente, et les simples boules de Watt sont encore celles qui sont le plus généralement en usage.

Le manchon affecte la forme droite ou celle indiquée en pointillé, et le poids des diverses pièces est équilibré par un contre-poids, à moment variable, P. Il a été indiqué, en pointillé, un arc fixé à l'arbre du régulateur, dans le but de s'opposer à la flexion des bielles. Mais cette précaution, à laquelle du reste on paraît renoncer, n'est pas très utile avec des pièces bien proportionnées.

Étant donné un régulateur bien établi, d'après les considérations théoriques que nous n'avons pas à exposer ici, son action sera d'autant plus efficace, qu'il sera directement relié au mouvement de la machine ; l'emploi des engrenages, d'un assez grand diamètre, est indiqué préférablement à celui de la courroie susceptible de glisser. Les jeux doivent être réduits à leur minimum et la flexion des pièces évitées autant que possible, pour que cette flexion, s'ajoutant aux frottements qui résultent des pressions latérales, l'action du régulateur sur la distribution ne soit pas trop tardive.

Les régulateurs reconnus comme les plus sensibles, tels que ceux de Porter, Dugdale, etc., sont, en général, animés d'une grande vitesse, qui a pour but d'amplifier les faibles variations de vitesse de la machine.

L'efficacité d'un régulateur peut, à *priori*, être jugée d'une façon absolue. Pourtant, la plupart du temps, tel régulateur qui gouverne bien une machine n'en gouverne pas aussi bien une autre affectée à un travail différent, ou marchant dans d'autres conditions.

La vitesse d'une machine, son degré de détente, son mode de distribution de vapeur, le diamètre et le poids de son volant, la nature de son travail ou plutôt des outils qu'elle est appelée à actionner, sont autant de données qui doivent intervenir dans l'établissement d'un régulateur d'un système déterminé. Et, soit qu'il agisse sur un simple papillon, ou sur des tiroirs, directement ou par l'intermédiaire de la machine même, l'effort qu'il devra accomplir devra être constant autant que possible.

Accessoires de fourneaux et de chaudières. *Porte*

de fourneaux, planche 49. — Les plaques de devant du foyer doivent être solidement fixées à la maçonnerie, que la chaleur tend à lézarder. Elles seront fixées extérieurement par des écrous pour pouvoir être enlevées et se dilater librement. Elles seront aussi bien jointives pour empêcher toute rentrée d'air. Les ventaux sont souvent garantis par des garde-feu en tôle ou en briques réfractaires ; mais dans les foyers de chaudières à vapeur, leur distance à la grille étant de 25 à 30 centimètres, ces précautions ne sont pas absolument indispensables.

Un sommier de devant, destiné à supporter l'une des extrémités des barreaux, est placé à la hauteur même du seuil de la porte. Ce sommier est figuré en élévation et en plan, à la même planche 49.

Supports fixes et mobiles pour bouilleurs, planche 49. — Ces supports, disposés immédiatement sous les bouilleurs, ont pour but de venir en aide aux *cuissards* ou communications établies entre les bouilleurs et le corps de chaudière. Bien que situés en plein dans le courant gazeux, leur durée est assez grande. Les supports de la planche 50, disposés en vue du même but à atteindre, comportent une partie supérieure mobile, réglée par une clavette, qui en permet l'exacte application contre les parois des bouilleurs.

Fonds emboutis pour chaudières et leurs matrices., planches 49 et 51. — Il serait préférable, et on l'a fait pendant un certain temps, de terminer les chaudières cylindriques à vapeur par des calottes semi-sphériques. Mais leur exécution étant d'un tracé difficile et d'une fabrication coûteuse, on se borne à les terminer par des fonds légèrement bombés, d'un seul morceau, et emboutis à chaud sur des masses en fonte épousant la forme intérieure de ces fonds et appelées pour cela *matrice*.

Les tôles employées à cet usage doivent être d'excellente qualité, pour que le bord du fond soit relevé sans qu'il se produise la moindre crique ou déchirure. On voit, planche 51, un fond embouti moulé sur sa virole.

Trous d'homme et leurs traverses, Sifflets d'alarme, flotteurs, planche 50. — L'accessoire appelé *trou d'homme*, comprend généralement dans son acception, le corps, le couvercle-autoclave, on par abréviation l'*autoclave*, et généralement deux traverses, bien qu'il y ait des trous d'homme à une seule traverse, se bifurquant quelquefois en trois et quatre branches.

Lorsque le corps ne constitue pas un dôme de vapeur plus considérable, comme nous le verrons plus loin, il affecte généralement la forme et les dimensions indiquées planche 50, si ce n'est la bride qui change suivant le diamètre des chaudières. L'ouverture, par laquelle l'homme doit pénétrer dans la chaudière, est sensiblement en forme d'ellipse ayant 300/400 millimètres pour valeur de ses deux axes.

Les traverses sont en fer ou en fonte, suivant les séries correspondantes indiquées en cette même planche.

Les tiges du couvercle sont prises dans la coulée. Leur tête doit-être convenablement arrondie, pour éviter des sujets de rupture. Le couvercle est d'abord introduit en pointe puis tourné une fois introduit. On interpose, comme joint, une ligne de chanvre fortement enduite de minium.

En démontant le couvercle d'un trou d'homme, on a soin d'attacher, à l'aide d'une corde, la première tige dégagée, pour éviter la chute du couvercle au fond de la chaudière.

De même le sifflet d'alarme, et le flotteur qui l'actionne, sont-ils sensiblement de même force, quelle que soit celle de la chaudière. Voici pourquoi ces appareils ne comportent pas de séries.

Dans la disposition de flotteur indiquée, on a admis que la tige traverse le sifflet pour être attachée à l'extrémité d'un levier à contre poids destiné à équilibrer les pièces.

Barreaux de grille et sommiers simples et doubles. Rivure, pour chaudières et réservoirs de vapeur, simple et double, planche 51. — Il a déjà été donné, planche 3, des proportions générales pour les rivures simples et doubles. La série de la planche 51, formée par une grande maison de construction de Paris, s'étend depuis l'épaisseur de tôle de 3 millimètres jusqu'à celle de 20 millimètres pour laquelle la longueur de la tige de rivet est de 70 millimètres. Il est rare cependant d'employer, pour la confection des chaudières, des tôles ayant plus de 14 a 15 millimètres d'épaisseur. Il est préférable, si on est conduit à de plus fortes épaisseurs, de diminuer le diamètre des générateurs et d'en augmenter le nombre.

Les sommiers sont destinés à supporter l'extrémité des barreaux de grille. L'emploi du sommier double a lieu quand la grille est assez longue pour nécessiter deux longueurs de barreaux. Le sommier simple est disposé contre le seuil de la porte et contre le mur de fond du foyer.

Les barreaux, qu'ils soient simples ou doubles, doivent être aussi légers que possible, d'un écartement en rapport avec la nature du combustible à brûler, et variant entre 1/4 et 1/5 de la surface de grille, suivant que la houille est grasse ou maigre. On a fait plusieurs essais de grilles : et dans le but de diminuer la détérioration des barreaux et d'utiliser la chaleur absorbée par eux, on a voulu employer des tubes à circulation d'eau, en communication avec un collecteur relié lui-même au corps de chaudière. Mais les simples barreaux en fonte, à nervure très-haute, en lame de couteau, sont ceux qui sont encore le plus universellement employés, avec de légères variantes dans la forme. M. Mousseron, de Paris, a imaginé tout récemment des barreaux triples, convenablement ajourés et reliés, et donnant, par leur rapprochement, une surface de grille ondulée. Cette grille, solide et légère à la fois, est d'un nettoyage facile, et peut brûler toute sorte de combustible.

Les talons des barreaux doivent être assez longs pour n'avoir pas à craindre des chutes ; et, en outre, il devra exister, entre l'extrémité de ces talons et les parois fixes, un jeu suffisant pour la dilatation. La partie inférieure du cendrier devra être toujours propre, ou contenir une bâche à eau pour éteindre les escarbilles en ignition, dont l'accumulation, en rougissant les barreaux, les détruirait rapidement.

Cheminées en briques. — Les cheminées en briques, des planches 52 et 64, sont établies d'après les séries de la C⁰ de Fives-Lille et de la maison Cail et C⁰.

Au-dessus d'une hauteur de 10 à 12 mètres, l'influence du tirage dépend beaucoup plus d'une augmentation de section que d'une plus grande élévation de cheminée.

Il sera donc toujours préférable, lorsqu'on ne sera pas astreint à des prescriptions ou à des considérations particulières, d'augmenter la section d'une cheminée de préférence à sa hauteur, qui se traduit par une dépense bien plus considérable.

Dans presque toutes les villes, la hauteur minima, imposée par des ordonnances, est de 30 mètres, avec une pente par mètre de 0ᵐ,025 à 0ᵐ,030 de chaque côté. La vitesse d'écoulement de l'air chaud peut être obtenue par la relation de Péclet :

$$V = 8.85 \sqrt{\frac{Ha + D}{L + 4D}}$$

D, diamètre intérieur à la partie supérieure ;

H, hauteur de la cheminée, supérieure à 30 mètres, quand le diamètre D est lui-même plus grand que 1ᵐ,50 ;

a, coefficient de dilatation égal à 0,00367 par degré centigrade ;

t, différence de température entre les gaz chauds et l'atmosphère ;

L, développement total des carneaux jusqu'au pied de la cheminée.

La section supérieure d'une cheminée, généralement égale à celle des carneaux et plutôt plus grande, est déterminée de manière à offrir autant de fois 10 décimètres carrés que la grille pourra elle-même brûler 30 ou 35 kilos de houille par heure.

Les fondations seront d'autant plus importantes que la cheminée sera haute. La dernière assise est toujours en demi brique de 11 centimètres d'épaisseur. Quand une cheminée est destinée à collectionner les gaz de plusieurs carneaux, ceux-ci ne doivent pas se rencontrer en face ou à angle droit dans son intérieur. On emploiera des arrondis des tubes, ou des cloisons pour mettre les divers courants dans l'axe de la cheminée, avant de les mélanger.

La forme de la section d'une cheminée est indifférente pour le tirage, et une cheminée carrée ne coûte pas plus cher qu'une cheminée ronde. Néanmoins il est d'un usage plus fréquent de construire des cheminées avec fût rond sur piédestal carré ou octogonal, muni d'une porte en briques, hourdées après coup, pour le nettoyage. Les briques employées, pour une construction solide comme doivent être les constructions industrielles, ne seront pas réfractaires, mais de bonne qualité et bien cuites au four. On devra chauffer lentement et longuement une cheminée neuve avant de la mettre en feu, et autant que possible par un temps non-pluvieux.

Il est habituel de sceller à l'intérieur des cheminées des échelons en fer rond, espacés de 0ᵐ,50 et de coiffer la partie supérieure d'une plaque en fonte, elle-même surmontée quelquefois d'un abri en tôle situé à une distance assez grande pour laisser une section suffisante au gaz chaud, et destiné à empêcher la pluie de tomber dans l'intérieur de la cheminée.

Pour établir le tracé d'une cheminée d'une hauteur H, on élève, sur une ligne de terre, une perpendiculaire H. A sa partie supérieure, et de chaque côté, on porte le rayon, ou le demi-côté de la section, auquel on ajoute l'épaisseur 0ᵐ,11 d'une demi-brique. On mène des parallèles à H jusqu'au sol, et extérieurement on ajoute en ce point la pente totale, d'après la hauteur.

En joignant les points extérieurs, supérieurs et inférieurs

on a la pente ou le *fruit* de la cheminée. On introduit le piédestal, et l'on détermine la hauteur des assises ou leur épaisseur, en remarquant que toute section en dessous de la section supérieure devra lui être égale ou plus grande.

Robinets réchauffeurs et de simple écoulement, planche 53. — Ces robinets, appartenant à la catégorie de ceux dits à *deux voies*, ont surtout été présentés à cause de leur forme différente et de leur mode d'emmanchement avec les tubulures latérales.

A la partie supérieure, est rapportée une plaque, faisant cadran à une aiguille indicatrice fixée sur la douille de la clef.

Ils sont principalement destinés à réchauffer les enveloppes des cylindres à vapeur des machines à détente.

Ces enveloppes ne sont plus aussi généralement employées, et les opinions sont bien divisées encore aujourd'hui au sujet de leur utilité. En tout cas, la vapeur envoyée dans l'enveloppe doit venir de la chaudière, et l'enveloppe elle-même doit être soigneusement revêtue d'une couverture épaisse en bois, ou mieux, en liége ; ou enfin de tout autre corps non-conducteur de la chaleur. Sans cette précaution, le remède serait pire que le mal, la condensation de la vapeur dans l'enveloppe étant alors considérable.

Il résulte d'un rapport de M. Cornu, ingénieur chargé de la surveillance des appareils à vapeur du département du Nord, que la double enveloppe, convenablement appliquée aux cylindres à vapeur, procure une économie de combustible de 14 à 15 °/₀ d'après des expériences réitérées.

Le robinet inférieur, de simple écoulement, est destiné à la vidange des récipients. Le liquide, s'écoulant à l'air libre sans contre-pression, la clef n'a pas besoin de serrage. La poignée est emmanchée à douille sur la clef, ou à l'aide d'un carré.

Pompes alimentaires verticales à plongeur, planche 54. — La pompe alimentaire est un organe aussi important que délicat, d'où dépend le fonctionnement de la chaudière, et, en quelque sorte, son propre sort.

Cet organe, auquel on adresse bien des reproches, est aujourd'hui assez perfectionné pour que son emploi soit général, concurremment avec le Giffard, malgré toutes les tentatives que l'on a faites pour le supplanter.

Il existe des pompes à corps vertical, mais dont les clapets sont situés de chaque côté du corps et dans un socle horizontal.

Cette disposition est simple et commode, en ce que les clapets peuvent être visités, nettoyés, et leurs siéges rodés, par le simple enlèvement d'un couvercle qui leur est immédiatement supérieur et qui est maintenu par un étrier à vis de serrage centrale. Mais le dégagement de l'air n'est pas favorisé, et souvent celui-ci vient se loger dans le corps de pompe au détriment de l'effet utile et quelquefois du fonctionnement. Un robinet purgeur sur ce corps de pompe est alors indispensable.

Dans le type indiqué, établi par la maison Cail et Cⁱᵉ, de Paris, à laquelle cet ouvrage a emprunté ses meilleurs renseignements, les clapets sont également accessibles, mais, par suite de leur superposition dans le sens vertical, l'air va naturellement vers le clapet de refoulement ; et le corps de pompe se trouvant en dessous de ce dernier clapet, on est assuré que tout l'air dégagé sera expulsé au refoulement.

Lorsque, au lieu d'aspirer de l'eau à la température ordinaire, la pompe doit alimenter avec des eaux très-chaudes, le vide qui tend à se former dans le corps de pompe est détruit par de la vapeur qui s'y forme rapidement, et le clapet d'aspiration n'est pas soulevé. Il convient, dans ce cas, de faire en sorte qu'il y ait sur ce clapet une charge d'eau de 1 mètre à 1ᵐ,50.

Il importe qu'une pompe soit précédée et suivie d'un robinet d'arrêt, pour le cas où l'on voudrait visiter les clapets. Le robinet situé sur l'aspiration devra toujours être fermé un *peu avant* celui qui est situé sur le refoulement.

Il existe, depuis peu de temps, une ingénieuse disposition due à un jeune inventeur, M. Bernadac, et dont le but est de maintenir un niveau sensiblement constant dans la chaudière, sans arrêter en rien le mouvement de la pompe dans le corps de laquelle on fait arriver de la vapeur, quand il y a assez d'eau, ce qui a pour effet d'arrêter l'aspiration.

Quant, au contraire, le niveau de la chaudière en baissant, intercepte, à l'aide d'un flotteur, l'arrivée de la vapeur à la pompe, celle-ci s'engrène par le fait de la condensation de la vapeur enfermée, et l'alimentation reprend.

Locomobiles. — Les planches 55, 56, 57 renferment une série de locomobiles, à corps tubulaire horizontal.

Lorsque la locomobile est montée sur trains, elle porte sa cheminée comme il est indiqué en pointillé planche 55 ; laquelle cheminée, pour passer sous les ponts, est ordinairement disposée pour se rabattre.

Dans le cas où la locomobile doit être à poste fixe, la boîte à fumée est percée d'une ouverture inférieure, également indiquée en pointillé, et à la suite de laquelle vient un cadre en fonte, muni d'une valve que l'on peut manœuvrer du foyer à l'aide d'une tringle à manivelle. Ce cadre en fonte appuie sur la partie supérieure du carneau, faisant socle, et soutient ainsi la locomobile par une de ses extrémités, le corps, près de la boîte à feu, étant soutenu par un nouveau support.

La grille est rapportée en dessous de la boîte à feu, et le cendrier y est également suspendu.

La boîte à feu est composée de trois feuilles de tôle choisie, et l'une d'elle, servant de plaque tubulaire, est en même temps plus épaisse. Cette boîte est reliée au corps vertical par sa partie inférieure et autour de la porte, à l'aide d'un cadre épais en fer carré. Il est préférable d'employer une cornière de tôle en forme d'S, au lieu de ce cadre épais, qui est plus tourmenté par la chaleur intense du foyer, l'eau qui le mouille ne pouvant lui transmettre assez profondément sa température.

Des bouchons de nettoyage et de vidange sont disposés à la partie inférieure du corps vertical de la plaque tubulaire de la boîte à fumée, et sur la face avant du corps vertical, à hauteur du niveau moyen. Les parties du corps horizontal, qui doivent recevoir les prisonniers destinés à fixer les bâtis, ont des plaques de renfort.

Le bâti ne doit être fixé solidement à la chaudière que par une de ses extrémités ou par son milieu, les autres parties étant fixées de telle façon que le bâti puisse suivre au besoin les variations de dilatation du corps de chaudière.

Primitivement les tubes étaient en cuivre rouge ou en laiton. Mais, depuis que l'on est arrivé à produire d'excellents tubes en fer étiré, on n'emploie plus que des tubes en fer, que l'on emmanche généralement d'après le système Bérendorf complété par l'usage de l'appareil Dudgeon.

Les tableaux des planches 56 et 57 donnent toutes les conditions d'établissement d'une chaudière locomobile et de sa machine.

Chaudières à vapeur mixtes, planches 58 et 59. — Ces chaudières sont à un seul corps tubulaire avec foyer et fourneaux en maçonnerie.

La flamme, générée sur la grille, enveloppe extérieurement toute la partie inférieure du corps de chaudière, et va, en traversant l'autel, se heurter contre la paroi opposée du mur de fourneau, s'infléchissant brusquement pour pénétrer dans les tubes qu'elle parcourt à l'état de gaz déjà en partie refroidis. Cette inflexion se prête au dépouillement des cen-

dres entraînées qui tombent dans un espace vide ménagé après le cendrier, sous la voûte située derrière l'autel.

Les gaz chauds débouchent dans la boîte à fumée où se trouvent deux ouvertures latérales contiguës, par où ils rejoignent les carneaux descentionnels qui les conduisent au carneau collecteur, où les gaz s'engagent, par un canal arrondi, et ayant déjà la direction du courant général.

Le dôme est en tôle, surmonté d'un trou d'homme en fonte, servant en même temps de siége aux soupapes de sûreté, à la prise du Giffard et à celle de la machine.

Il est bon de remarquer que, quel que soit le diamètre du dôme de vapeur, et pour ne pas affaiblir le corps de chaudière, on ne perce, à la partie supérieure de ce corps, qu'un trou ayant les seules dimensions du trou d'homme, se bornant à percer deux seules ouvertures de chaque côté de la tôle qui déborde, et à sa partie basse, pour l'écoulement dans la chaudière des vapeurs condensées.

Ces générateurs, sous un volume total restreint, offrent une très-grande puissance d'évaporation, une notable réserve d'eau et de vapeur, et utilisent convenablement la la chaleur développée par la grille.

On peut voir, en plan, la disposition adoptée pour l'alimentation et la vidange simultanées de deux ou plusieurs générateurs disposés les uns à côté des autres.

La partie inférieure de l'avant de la boîte à fumée est fermée par deux vantaux en tôle, à charnière, et assujettis, comme dans les locomotives, par un verrou à excentrique.

La différence caractéristique du mode d'utilisation de cette chaudière, d'avec celles pour locomobiles ou locomotives que nous avons précédemment examinées, consiste dans l'affaiblissement de la température du gaz avant leur introduction dans le faisceau tubulaire, où la transmission est plus facile.

En exagérant cette différence, on arriverait à un système composé de corps simples, réunis, en dernier ressort, à des bouilleurs tubulaires où les incrustations sur les tubes seraient moins à craindre, et où l'épuisement de la température pourrait être poussé aussi loin que le permettrait le tirage nécessaire à la consommation sur la grille.

De notables progrès ont été réalisés depuis quelques années dans la construction des chaudières à vapeur, auxquels on a étendu, en général, les avantages du faisceau tubulaire des chaudières pour locomotives. Dans quelques-unes d'entre elles les tubes y sont placés verticalement, avec dispositif pour une rapide circulation de l'eau. En général, on paraît avoir attaché une trop grande importance à la rapidité de la circulation, dans le but d'augmenter la puissance vaporisatrice du générateur. La rapidité de mise en pression de certains générateurs paraît moins résulter de leur plus grande faculté de circulation que de la faible réserve d'eau qu'ils contiennent ; ce qui ne leur permet pas de soutenir la pression convenablement dans le cas d'efforts un peu variables à soutenir.

Chaudières à bouilleurs avec corps tubulaire et fourneaux en brique, planches 62 et 63. — Ces chaudières ne diffèrent des chaudières ordinaires à bouilleurs, généralement connues, que par l'extension, à leur avantage, du principe tubulaire. La flamme y est distribuée absolument de la même façon que dans le système précédent, à cela près qu'un bouilleur et souvent deux y sont complètement enveloppés, et reçoivent le premier coup de feu.

Nous n'avons plus rien à ajouter à la spécification que nous avons successivement donnée de chacune des planches, qui renferment, d'ailleurs, dans leur cadre, *tous les éléments nécessaires d'appréciation et de construction*.

Le plus grave inconvénient des chaudières, même les mieux établies, réside dans les incrustations que déposent les eaux en général, mais principalement celles qui, séjournant dans un sol crayeux, sont très-chargées de calcaire.

On a imaginé d'épurer préalablement ces eaux par des procédés divers, reposant presque tous sur la dissociation qui arrive de 70 à 100 degrés entre l'acide carbonique qui se dégage et la chaux qui se précipite au fond du réchauffeur, d'où on peut l'extraire facilement au fur et à mesure.

On a, tout récemment, beaucoup préconisé en Angleterre un procédé d'injection d'air dans la chaudière, afin, entre autres avantages, d'empêcher les incrustations par la production d'une agitation extraordinaire au sein de la masse. Ces avantages ont été confirmés par un travail très-intéressant, fait sur ce sujet, par M. Furno, ingénieur au chemin de fer d'Orléans, et publié dans l'*Annuaire* des anciens élèves des écoles d'arts et métiers. Néammoins, ce procédé, dû à un ingénieur anglais, M. Warsop, ne paraît pas se généraliser même de l'autre côté de la Manche.

Par contre, il paraît résulter de l'emploi d'une glycérine spéciale, à dose convenable, un effet désincrustant qui s'étendrait même aux adhérences antérieures bientôt désagrégées.

Il serait à désirer que l'on trouvât enfin un désincrustant à bon marché, vraiment efficace et sans action corrosive sur les organes distributeurs où la vapeur l'entraîne forcément. On diminuerait sans doute le nombre des explosions que bien des observateurs attribuent, en grande partie, aux coups de feu résultant de l'adhérence de couches épaisses sur les tôles. Le métal, séparé de l'eau par ces couches imperméables, rougit, et lorsque par le fait d'une contraction ou d'une dilatation quelconque de la chaudière, que l'incrustation ne peut suivre, celle-ci vient à se crevasser, l'eau afflue par la crevasse, atteint la tôle rougie, et entre instantanément en vapeur à haute tension dans un espace restreint par l'inertie de la masse d'eau qui l'entoure. D'où refoulement de la partie ramollie par l'excès de température, et quelquefois déchirure qui éteint le feu ou provoque l'explosion quand elle rencontre des circonstances favorables pour se propager.

Les coups de feu ne proviennent pas seulement de la cause que nous venons d'indiquer. On a reconnu que lorsque on fait retourner dans la chaudière les eaux de condensation et de purge des cylindres et des boîtes à tiroirs, ces eaux grasses, outre l'inconvénient qu'elles offrent pour le bon fonctionnement des clapets de la pompe, déposent au fond des chaudières une pellicule imperméable, et l'eau ne peut plus mouiller les tôles, lesquelles, ainsi isolées, sont aussi susceptibles de rougir que si elles étaient recouvertes d'une épaisse couche de dépôt calcaire. Il faut donc éviter absolument d'introduire dans les générateurs des eaux grasses, et, à ce point de vue, les eaux mêmes de grande condensation ne sont pas absolument dépourvues de tout inconvénient.

Le renchérissement toujours croissant des combustibles, a sans cesse excité au perfectionnement des chaudières à vapeur ; non plus seulement au point de vue de leurs formes, de l'utilisation des gaz chauds, de l'usage des désincrustants, mais aussi au point de vue de la bonne proportion des carneaux et de la cheminée, et enfin au point de vue de la conbustion.

On sait qu'il passe ordinairement à travers la grille un volume d'air sensiblement double de celui théoriquement nécessaire à la combustion. L'on s'est dit que cet air, qui est rejeté dans l'atmosphère à une température de 325 à 350 degrés, emportait, en pure perte, une notable quantité de chaleur, tout en nécessitant des sections de passage plus considérables.

Mais en diminuant ce volume, la combustion devient plus lente, et il sort de la cheminée une épaisse fumée noire qui laisse deviner que la combustion est imparfaite.

Placés entre ces deux conditions également désavantageuses, des ingénieurs ont proposé de diviser aussi finement que possible les combustibles employés, de les introduire méthodiquement sur la grille, et de distribuer en quelque sorte, au fur et à mesure, l'air nécessaire à la combustion.

Mais un moyen de division plus radical et plus complet est celui qui consiste à transformer le combustible solide en combustible gazeux, et d'en pouvoir aussi facilement opérer le mélange intime avec l'air nécessaire à la combustion, qu'il n'est plus nécessaire, dès lors, de distribuer en excès. C'est ce qu'a fait Ponsard, par le moyen de ses grilles à formation d'oxyde de carbone, communément appelées *gazogènes*, et qui, appliquées aux chaudières à vapeur, ont donné un excellent résultat au point de vue du rendement.

Il est vrai de dire que Siemens l'avait déjà précédé dans cette voie ; mais les applications de cet ingénieur anglais étaient plutôt tournées vers la métallurgie.

Il convient d'ajouter aussi que MM. Farinaux, Fichaux et Girol de Lille, exploitent un foyer gazogène à air forcé dont ils ont déjà obtenu d'excellents résultats.

On le voit, la chaudière à vapeur est l'objet de tous les soins, et elle en est digne par le rôle important qu'elle joue dans l'industrie. Il ne suffit pas de dire d'une bonne machine qu'elle ne consomme que *tant* de charbon par heure et par force de cheval. Son sort doit être lié à celui de la chaudière, et si celle-ci produit économiquement de la vapeur, et que la machine l'utilise convenablement, on pourra dire alors que l'on a un ensemble de chaudière et de machine qui offre toutes les conditions économiques d'un bon fonctionnement. En effet, une bonne machine exigera une consommation exagérée de charbon si la chaudière n'utilise pas convenablement la combustion. De même qu'une très mauvaise machine paraîtra n'exiger qu'une quantité relativement faible de combustible, si elle est alimentée par une chaudière d'un haut rendement.

Il importe donc bien de se rendre compte séparément des mérites de la machine et de la chaudière qui lui fournit la vapeur. Pour se rendre compte de la marche d'une machine, on a les diagrammes relevés par l'indicateur de Watt, ultérieurement perfectionné, et le frein de Prony.

Pour se rendre compte du fonctionnement d'un généra-teur de vapeur, on a le poids du combustible brûlé, et la quantité d'eau vaporisée correspondante, évaluée généralement d'après la pompe.

Cette évaluation est toujours peu exacte, fut-elle faite avec des réservoirs ; aussi recommandons-nous l'application du *compteur à eau* à toutes les chaudières, et non pas parce-que nous sommes inventeur d'un de ces appareils, déjà appliqués sur plusieurs générateurs, mais parce que nous pensons que c'est un contrôle utile et toujours vrai, de tout appareil vaporisateur.

Par le moyen d'un compteur à eau on a à chaque instant *une vue exacte* de l'état de la chaudière, de la manière dont le chauffeur l'a conduite pendant un temps déterminé, de la qualité du combustible employé, etc.

Connaissant le poids du charbon brûlé et la quantité d'eau vaporisée, on possède deux déterminations précieuses, auxquelles tout industriel intelligent et soucieux de ses intérêts devrait chercher à astreindre ses générateurs. Et l'on peut vraiment faire alors la part exacte qui revient à la chaudière et celle qui revient à la machine dans le résultat de leur fonctionnement.

En terminant cette rapide esquisse, nous tenons à déclarer que, parmi les nombreux documents de l'atlas empruntés aux sources les plus diverses, il s'en trouve qui ont été établis par les grands ateliers de construction Cail et Cⁱᵉ, et la Société de Fives-Lille, de Paris. Ces maisons sont trop universellement connues pour la puissance et la perfection de leurs moyens d'exécution, pour les soins qu'ils apportent à leurs travaux, pour qu'il soit nécessaire de faire valoir la valeur des organes, simples ou composés, qui ont été l'objet de leurs études. Et nous espérons, qu'au lieu du premier ombrage qu'elles avaient conçu au sujet de notre publication, elles reconnaîtront qu'il ne peut en résulter pour elles aucun préjudice et que même l'on pourrait croire le contraire.

Nous espérons aussi que, malgré des imperfections que nul auteur ne peut complétement éluder, nous aurons réussi, *au moins une fois*, à être utile à chacun.

NOTA. — Les signes ✕ indiquent les colonnes auxquelles correspondent les figures des planches.

TABLE DES PLANCHES

Paris. — J. DEJEY & Cie, imprimeurs, 18, rue de la Perle.

Tableaux comparatifs des **Pas** et des **Rampes** proposés ou employés.

Série Ducommun

p = Pas
D = diam.
$h = p \, tg\,60° = 0,866\,p$
$d = D - 0,2\,p$
$l = 0,1\,p$

R = Rampe
$D' = D + 0,2\,p$
$h' = \tfrac{2}{3}\,p = 0,666\,p$
$h'' = h - l = 0,1\,p$
$\alpha = 60°$

Planches : 43, 44, 45, 46, 47, 48, 49, 50, 51, 52, 53, 54, 56, 57, 60, 61, 63, 64

Chemins de fer français — Denis Poulot — Bodmer — Whitworth — Ducommun

---

Filet rond

$c = f = h = \tfrac{1}{2}\,p$
$r = \tfrac{p}{4}$

Haut^r corresp^{te} de l'écrou 1,25 D

Taraud mère

Section avec entailles en V (moins recommandée)

Tableau comparatif graphique des Pas proposés ou employés

Filet carré

$c = f = \tfrac{1}{2}\,p$
$h = \tfrac{4}{10}\,p$

Haut^r corresp^{te} de l'écrou 1,4 p

Taraud à la main

Section triangulaire (moins recommandée)

Filet trapézoïdal

$h = \tfrac{1}{2}(2 + 0,009\,D) = \tfrac{1}{2}\,p$
$D_1 = 0,31\,D - 2$
P = pression par m/m carré

Haut^r correspond^{te} de l'écrou = D pour que P = 0,8 au plus

TARAUD.ALÉSEUR.COUSSINETS
Alésoirs - Tourne-à-gauche

TABLEAUX

Donnant le poids des tiges, têtes, rondelles et écrous, et par suite celui des boulons.

Le premier de ces tableaux diffère très peu de celui de Mr HUSQUIN DE RHEVILLE

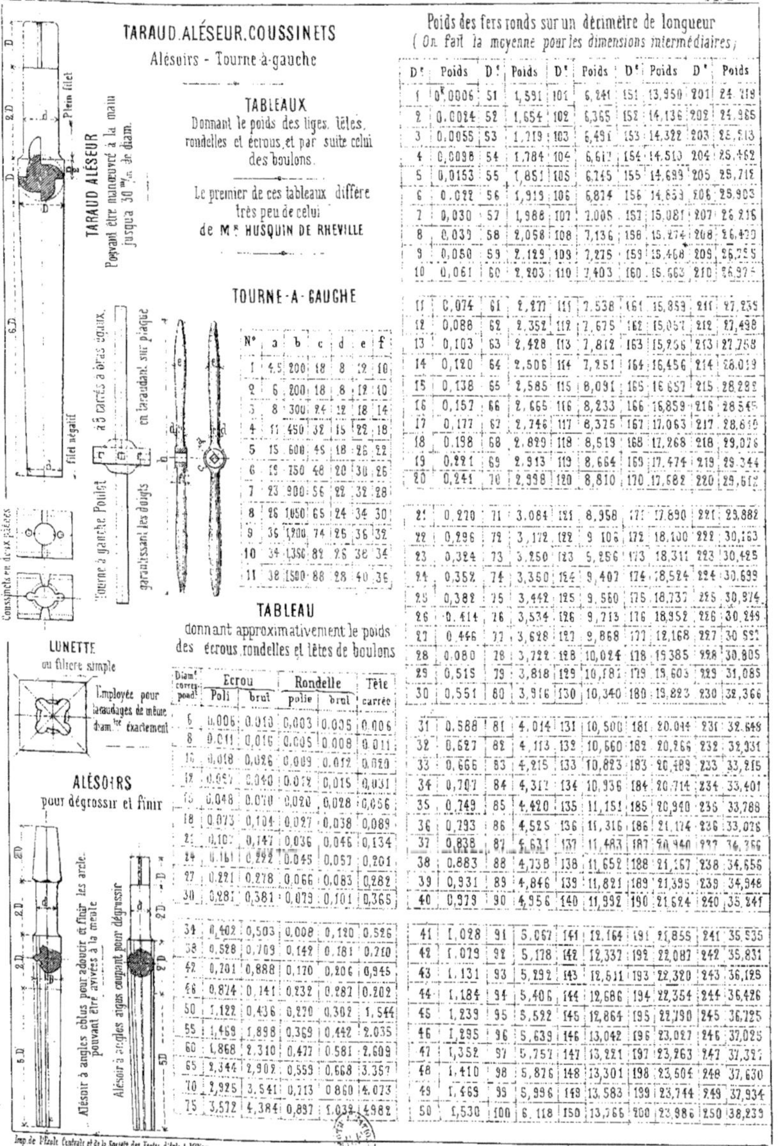

TOURNE-A-GAUCHE

N°	a	b	c	d	e	f
1	4,5	200	18	8	12	10
2	6	200	18	8	12	10
3	8	300	24	12	18	14
4	11	450	32	15	22	18
5	15	600	45	18	26	22
6	19	750	48	20	30	26
7	23	900	56	22	32	28
8	26	1050	65	24	34	30
9	30	1200	74	25	36	32
10	34	1350	82	26	38	34
11	38	1500	88	28	40	36

TABLEAU

donnant approximativement le poids des écrous, rondelles et têtes de boulons

Diam.t correspond.t	Ecrou Poli	Ecrou brut	Rondelle polie	Rondelle brut	Tête carrée
6	0,006	0,010	0,003	0,005	0,006
8	0,011	0,016	0,005	0,008	0,011
10	0,018	0,026	0,009	0,012	0,020
12	0,027	0,040	0,012	0,015	0,031
15	0,048	0,070	0,020	0,028	0,056
18	0,073	0,104	0,027	0,038	0,089
21	0,107	0,147	0,036	0,046	0,134
24	0,161	0,292	0,045	0,057	0,201
27	0,221	0,278	0,066	0,083	0,282
30	0,281	0,381	0,079	0,101	0,365
34	0,402	0,503	0,008	0,120	0,526
38	0,528	0,709	0,142	0,181	0,710
42	0,701	0,888	0,170	0,206	0,945
46	0,874	1,141	0,232	0,287	1,202
50	1,122	1,436	0,270	0,302	1,544
55	1,469	1,898	0,369	0,442	2,035
60	1,868	2,310	0,477	0,581	2,609
65	2,344	2,902	0,559	0,668	3,357
70	2,925	3,541	0,713	0,860	4,073
75	3,572	4,384	0,897	1,032	4,982

Poids des fers ronds sur un décimètre de longueur
(On fait la moyenne pour les dimensions intermédiaires)

D.	Poids	D.	Poids	D.	Poids	D.	Poids	D.	Poids
1	0k,0006	51	1,591	101	6,241	151	13,950	201	24,719
2	0,0024	52	1,654	102	6,365	152	14,136	202	24,985
3	0,0055	53	1,719	103	6,491	153	14,322	203	25,513
4	0,0098	54	1,784	104	6,617	154	14,510	204	25,462
5	0,0153	55	1,851	105	6,745	155	14,699	205	25,712
6	0,022	56	1,919	106	6,874	156	14,853	206	25,903
7	0,030	57	1,988	107	7,005	157	15,081	207	26,215
8	0,039	58	2,058	108	7,136	158	15,274	208	26,420
9	0,050	59	2,129	109	7,275	159	15,468	209	26,755
10	0,061	60	2,203	110	7,403	160	15,663	210	26,975
11	0,074	61	2,277	111	7,538	161	15,859	211	27,235
12	0,088	62	2,352	112	7,675	162	16,057	212	27,498
13	0,103	63	2,428	113	7,812	163	16,256	213	27,758
14	0,120	64	2,506	114	7,951	164	16,456	214	28,019
15	0,138	65	2,585	115	8,091	165	16,657	215	28,282
16	0,157	66	2,665	116	8,233	166	16,859	216	28,545
17	0,177	67	2,746	117	8,375	167	17,063	217	28,810
18	0,198	68	2,829	118	8,519	168	17,268	218	29,076
19	0,221	69	2,913	119	8,664	169	17,474	219	29,344
20	0,241	70	2,998	120	8,810	170	17,682	220	29,612
21	0,270	71	3,084	121	8,958	171	17,890	221	29,882
22	0,296	72	3,172	122	9,106	172	18,100	222	30,163
23	0,324	73	3,250	123	9,256	173	18,311	223	30,425
24	0,352	74	3,360	124	9,407	174	18,524	224	30,699
25	0,382	75	3,442	125	9,560	175	18,737	225	30,974
26	0,414	76	3,534	126	9,713	176	18,952	226	31,249
27	0,446	77	3,628	127	9,868	177	19,168	227	30,527
28	0,480	78	3,722	128	10,024	178	19,385	228	30,805
29	0,515	79	3,818	129	10,181	179	19,603	229	31,085
30	0,551	80	3,916	130	10,340	180	19,823	230	32,366
31	0,588	81	4,014	131	10,500	181	20,044	231	32,648
32	0,627	82	4,113	132	10,660	182	20,266	232	32,931
33	0,666	83	4,215	133	10,823	183	20,489	233	33,215
34	0,707	84	4,317	134	10,936	184	20,714	234	33,401
35	0,749	85	4,420	135	11,151	185	20,940	235	33,788
36	0,793	86	4,525	136	11,316	186	21,174	236	33,078
37	0,838	87	4,631	137	11,483	187	20,440	237	34,366
38	0,883	88	4,738	138	11,652	188	21,167	238	34,656
39	0,931	89	4,846	139	11,821	189	21,395	239	34,948
40	0,979	90	4,956	140	11,992	190	21,624	240	35,241
41	1,028	91	5,067	141	12,164	191	21,855	241	35,535
42	1,079	92	5,178	142	12,337	192	22,087	242	35,831
43	1,131	93	5,292	143	12,511	193	22,320	243	36,129
44	1,184	94	5,406	144	12,686	194	22,354	244	36,426
45	1,239	95	5,592	145	12,864	195	22,790	245	36,725
46	1,295	96	5,639	146	13,042	196	23,027	246	37,025
47	1,352	97	5,757	147	13,221	197	23,263	247	37,327
48	1,410	98	5,876	148	13,301	198	23,504	248	37,630
49	1,469	99	5,996	149	13,583	199	23,744	249	37,934
50	1,530	100	6,118	150	13,766	200	23,986	250	38,239

Imp de l'École Centrale et de la Société des Écoles d'Arts & Métiers   Dejey & Cie 18 Rue de la Perle Paris

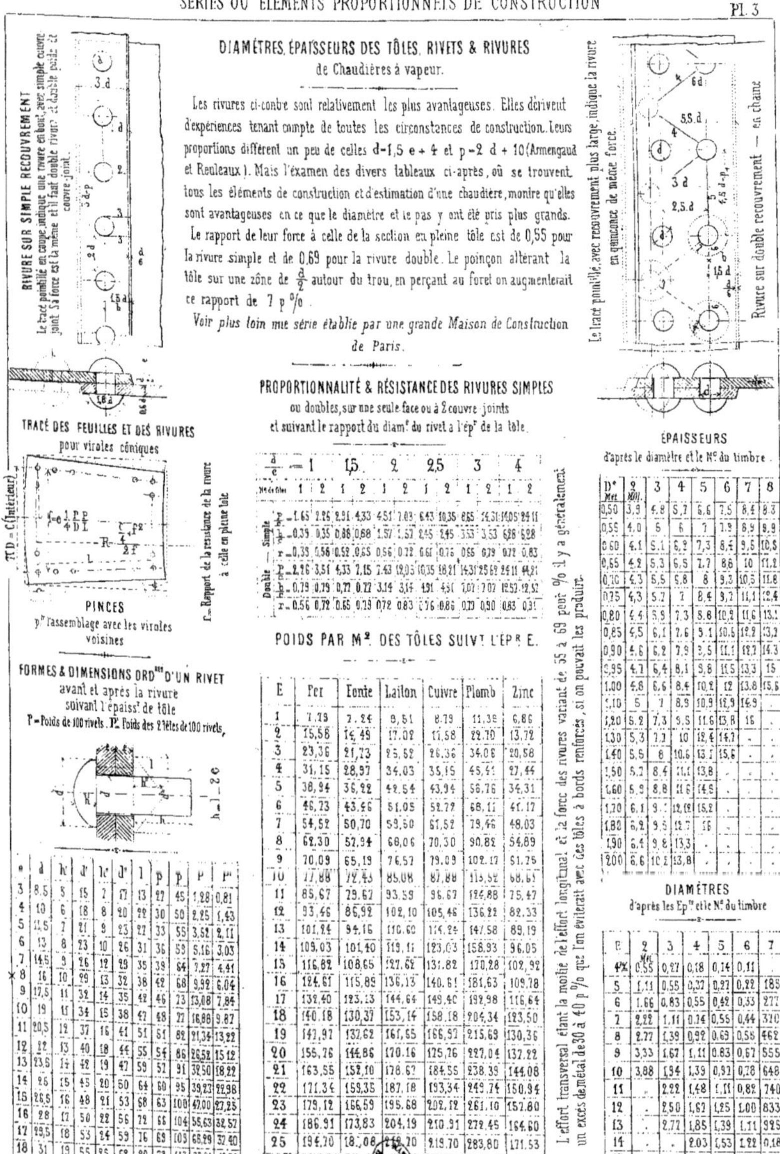

DIAMÉTRES, ÉPAISSEURS DES TÔLES, RIVETS & RIVURES
de Chaudières à vapeur.

Les rivures ci-contre sont relativement les plus avantageuses. Elles dérivent d'expériences tenant compte de toutes les circonstances de construction. Leurs proportions diffèrent un peu de celles $d = 1,5\ e + 4$ et $p = 2\ d + 10$ (Armengaud et Reuleaux). Mais l'examen des divers tableaux ci-après, où se trouvent tous les éléments de construction et d'estimation d'une chaudière, montre qu'elles sont avantageuses en ce que le diamètre et le pas y ont été pris plus grands.

Le rapport de leur force à celle de la section en pleine tôle est de 0,55 pour la rivure simple et de 0,69 pour la rivure double. Le poinçon altérant la tôle sur une zône de $\frac{d}{2}$ autour du trou, en perçant au foret on augmenterait ce rapport de 7 p %.

Voir plus loin une série établie par une grande Maison de Construction de Paris.

PROPORTIONNALITÉ & RÉSISTANCE DES RIVURES SIMPLES
ou doubles, sur une seule face ou à 2 couvre-joints
et suivant le rapport du diamᵉ du rivet a l'épr de la tôle.

$\frac{d}{e}$ =	1		1,5		2		2,5		3		4	
N° de tôles	1	2	1	2	1	2	1	2	1	2	1	2
Simple P	1,65	2,25	2,91	4,33	4,51	7,03	6,43	10,35	8,55	14,31	14,05	24,11
Simple p	0,39	0,35	0,86	0,88	1,57	1,57	2,45	2,45	3,53	3,53	6,28	6,28
Simple r	0,39	0,56	0,52	0,65	0,56	0,72	0,61	0,76	0,55	0,79	0,72	0,83
Double P	2,26	3,51	4,33	7,15	7,43	12,05	10,35	18,21	14,31	25,62	24,11	44,21
Double p	0,79	0,79	0,77	0,77	3,14	3,14	4,31	4,31	7,07	7,07	12,57	12,57
Double r	0,56	0,72	0,65	0,79	0,72	0,83	0,76	0,86	0,73	0,90	0,83	0,31

POIDS PAR M². DES TÔLES SUIVt L'EPr E.

E	Fer	Fonte	Laiton	Cuivre	Plomb	Zinc
1	7,79	7,24	8,51	8,79	11,38	6,86
2	15,58	14,49	17,02	17,58	22,79	13,72
3	23,36	21,73	25,52	26,36	34,08	20,58
4	31,15	28,97	34,03	35,15	45,41	27,44
5	38,94	36,22	42,54	43,94	56,76	34,31
6	46,73	43,46	51,05	52,77	68,17	41,17
7	54,52	50,70	59,56	61,52	79,46	48,03
8	62,30	57,94	68,06	70,30	90,82	54,89
9	70,09	65,19	76,57	79,09	102,17	61,75
10	77,88	72,43	85,08	87,88	113,52	68,61
11	85,67	79,67	93,59	96,67	124,88	75,47
12	93,46	86,92	102,10	105,46	136,22	82,33
13	101,24	94,16	110,60	114,24	147,58	89,19
14	109,03	101,40	119,11	123,03	158,93	96,05
15	116,82	108,65	127,62	131,82	170,28	102,92
16	124,61	115,89	136,13	140,61	181,63	109,78
17	132,40	123,13	144,64	149,40	192,98	116,64
18	140,18	130,37	153,14	158,18	204,34	123,50
19	147,97	137,62	161,65	166,97	215,69	130,36
20	155,76	144,86	170,16	175,76	227,04	137,22
21	163,55	152,10	178,67	184,55	238,39	144,08
22	171,34	159,35	187,18	193,34	249,74	150,94
23	179,12	166,59	195,68	202,12	261,10	157,80
24	186,91	173,83	204,19	210,91	272,45	164,60
25	194,70	181,08	212,70	219,70	283,80	171,53

Rivets — dimensions (avant et après la rivure) :

e	d	h'	d'	h''	d''	l	p	p	P	P'
3	8,5	5	15	7	17	13	27	45	1,28	0,81
4	10	6	18	8	20	22	30	50	2,25	1,43
5	11,5	7	21	9	23	27	33	55	3,52	2,11
6	13	8	23	10	26	31	36	59	5,16	3,03
7	14,5	9	26	12	29	35	39	64	7,27	4,41
8	16	10	29	13	32	38	42	68	9,92	6,04
9	17,5	11	32	14	35	42	46	73	13,08	7,84
10	19	15	34	15	38	47	48	77	16,88	9,87
11	20,5	12	37	16	41	51	51	82	21,34	13,22
12	22	13	40	18	44	55	54	86	26,52	15,12
13	23,5	14	42	19	47	59	57	91	32,50	18,22
14	25	15	45	20	50	64	60	95	39,23	22,98
15	26,5	16	48	21	53	68	63	100	47,00	27,25
16	28	17	50	22	56	72	66	104	55,63	32,57
17	29,5	18	53	24	59	76	69	109	66,29	37,40
18	31	19	55	25	62	80	72	113	75,91	42,59

L'effort transversal étant la moitié de l'effort longitudinal et la force des rivures variant de 55 à 69 pour % il y a généralement un excès de métal de 30 à 40 p % que l'on éviterait avec des tôles à bords renforcés, si on pouvait les produire.

ÉPAISSEURS
d'après le diamètre et le N° du timbre.

D° (Met)	2 (MM.)	3	4	5	6	7	8
0,50	3,9	4,8	5,7	6,6	7,5	8,4	9,3
0,55	4,0	5	6	7	7,9	8,9	9,9
0,60	4,1	5,1	6,2	7,3	8,4	9,5	10,8
0,65	4,2	5,3	6,5	7,7	8,8	10	11,2
0,70	4,3	5,5	6,8	8	9,3	10,5	11,8
0,75	4,3	5,7	7	8,4	9,7	11,1	12,4
0,80	4,4	5,9	7,3	8,8	10,2	11,6	13,1
0,85	4,5	6,1	7,6	9,1	10,6	12,2	13,7
0,90	4,6	6,2	7,9	9,5	11,1	12,7	14,3
0,95	4,7	6,4	8,1	9,8	11,5	13,3	15
1,00	4,8	6,6	8,4	10,2	12	13,8	15,6
1,10	5	7	8,9	10,9	12,9	14,9	.
1,20	5,2	7,3	9,5	11,6	13,8	16	.
1,30	5,3	7,7	10	12,4	14,7	.	.
1,40	5,5	8	10,6	13,1	15,6	.	.
1,50	5,7	8,4	11,1	13,8	.	.	.
1,60	5,9	8,8	11,6	14,5	.	.	.
1,70	6,1	9	12,1	15,2	.	.	.
1,80	6,2	9,5	12,7	16	.	.	.
1,90	6,4	9,8	13,3	.	.	.	.
2,00	6,6	10,2	13,8	.	.	.	.

DIAMÈTRES
d'après les Epr et le N° du timbre.

E	2	3	4	5	6	7	
4%	0,55	0,27	0,18	0,14	0,11		185
5	1,11	0,55	0,37	0,27	0,22		
6	1,66	0,83	0,55	0,42	0,33		277
7	2,22	1,11	0,74	0,55	0,44		310
8	2,77	1,39	0,92	0,69	0,55		462
9	3,33	1,67	1,11	0,83	0,67		555
10	3,88	1,94	1,39	0,97	0,78		648
11		2,22	1,48	1,11	0,82		740
12		2,50	1,67	1,25	1,00		833
13		2,77	1,85	1,39	1,11		925
14			2,03	1,53	1,22	0,18	
15			2,22	1,67	1,33	1,111	

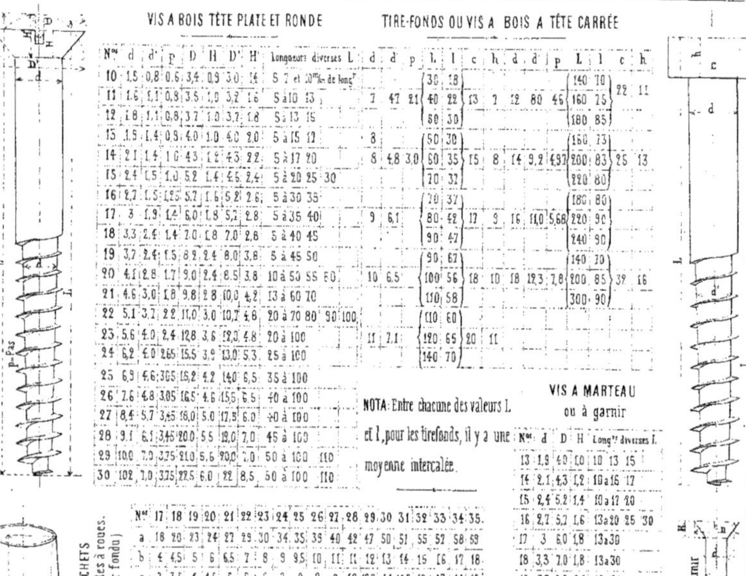

VIS A BOIS TÊTE PLATE ET RONDE

N°	d	d'	p	D	H	D'	H'	Longueurs diverses L
10	1,5	0,8	0,6	3,4	0,9	3,0	1,4	S 7 et 10 m/m de long.
11	1,6	1,1	0,9	3,5	1,0	3,2	1,6	5 à 10 13
12	1,8	1,1	0,8	3,7	1,0	3,7	1,8	5 à 13 15
13	1,9	1,4	0,9	4,0	1,0	4,0	2,0	5 à 15 17
14	2,1	1,4	1,0	4,3	1,2	4,3	2,2	5 à 17 20
15	2,4	1,5	1,0	5,2	1,4	4,5	2,4	5 à 20 25 30
16	2,7	1,5	1,25	5,7	1,6	5,2	2,6	5 à 30 35
17	3	1,9	1,4	6,0	1,8	5,2	2,8	5 à 35 40
18	3,3	2,4	1,4	7,0	1,8	7,0	2,8	5 à 40 45
19	3,7	2,4	1,5	8,2	2,4	8,0	3,8	5 à 45 50
20	4,1	2,8	1,7	9,0	2,4	8,5	3,8	10 à 50 55 60
21	4,6	3,0	1,8	9,8	2,8	10,0	4,2	13 à 60 70
22	5,1	3,7	2,2	11,0	3,0	10,7	4,8	20 à 70 80 90 100
23	5,6	4,0	2,4	12,8	3,6	12,0	4,8	20 à 100
24	6,2	4,0	2,65	15,5	3,9	13,0	5,3	25 à 100
25	6,9	4,6	3,05	15,2	4,2	14,0	6,5	35 à 100
26	7,6	4,8	3,05	16,5	4,6	15,5	6,5	40 à 100
27	8,4	5,7	3,45	18,0	5,0	17,5	6,0	40 à 100
28	9,1	6,1	3,45	20,0	5,5	19,0	7,0	45 à 100
29	10,0	7,0	3,75	21,0	5,6	20,0	7,0	50 à 100 110
30	10,2	7,0	3,75	22,5	6,0	22	8,5	50 à 100 110

TIRE-FONDS OU VIS A BOIS A TÊTE CARRÉE

d	d'	p	L	l	c	h
7	4,7	2,1	30	18		
			40	22	13	7
			50	30		
8	4,8	3,0	50	30		
			60	35	15	8
			70	32		
9	6,1		70	37		
			80	42	17	9
			90	47		
10	6,5		90	67		
			100	56	18	10
			110	58		
11	7,1		110	60		
			120	65	20	11
			140	70		

d	d'	p	L	l	c	h
12	8,0	4,6	140	70		
			160	75	22	11
			180	85		
14	9,2	4,97	160	73		
			200	83	25	13
			220	80		
16	11,0	5,68	180	80		
			220	90		
			240	90		
18	12,3	7,8	140	70		
			200	85	39	16
			300	90		

NOTA: Entre chacune des valeurs L et l, pour les tirefonds, il y a une moyenne intercalée.

VIS A MARTEAU ou à garnir

N°	d	D	H	Long.r diverses l
13	1,9	4,0	1,0	10 13 15
14	2,1	4,3	1,2	10 à 16 17
15	2,4	5,2	1,4	10 à 17 20
16	2,7	5,2	1,6	13 à 20 25 30
17	3	6,0	1,8	13 à 30
18	3,3	7,0	1,8	13 à 30
19	3,7	8,2	2,4	15 à 30
20	4,1	9,0	2,6	15 à 30
21	4,6	9,8	2,8	15 à 30
22	5,1	11,0	3,0	15 à 30

CROCHETS pour Cordes à roues (acier fondu)

N°	17	18	19	20	21	22	23	24	25	26	27	28	29	30	31	32	33	34	35
a	18	20	23	24	27	29	30	34	35	35	40	42	47	50	51	55	52	58	69
b	4	4,5	5	6	6,5	7	8	9	9,5	10	11	11	12	13	14	15	16	17	18
c	3	3,5	4	4,5	5	5	6	7	8	8	9	10	10,5	11	11,5	12	13	14	15
d	10	11	13	14	15	16	17	20	21	22	25	25	28	30	31	34	34	35	37
e	2	2	2,5	3	3	3,5	4	5	5	5,5	6	6	7	7	8	9	9	10	
f	4	4,5	5	6,5	7	8	9	9,5	10	11	11	12	13	14	15	16	17	18	

Pour qu'une vis remplisse efficacement sa fonction, il faut:

1° Que le trou correspondant au corps de la tige soit percé le 1er, à l'aide de la GOUGE OU MÈCHE A CUEILLER et que sa longueur et son diamètre soient légèrement plus grands.

2° Que le trou suivant destiné à recevoir les filets, soit percé en 2ème lieu bien concentriquement au 1er, d'une longueur un peu plus grande que la partie filetée et d'un diamètre tel que non seulement le noyau ne frotte pas mais que les filets ne s'engagent que des $\frac{2}{3}$ de leur hauteur en s'imprimant dans le bois qu'ils doivent refouler mais non couper.

On graisse généralement les vis autant pour prévenir la rouille que pour faciliter leur pose et au besoin leur extraction.

Quand la vis est placée dans du bois en bout le trou inférieur est plus grand et les filets moins engagés encore, de manière à refouler les fibres en s'y imprimant sans les couper. La longueur filetée devra être relativement plus grande.

Dans le bois tendre la pose d'une vis est toujours facile, même quand le seul 1er trou est percé à la vrille (B)

Le tourne-vis (C) doit épouser exactement la fente de la tête, être d'une trempe ferme, sans toutefois s'égrener trop promptement.

La fraise D, sert indifféremment au bois ou au métal, mais elle est différemment taillée. Elle exige l'emploi du vilebrequin, comme la gouge, et quelquefois le tourne-vis

Têtes de boulons ayant une Tige.

Tête carrée.

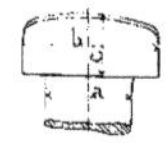

$a =$	8	10	12	15	18	20	23	25	28	32	35
$b = 1,6$ de $a =$	14	16	20	24	28	32	36	40	44	48	36
$c = 0,7$ de $a =$	6	7	8	10	12	14	16	17	19	21	25

Tête carrée encastrée.

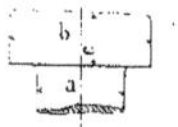

$b = 1,60$ de $a =$	14	16	20	24	28	32	36	40	44	48	56
$c = 0,7$ de $a =$	5	6	7	9	11	12	14	15	17	18	21

Tête à 6 pans.

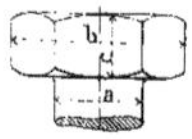

$b = 2 a =$	16	20	24	30	36	40	46	50	56	60	70
$c = 0,7$ de $a =$	6	7	8	10	12	14	16	17	19	21	25

Tête cylindrique.

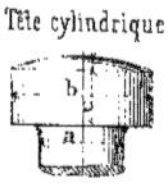

$b = 1,6$ de $a =$	14	16	20	24	28	32	36	40	44	48	56
$c = 0,6$ de $a =$	5	6	7	9	11	12	14	15	17	18	21

Tête carrée reposant sur bois.

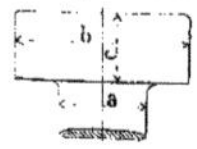

$b = 2 a =$	16	20	24	30	26	40	46	50	56	60	70
$c = 0,25$ de $a =$	6	8	9	12	14	15	18	19	21	22	26

Tête en goutte de suif.

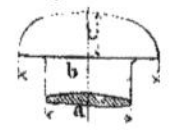

$b = 1,6$ de $a =$	14	16	20	24	28	32	36	40	44	48	56
$c = 0,5$ de $a =$	4	5	6	8	9	10	12	13	14	15	17

Tête sphérique.

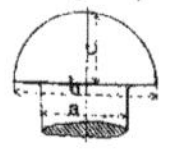

$b = 1,6$ de $a =$	14	16	20	24	28	32	36	40	44	48	56
$c = 0,8$ de $a =$	7	8	10	12	14	16	18	20	22	24	28

Tête conique.

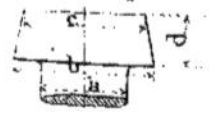

$b = 1,6$ de $a =$	14	16	20	24	28	32	36	40	44	48	56
$c = 1,4$ de $a =$	11	14	17	20	23	27	30	35	38	42	49
$d = 0,6$ de $a =$	5	6	7	9	11	12	14	16	17	18	21

Tête fraisée.

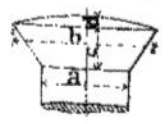

$b = 1,70$ de $a =$	14	17	20	25	30	34	39	43	47	51	60
$c = 0,5$ de $a =$	4	5	6	7	9	10	11	12	14	15	17
$d =$	1	1	1	2	2	2	3	3	4	5	6

Tête de boulons pour wagons.

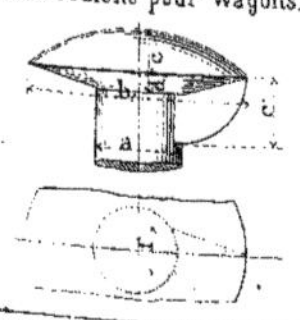

b	25	30	35	38	40
c	5	5	6	8	8
d	2	2	2	2	2
c	75	9	10	10	10
f	5	7	8	9	9

Les têtes carrées des boulons encastrés sur du fer, sont plates et d'une hauteur plus faible de $\frac{1}{7}$ de c

Les têtes non carrées ont des ergots.

ÉCROUS ET RONDELLES

Types pour un diam. de tige. 10 m/m

Rondelle sur fer

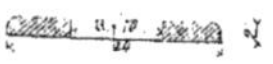

Rondelle sur bois

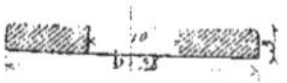

écrou haut

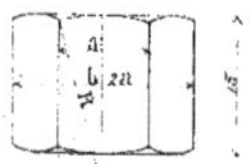

écrou ordinaire

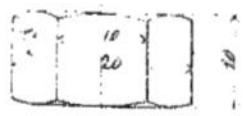

écrou bas

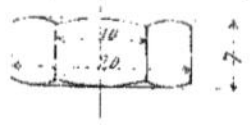

Pas	Diamètre sur le filet	Diamètre au fond du filet	Diamètre inscrit	Diamètre circ.t	Hauteur de l'écrou Haut	Hauteur de l'écrou Ord.re	Hauteur de l'écrou Bas	Rondelles sur fer Diam. intér.	Rondelles sur fer Diam. extér.	Rondelles sur fer Ep.r	Rondelles sur fer Diam. intér.	Rondelles sur fer Diam. extér.	Rondelles sur fer Ep.r
1,5	5	8	14	16	12	8	5	8	22	2.5	8	20	2
1.5	7	10	17	20	15	10	7	10	28	3	10	24	2
1,5	9	12	21	24	18	12	8	12	34	3.3	12	28	3
2	11	15	26	30	22	15	10	15	42	4	15	35	[illegible]
2	14	18	31	30	27	18	12	18,5	50	5	18,5	42	4
2	16	20	34	40	30	20	14	20,5	56	5	20.5	[illegible]	4
2,5	18	23	40	46	35	23	16	23,5	64	6	23,5	54	5
3	19	25	43	50	38	25	17	25,5	68	6	25,5	58	5
3	22	28	48	56	42	28	19	29	76	7	29	66	6
3	24	30	52	60	45	30	20	31	82	8	31	72	7
3,5	25	32	54	64	48	32	22	33	88	9	33	50	8

NOTA – r = 0 5 a, R = sensiblement 2 a. – L'écrou haut s'emploie généralement pour presse-étoupe, l'écrou bas comme contre-écrou. La hauteur de l'écrou bas est la même que celle des têtes (v Pl. 23 considérations sur la force des écrous.)

RIVETS

Rivets à tête cylindrique

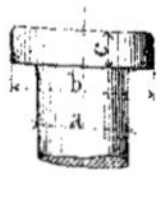

a	10	12	14	16	18	20	23
b	16	19	23	26	28	32	37
c	4	5	6	7	8	9	10

Rivets à tête sphérique

a	10	12	14	16	18	20	23
b	18	21	25	28	30	34	39
c	7	8	10	11	12	14	16

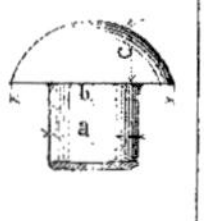

Rivets à tête conique

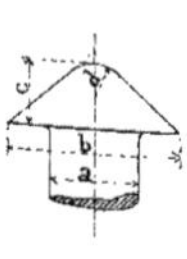

a	16	18	20	23
b	32	36	40	46
c	12	13	15	17
d	5	6	7	8

Rivets à tête fraisée

a	8	10	12	15	18	20	23	25	28	30
b	14	16	20	24	28	32	36	40	44	48
c	3	4	5	6	7	8	9	10	11	12
d	2	2	2	3	3	4	4	5	6	6

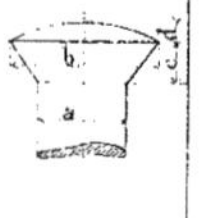

Rivets de chaudronnerie pour ponts et charpentes

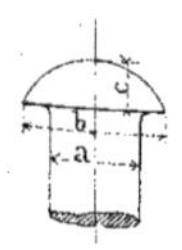

a	5	7	8	9	10	11	12	13	14	15	16	17	18	19	20	21	22	23	24	25
b	8	11	13	14	16	17	19	21	22	25	26	27	29	31	32	34	35	37	38	40
c	3	4	4	5	5	6	7	7	8	8	9	9	10	10	11	12	12	13	13	14

N. – Voyez plus loin les rivets et rivures pour chaudières à vapeur et pl. 3.

Dejey & Cie 18, Rue de la Perle, Paris

Imp. de l'École Centrale et de la Société des Écoles d'Arts & Métiers

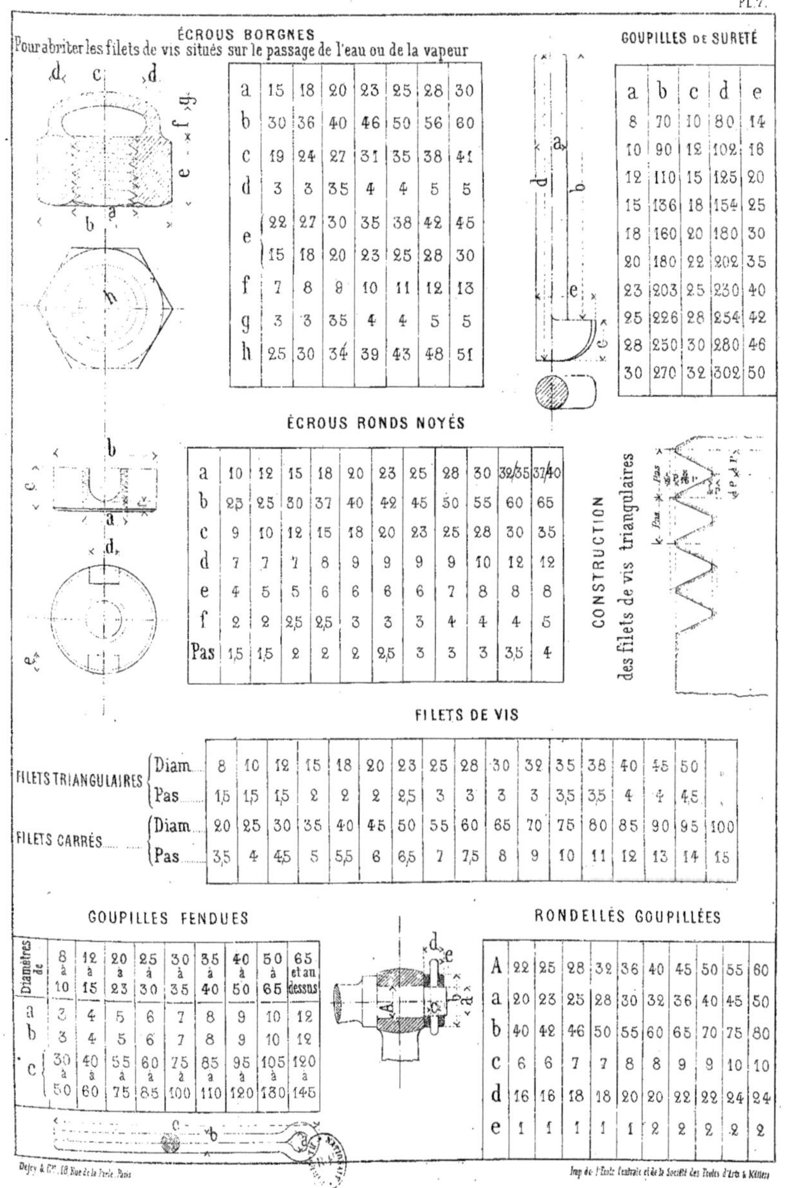

ÉCROUS BORGNES

Pour abriter les filets de vis situés sur le passage de l'eau ou de la vapeur

a	15	18	20	23	25	28	30
b	30	36	40	46	50	56	60
c	19	24	27	31	35	38	41
d	3	3	35	4	4	5	5
e	22	27	30	35	38	42	45
	15	18	20	23	25	28	30
f	7	8	9	10	11	12	13
g	3	3	35	4	4	5	5
h	25	30	34	39	43	48	51

GOUPILLES DE SURETÉ

a	b	c	d	e
8	70	10	80	14
10	90	12	102	16
12	110	15	125	20
15	136	18	154	25
18	160	20	180	30
20	180	22	202	35
23	203	25	230	40
25	226	28	254	42
28	250	30	280	46
30	270	32	302	50

ÉCROUS RONDS NOYÉS

a	10	12	15	18	20	23	25	28	30	32/35	37/40
b	23	25	30	37	40	42	45	50	55	60	65
c	9	10	12	15	18	20	23	25	28	30	35
d	7	7	7	8	9	9	9	9	10	12	12
e	4	5	5	6	6	6	6	7	8	8	8
f	2	2	2,5	2,5	3	3	3	4	4	4	5
Pas	1,5	1,5	2	2	2	2,5	3	3	3	3,5	4

CONSTRUCTION des filets de vis triangulaires

FILETS DE VIS

FILETS TRIANGULAIRES	Diam	8	10	12	15	18	20	23	25	28	30	32	35	38	40	45	50	
	Pas	1,5	1,5	1,5	2	2	2	2,5	3	3	3	3	3,5	3,5	4	4	4,5	
FILETS CARRÉS	Diam	20	25	30	35	40	45	50	55	60	65	70	75	80	85	90	95	100
	Pas	3,5	4	4,5	5	5,5	6	6,5	7	7,5	8	9	10	11	12	13	14	15

GOUPILLES FENDUES

Diamètres de	8 à 10	12 à 15	20 à 23	25 à 30	30 à 35	35 à 40	40 à 50	50 à 65	65 et au dessus
a	3	4	5	6	7	8	9	10	12
b	3	4	5	6	7	8	9	10	12
c	30 à 50	40 à 60	55 à 75	60 à 85	75 à 100	85 à 110	95 à 120	105 à 130	120 à 145

RONDELLES GOUPILLÉES

A	22	25	28	32	36	40	45	50	55	60
a	20	23	25	28	30	32	36	40	45	50
b	40	42	46	50	55	60	65	70	75	80
c	6	6	7	7	8	8	9	9	10	10
d	16	16	18	18	20	20	22	22	24	24
e	1	1	1	1	1	2	2	2	2	2

Dejey & Cie, 18 Rue de la Perle, Paris — Imp. de l'École Centrale et de la Société des Écoles d'Arts & Métiers

BOULONS DE FONDATIONS

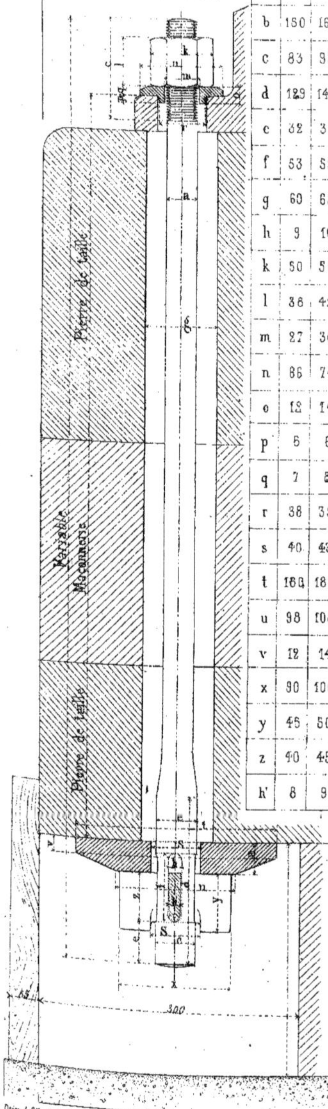

a	26	28	30	32	35	38	40	45	50	55	60	65	70	75	80	85	90
b	150	167	183	196	214	232	246	273	304	330	365	400	433	468	501	531	550
c	83	93	100	108	117	128	134	150	166	183	200	213	232	240	250	275	260
d	129	144	166	167	183	198	210	232	259	281	312	343	374	405	430	470	518
e	32	35	38	40	44	47	50	56	62	68	73	84	90	95	103	111	118
f	53	59	66	72	79	86	92	99	112	118	131	144	160	175	188	193	198
g	60	65	70	75	80	85	90	95	106	110	120	130	135	140	150	150	118
h	9	10	11	12	14	15	16	17	19	20	22	24	26	28	30	31	32
k	50	56	60	64	70	76	80	90	100	110	120	130	140	150	160	170	180
l	38	42	45	48	52	57	50	68	75	82	90	97	105	112	120	128	135
m	27	30	32	34	38	41	42	48	54	59	64	69	75	80	86	92	98
n	66	74	80	86	94	102	108	120	135	146	160	174	188	202	216	228	240
o	12	14	16	17	18	20	20	22	24	26	30	34	38	42	44	46	48
p	5	6	6	7	7	8	8	8	9	9	11	13	15	17	18	19	20
q	7	8	10	10	11	12	12	14	15	17	19	21	23	25	26	27	28
r	38	39	42	45	49	52	55	62	68	74	82	90	97	105	110	118	125
s	40	43	46	49	55	57	60	67	73	80	88	96	104	112	120	126	135
t	160	180	200	220	240	260	280	300	320	340	360	390	430	470	510	545	576
u	98	108	114	122	134	143	150	168	184	202	220	238	254	275	290	305	318
v	12	14	15	17	17	19	20	22	25	26	30	32	34	35	36	38	40
x	90	100	106	113	125	133	140	157	173	190	208	225	240	260	275	288	300
y	45	50	56	61	67	73	78	84	95	100	111	122	134	145	156	162	168
z	40	45	50	55	60	65	70	75	85	90	100	110	120	130	140	145	150
h'	8	9	10	11	12	13	14	15	17	18	20	22	24	26	28	29	30

La longueur totale du boulon s'obtient en ajoutant au serrage la cote fictive b qui comprend les valeurs a.z.e.i et la marge.

Le tracé h h' est fictif et n'est indiqué que pour montrer l'épr. de la clavette et son jeu.

Au-dessus de 50 m/m environ de diamètre à la tige on fait généralement les filets carrés, bien que l'on ait aujourd'hui une préférence marquée pour les filets triangulaires. La partie filetée c est plus longue quand on serre sur du bois.

(Voir Pl. 1 une étude sur les filets.)

Dejey & Cie. 18, Rue de la Perle, Paris

Imp. de l'École Centrale et de la Société des Écoles d'Arts & Métiers

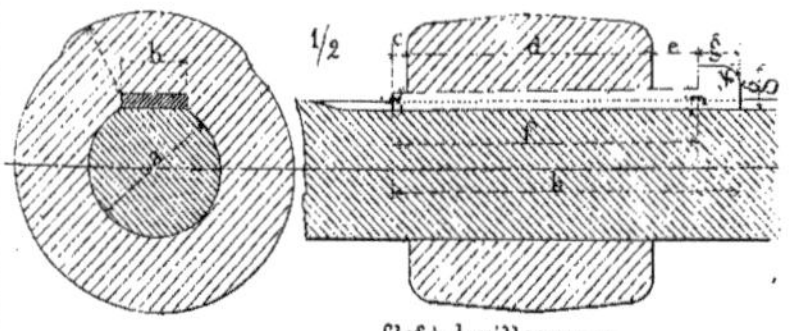

Clef à douilles pour manchons

aux 3/10

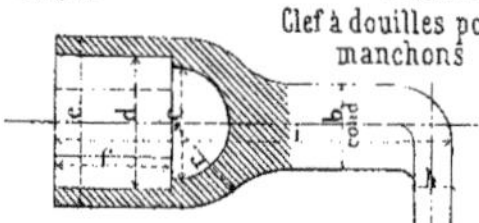

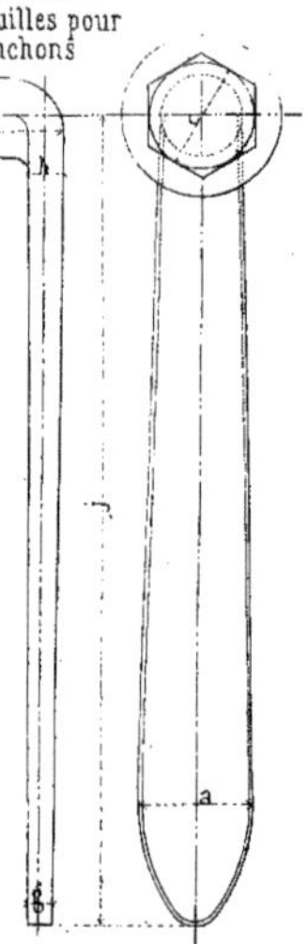

Manchons de	40 à 45	50 à 55	60 à 65	70 à 75	80 à 110
a	30	35	38	40	45
b	20	25	28	30	35
c	25	31	34	39	43
d	30	36	40	46	50
e	38	46	50	56	62
f	30	36	40	46	50
g	6	7	8	9	10
h	9	10	11	12	13
i	100	110	120	130	150
j	230	270	310	350	400

Clefs à manche en bois
Pour Robinets purgeurs et réchauffeurs

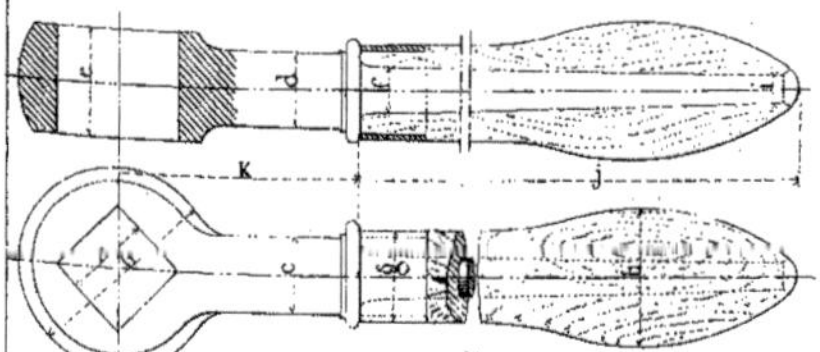

Diam.t des robinets	a	b	c	e	f	g	h	i	d	j	k
5	10	22	8	12	5	10	16	3	8	60	25
8	12	26	10	15	5	10	16	3	10	70	30
10	14	30	12	18	7	14	20	4	12	80	40
15	16	35	14	21	8	16	23	4	13	90	50
20	18	40	16	24	9	18	26	5	14	100	60
25	20	45	18	26	10	21	30	5	15	110	70
30	22	50	18	28	11	24	34	6	16	120	80
35	24	55	22	30	12	27	38	6	17	130	90

Calages avec plat sur l'arbre

a	b	c	d	e	f	q	h	i	j	k
20	10	3	40	8	51	6,5	58	3	35	3
25	12	3	48	9	60	8	68	3,5	4	4
30	15	3	55	10	68	9	77	4	5	4
35	18	4	63	12	79	10	79	4,5	55	5
40	20	4	70	13	87	11	87	5	6	5
45	22	4	78	14	96	12	96	5,5	65	6
50	25	5	86	16	107	13	120	6	7	6
55	28	5	94	17	116	15	131	7	8	7
60	30	5	101	18	124	16	140	7,5	9	8
65	32	6	109	20	133	17	152	8	95	8
70	35	6	116	21	143	19	162	9	10	9
75	38	6	125	22	153	20	173	9,5	11	10
80	40	7	132	23	162	22	184	10	115	10
85	42	7	140	24	171	23	194	10,5	12	11
90	45	7	148	26	181	24	205	11	13	11
95	48	8	155	27	190	25	215	11,5	13,5	12
100	50	8	168	28	199	26	225	12	14	12
105	52	8	170	30	208	28	236	13	15	13
110	55	9	178	31	218	29	247	13,5	13,5	14
115	58	9	186	32	227	30	257	14	16,5	14
120	60	9	194	33	236	31	267	14,5	17	15
125	62	10	202	34	246	32	278	15	17,5	15
130	65	10	210	36	256	34	290	15,5	18	16
135	68	10	218	38	266	35	301	16	18,5	16
140	70	11	225	39	275	37	312	17	20	17
145	72	11	233	40	284	38	322	17,5	20,5	18
150	75	11	240	41	292	39	331	18	21	18
160	80	12	252	44	308	41	349	19	22	19
170	85	12	264	46	322	43	365	20	23	20
180	90	13	276	49	338	46	384	21,5	25	22
190	95	13	288	52	353	50	403	23	26,5	23
200	100	14	300	54	368	52	420	24	27,5	24
210	105	14	312	56	382	54	436	25	29	25
220	110	15	324	59	398	56	454	26	30	26
230	115	16	336	62	414	58	472	27	31	27
240	120	16	348	64	428	60	488	28	32	28
250	125	17	360	67	444	65	509	30	34,5	30
260	130	18	372	69	459	67	520	31	36	31
270	135	18	384	72	474	69	543	32	37	32
280	140	19	396	75	490	71	561	33	38	33
290	145	20	408	77	505	73	578	34	39	34
306	150	20	420	80	520	75	595	35	40	35

Dejey & Cie. 18, Rue de la Perle, Paris

Imp. de l'École Centrale et de la Société des Écoles d'Arts & Métiers

MOYEUX ET CLAVETAGES

Quand l'alésage est au diam. de contact
comme 1 : 5   on fait..... $i = 1,2\,a$
de   1 : 6 à 1 : 10..... $i = 1,3\,a$
de   1 : 10 à 1 : 15..... $i = 1,5\,a$
au tableau i varie de..... $2\,a$ à $1,4\,a$
suivant le diamètre.

1/2

NOTA : Quand les pièces ne font subir aux arbres qu'un faible effort de torsion (balanciers, excentriques, roues de régulateurs) les cotes b.c.d. sont remplacées par les cotes b'. c'. d'. correspondantes

Le cône des clavettes est généralement de $1\,{}^{m}/_{m}$ par décimètre.

Cette série a plusieurs colonnes semblables à celle de la pl. 9

a	b	b'	c	c'	d	d'	e	f	g	h	i	j	k	l	m	n
20											40	46	50	15	13	5
25											48	55	60	17,5	15	5
30											55	64	69	19,5	17	6
38											63	72	78	21,5	18,5	7
40	13	13	9	9	3,5	3,5	14	13	5	4	70	81	88	24	2,05	8
×45	14	14	10	10	3,5	3,5	15	14	5	4	78	90	98	26,5	22,5	8
50	15	14	11	10	4	3,5	17	16	6	5	86	99	108	29	24,5	9
55	16	15	12	11	4,5	4	18	17	6	5	94	108	117	31	26,5	10
60	17	15	12	11	4,5	4	18	18	6	5	100	116	126	33	28	11
65	18	15	13	12	4,5	4,5	20	20	7	6	110	126	136	35,5	30	11
70	19	16	14	12	5	4,5	21	21	7	6	116	134	146	38	32	12
75	20	17	14	12	5	4,5	21	22	7	6	125	144	156	40,5	34,5	13
80	21	18	15	13	5	4,5	23	23	8	7	132	152	165	42,5	36	14
85	22	18	16	13	6	4,5	24	24	8	7	140	161	175	45	38	15
90	23	19	17	14	6	3	20	26	9	7	148	169	184	47	39,5	15
95	24	20	17	14	6	3	26	27	9	8	155	179	194	49,5	42	16
100	25	20	18	14	6	5	28	28	10	8	163	188	204	52	44,5	17
105	26	21	19	15	7	5	29	29	10	8	170	196	213	54	48,5	18
110	27	22	19	16	7	6	30	31	11	9	178	204	222	56	42	18
115	28	22	20	16	7	6	31	32	11	9	186	213	232	58,5	49	19
120	29	23	21	17	8	6	33	33	12	9	194	233	242	61	51,5	20
125	30	24	22	17	8	6	34	34	12	10	202	232	252	63,5	53,5	21
130	31	24	23	17	9	6	36	36	13	10	210	240	261	65,5	56	21
135	32	25	24	16	9	6	37	38	13	10	218	249	271	68	57	22
140	33	26	25	19	9	7	39	39	14	11	223	258	280	70	59	23
145	34	26	26	19	9	7	40	40	14	11	233	267	280	72,5	61	24
150	36	27	27	19	10	7	42	42	15	11	240	276	300	75	63	25
160	38	28	28	20	10	7	44	44	16	12	252	291	316	78	65,5	26
170	40	29	29	21	10	8	46	46	17	12	264	306	332	81	68	27
180	42	30	30	22	11	8	48	49	18	13	276	322	380	85	71	28
190	44	31	32	23	12	9	51	52	19	13	288	337	366	88	73,5	29
200	46	32	34	24	12	9	54	54	20	14	300	352	382	91	76	30
210	48	33	35	25	12	9	56	58	21	14	312	369	400	95	79,5	31
220	50	34	36	26	13	9	58	59	22	15	324	384	416	98	82	32
230	52	34	38	26	14	9	61	62	23	15	336	400	434	102	85	34
240	54	36	40	27	14	10	64	64	24	16	348	415	450	105	87,5	35
250	56	36	42	27	15	10	67	62	25	17	360	430	465	108	90	36
260	58	38	43	28	15	10	69	69	26	18	372	445	462	111	92,5	37
270	60	40	44	28	15	10	71	72	27	18	384	462	500	115	96	38
280	62	42	45	30	16	11	73	75	28	19	396	476	516	118	98	39
290	64	44	46	32	16	12	75	77	29	20	408	492	532	121	101	40
300	66	46	48	34	17	12	78	80	30	20	420	508	550	124	104	41

SÉRIES OU ÉLÉMENTS PROPORTIONNELS DE CONSTRUCTION

Douilles clavetées

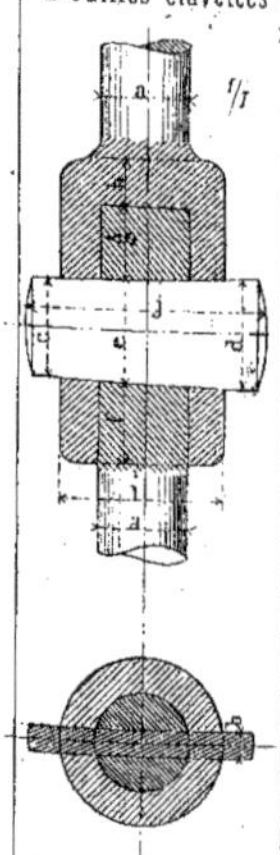

a	b	c	d	e	f	g	h	i	j
× 10	3	10,5	11,5	11	9	8	5	18	25
12	4	13,5	14,5	14	12	10	6	22	28
14	5	15,5	16,5	16	15	12	7	26	32
16	6	18,5	19,5	19	17	14	8	30	35
18	7	20,5	21,5	21	19	16	9	34	40
20	7	22,5	23,5	23	21	17	10	37	45
23	8	25,5	26,5	26	23	20	10	41	50
25	8	27,5	28,5	28	25	22	11	44	55
28	9	29,5	30,5	30	29	24	12	48	60
30	9	32,5	33,5	33	31	25	13	51	65
33	10	35,5	37,5	37	34	28	14	55	70
35	10	37,5	38,5	38	36	29	14	58	75
38	11	39,5	40,5	40	38	30	15	62	80
40	11	41,5	42,5	42	40	31	16	67	90
43	12	43	45	44	41	32	18	73	100

a	b	c	d	c	f	g	h	i	j
48	13	45	47	46	42	33	19	80	110
53	14	47	49	46	44	35	20	87	115
58	15	50	54	52	48	38	21	94	120
63	16	54	58	56	52	40	23	101	130
68	17	58	63	60	56	42	24	106	140
73	18	62	67	64	60	45	26	117	150
78	19	66	71	68	63	47	27	124	160
83	20	70	75	72	65	50	29	131	170
88	21	74	79	76	72	54	30	138	180
93	22	78	83	80	74	56	31	145	195
98	23	82	87	84	78	58	33	152	210
103	24	85	92	88	80	60	34	159	220
108	25	89	96	92	87	62	36	166	230
113	26	93	100	96	90	65	38	175	240
118	28	97	105	100	94	68	40	184	250

Bagues à Vis de serrage

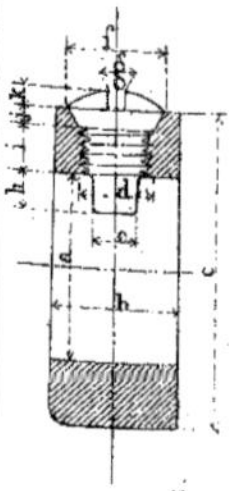

Ces bagues sont généralement employées comme embases des poulies folles et autres pièces libres sur les arbres.

a	b	c	d	e	f	g	h	i	j	k
× 20	14	34	8	4,5	10,5	2	4	4,5	2	2
25	18	42	8	4,5	10,5	2	4	5,5	2,5	2
30	22	50	10	6	14	2	5	6,5	3	3
35	25	58	10	6	14	3	5	8	3	3
40	28	64	12	8	17	3	5	8	3,5	3
45	32	75	12	8	17	3	6	11	3,5	3
50	34	82	15	10	20	4	7	11	4	3,5
55	38	90	15	10	20	4	7	12,5	4	3,5
60	42	100	18	13	24	4	8	15	4,5	4
65	46	108	18	13	24	4	8	16	4,5	4
70	50	115	20	15	28	5	9	16	5	4
75	54	125	20	15	28	5	10	19	5	4
80	56	132	23	17	31	5	11	19	5,5	4,5
85	60	140	23	17	31	5	11	21	5,5	4,5
90	64	148	25	18	35	5	12	22	6	4,5
95	68	156	25	18	35	5	13	23	6	4,5
100	70	165	28	20	38	6	14	24	6	5

Manivelles en fer

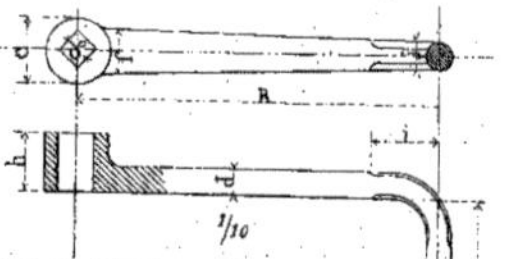

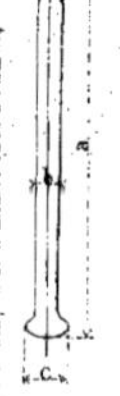

R	300	350	× 400	450	500
a	340	380	410	420	420
b	28	30	30	32	32
c	38	44	44	48	48
d	28	30	30	32	32
e	64	68	72	78	84
f	48	52	54	60	64
g	28	30	32	35	38
h	56	60	64	70	76
i	70	75	75	80	80
j	32	34	34	36	36

Ces manivelles sont particulièrement destinées aux treuils.

Dejey & Cie. 18, Rue de la Perle, Paris

Imp. de l'École Centrale et de la Société des Écoles d'Arts & Métiers

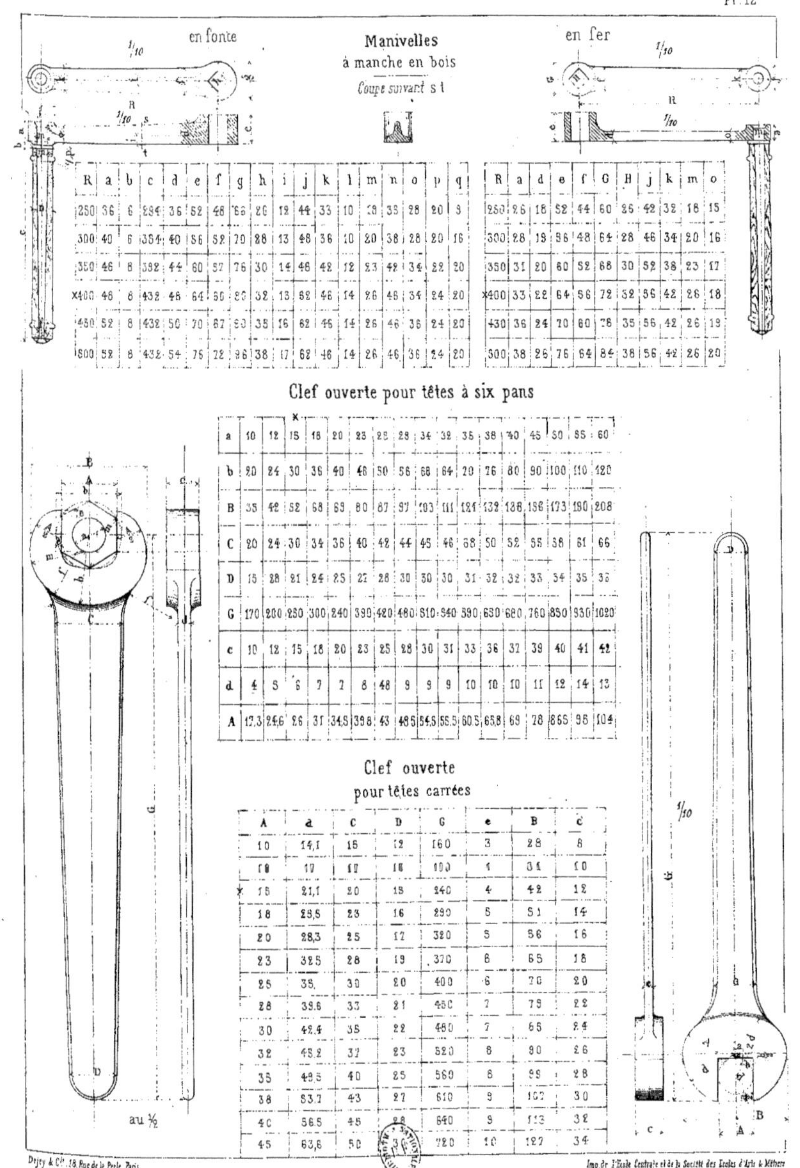

Manivelles — en fonte

R	a	b	c	d	e	f	g	h	i	j	k	l	m	n	o	p	q
250	36	6	294	36	52	48	66	26	12	44	33	10	19	38	28	20	8
300	40	6	384	40	56	52	70	28	13	48	36	10	20	38	28	20	16
350	46	8	392	44	60	57	76	30	14	48	42	12	23	42	34	22	20
X400	46	8	432	46	64	60	80	32	13	62	46	14	26	46	34	24	20
450	52	8	432	50	70	67	80	35	16	62	46	14	26	46	36	24	20
500	52	8	432	54	75	72	86	38	17	62	46	14	26	46	36	24	20

Manivelles — en fer

R	a	d	e	f	G	H	j	k	m	o
250	26	18	52	44	60	26	42	32	18	15
300	28	19	56	48	64	28	46	34	20	16
350	31	20	60	52	68	30	52	38	23	17
X400	33	22	64	56	72	32	56	42	26	18
450	36	24	70	60	78	35	56	42	26	19
500	38	26	76	64	84	38	56	42	26	20

Clef ouverte pour têtes à six pans

a	10	12	15	18	20	23	25	28	34	32	35	38	40	45	50	55	60
b	20	24	30	36	40	46	50	56	68	64	20	76	80	90	100	110	120
B	35	42	52	68	69	80	87	97	103	111	121	132	138	156	173	190	208
C	20	24	30	34	36	40	42	44	45	46	58	50	52	55	58	61	66
D	15	28	21	24	25	27	28	30	30	30	31	32	32	33	34	35	36
G	170	200	250	300	240	390	420	480	510	540	590	630	680	760	850	930	1020
c	10	12	15	18	20	23	25	28	30	31	33	36	37	39	40	41	42
d	4	5	6	7	7	8	48	9	9	9	10	10	10	11	12	14	13
A	17,3	24,6	26	31	34,5	39,8	43	48,5	54,5	55,5	60,5	65,8	69	78	86,5	95	104

Clef ouverte pour têtes carrées

A	a	C	D	G	e	B	c
10	14,1	15	12	160	3	28	8
12	17	17	13	190	4	31	10
15	21,1	20	15	240	4	42	12
18	25,5	23	16	290	5	51	14
20	28,3	25	17	320	5	56	16
23	32,5	28	19	370	6	65	18
25	35,	30	20	400	6	70	20
28	39,6	33	21	450	7	79	22
30	42,4	35	22	480	7	85	24
32	45,2	37	23	520	8	90	26
35	49,5	40	25	560	8	99	28
38	53,7	43	27	610	9	107	30
40	56,5	45	28	640	9	113	32
45	63,6	50	[illegible]	720	10	127	34

Dujty & Cⁱᵉ. 18, Rue de la Perle, Paris.

Imp. de l'École Centrale et de la Société des Écoles d'Arts & Métiers

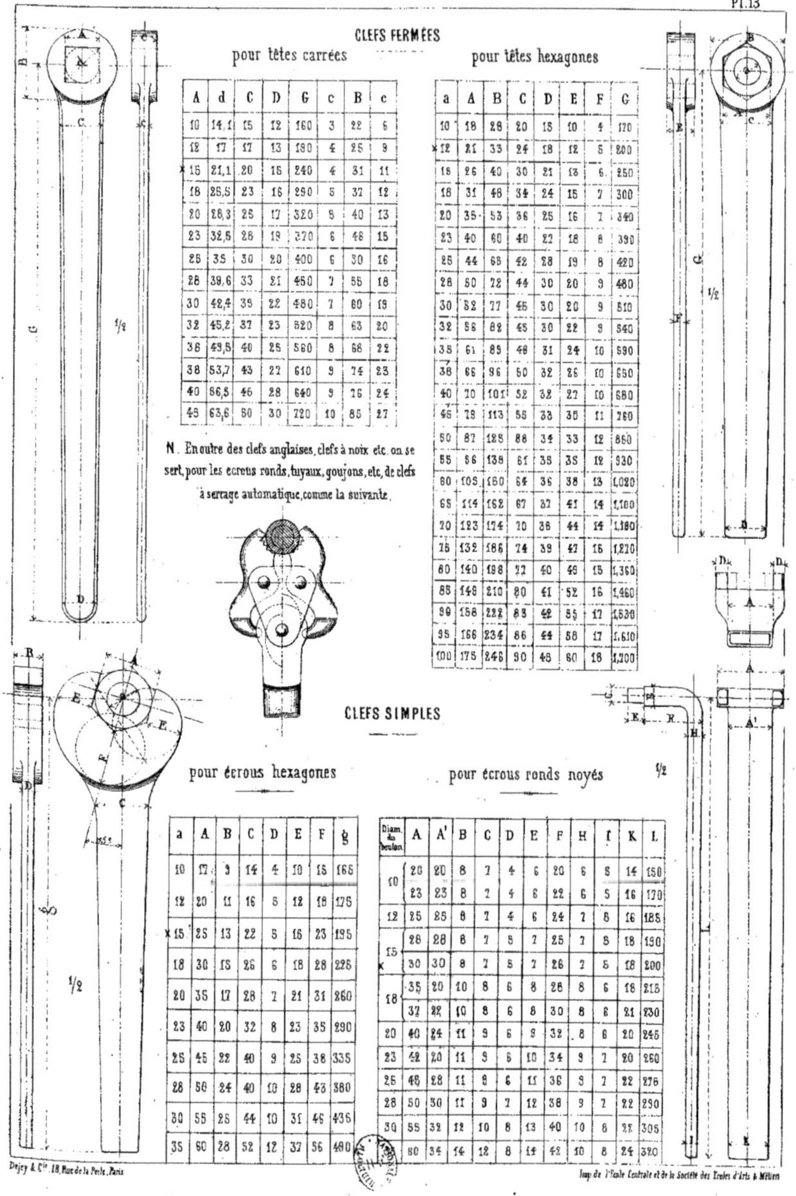

CLEFS FERMÉES

pour têtes carrées

A	d	C	D	G	c	B	e
10	14,1	15	12	160	3	22	6
12	17	17	13	190	4	25	9
15	21,1	20	15	240	4	31	11
18	25,5	23	16	290	5	37	12
20	28,3	25	17	320	5	40	13
23	32,5	28	19	370	6	46	15
25	35	30	20	400	6	50	16
28	39,6	33	21	450	7	55	18
30	42,4	35	22	480	7	60	19
32	45,2	37	23	520	8	63	20
36	49,5	40	25	560	8	68	22
38	53,7	43	27	610	9	74	23
40	56,5	46	28	640	9	76	24
45	63,6	50	30	720	10	85	27

pour têtes hexagones

a	A	B	C	D	E	F	G
10	18	28	20	15	10	4	170
12	21	33	24	18	12	5	200
15	26	40	30	21	13	6	250
18	31	46	34	24	15	7	300
20	35	53	36	25	16	7	340
23	40	60	40	27	18	8	390
25	44	66	42	28	19	8	420
28	50	72	44	30	20	9	480
30	52	77	46	30	20	9	510
32	56	82	48	30	22	9	540
35	61	89	48	31	24	10	590
38	66	96	50	32	26	10	660
40	70	101	52	32	27	10	680
45	79	113	55	33	30	11	760
50	87	125	56	34	33	12	850
55	96	138	61	35	35	12	930
60	105	150	64	36	38	13	1,020
65	114	162	67	37	41	14	1,100
70	123	174	70	38	44	14	1,180
75	132	186	74	39	47	15	1,270
80	140	198	77	40	49	15	1,360
85	149	210	80	41	52	16	1,460
90	158	222	83	42	55	17	1,530
95	166	234	86	44	58	17	1,610
100	175	246	90	45	60	18	1,700

N. En outre des clefs anglaises, clefs à noix etc. on se
sert, pour les ecrous ronds, tuyaux, goujons, etc, de clefs
à serrage automatique, comme la suivante.

CLEFS SIMPLES

pour écrous hexagones

a	A	B	C	D	E	F	g
10	17	9	14	4	10	15	165
12	20	11	16	5	12	18	175
15	25	13	22	5	15	23	195
18	30	15	26	6	18	28	225
20	35	17	28	7	21	31	260
23	40	20	32	8	23	35	290
25	45	22	40	9	25	38	335
28	50	24	40	10	28	43	380
30	55	25	44	10	31	46	435
35	60	28	52	12	37	56	490

pour écrous ronds noyés

Diam. du boulon	A	A'	B	C	D	E	F	H	I	K	L
10	20	20	8	7	4	6	20	6	5	14	150
10	23	23	8	7	4	6	22	6	5	16	170
12	25	25	8	7	4	6	24	7	5	16	185
15	28	28	8	7	5	7	25	7	5	18	190
15	30	30	8	7	5	7	26	7	5	18	200
18	35	20	10	8	6	8	28	8	6	18	215
18	37	22	10	8	6	8	30	8	6	21	230
20	40	24	11	9	6	9	32	8	6	20	245
23	42	20	11	9	6	10	34	9	7	20	260
25	45	28	11	9	6	11	36	9	7	22	275
28	50	30	11	9	7	12	38	9	7	22	290
30	55	32	12	10	8	13	40	10	8	22	305
30	60	34	14	12	8	14	42	10	8	24	320

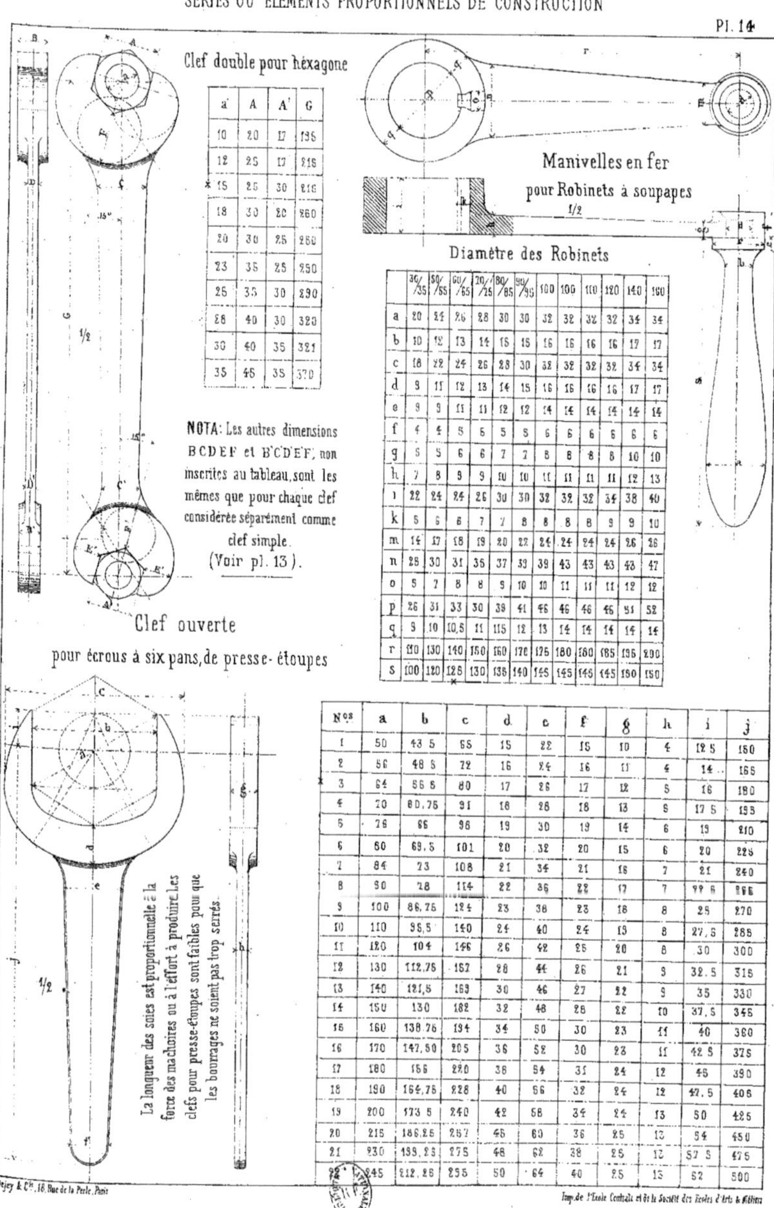

Clef double pour héxagone

a	A	A'	G
10	20	17	135
12	25	17	215
15	25	30	215
18	30	20	260
20	30	25	260
23	35	25	250
25	35	30	290
28	40	30	320
30	40	35	321
35	45	35	370

NOTA: Les autres dimensions BCDEF et B'C'D'EF, non inscrites au tableau, sont les mêmes que pour chaque clef considérée séparément comme clef simple. (Voir pl. 13).

Diamètre des Robinets

	30/35	50/55	60/65	70/75	80/85	90/95	100	100	110	120	140	160
a	20	24	26	28	30	30	32	32	32	32	34	34
b	10	12	13	14	15	15	16	16	16	16	17	17
c	18	22	24	26	28	30	32	32	32	32	34	34
d	9	11	12	13	14	15	16	16	16	16	17	17
e	9	9	11	11	12	12	14	14	14	14	14	14
f	4	4	5	5	5	5	6	6	6	6	6	6
g	5	5	6	6	7	7	8	8	8	8	10	10
h	7	8	9	9	10	10	11	11	11	11	12	13
i	22	24	24	26	30	30	32	32	32	34	38	40
k	5	6	6	7	7	8	8	8	8	9	9	10
m	14	17	18	19	20	22	24	24	24	24	26	26
n	28	30	31	35	37	39	39	43	43	43	43	47
o	5	7	8	8	9	10	10	11	11	11	12	12
p	26	31	33	30	39	41	46	46	46	46	51	52
q	9	10	10,5	11	11,5	12	13	14	14	14	14	14
r	110	130	140	150	160	170	175	180	180	185	195	200
s	100	120	125	130	135	140	145	145	145	145	150	150

N°s	a	b	c	d	e	f	g	h	i	j
1	50	43,5	65	15	22	15	10	4	12,5	160
2	56	48,5	72	16	24	16	11	4	14	165
3	64	56,5	80	17	26	17	12	5	16	180
4	70	60,75	91	18	28	18	13	5	17,5	195
5	76	66	96	19	30	19	14	6	19	210
6	80	69,5	101	20	32	20	15	6	20	225
7	84	73	108	21	34	21	16	7	21	240
8	90	78	114	22	36	22	17	7	22,5	255
9	100	86,75	124	23	38	23	18	8	25	270
10	110	95,5	140	24	40	24	19	8	27,5	285
11	120	104	146	26	42	25	20	8	30	300
12	130	112,75	157	28	44	26	21	9	32,5	315
13	140	121,5	169	30	46	27	22	9	35	330
14	150	130	182	32	48	28	22	10	37,5	345
15	160	138,75	194	34	50	30	23	11	40	360
16	170	147,50	205	36	52	30	23	11	42,5	375
17	180	156	220	38	54	31	24	12	45	390
18	190	164,75	228	40	56	32	24	12	47,5	406
19	200	173,5	240	42	58	34	24	13	50	425
20	215	186,25	257	45	60	36	25	13	54	450
21	230	199,25	275	48	62	38	25	13	57,5	475
22	245	212,25	295	50	64	40	25	13	62	500

La longueur des soies est proportionnelle à la force des machoires ou à l'effort à produire. Les clefs pour presse-étoupes sont faibles pour que les bourrages ne soient pas trop serrés.

Carrés pour manivelles

A	B	C
30	8	7
30	11	8
30	12	9
30	12	10
37	14,5	11
40	16	12
42	17,5	13
45	18 5	14
50	20	15
50	21,5	16

A	B	C
55	24	18 ✗
60	27	20
70	31	23
75	34	25
75	38	28
80	41	30
80	44	32
80	48	35
90	55	40
100	62	45

Lames et clavettes porte-lame pour arbres porte-forets

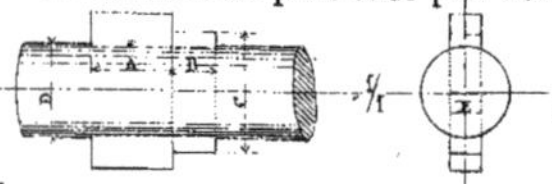

Inclinaison du joint de la clavette sur la lame $\frac{1}{25}$

A	B	C	D	E
12	3	14	12	4
17	8	18	15	5
13	12	18		5
17	8	20	18	5
13	12	20		5
18	10	25	20	7
13	15	25		7
18	10	28	23	7
13	15	28		7
20	10	30	26	8
15	15	30		8
20	10	32	28	8
15	15	32		8

A	B	C	D	E
20	10	37	30	8
15	15	37		8
28	12	40	35	10
20	20	40		10
28	12	45	40	10
20	20	46		10
33	12	50	46	12
23	22	60		12
33	12	55	50	12
23	22	55		12
33	12	60	55	15
30	25	60		15

Porte-forets

Fig I 1/1

Fig.2 1/2

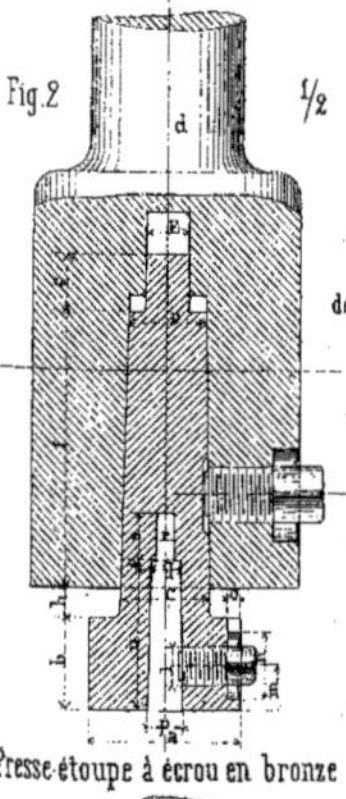

Porte-Forets double emmenchement (Fig.2)

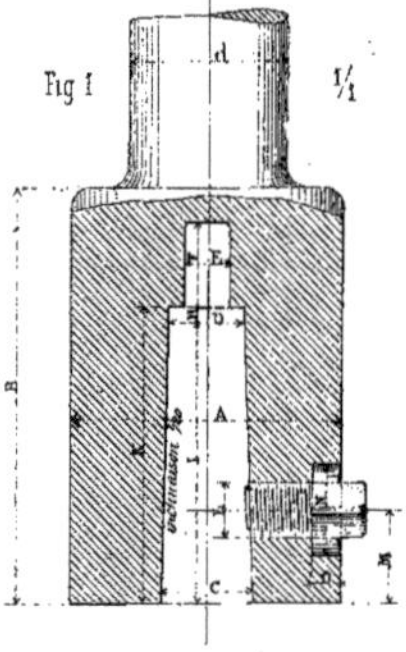

Porte-forets de Machines à percer (Fig. 1)

d	A	B	C	D	E	F	H	I	K	L	M	N	O
28	60	70	12	9,5	5	11	3	50	53	12	15	20	6
✗ 35	60	90	20	17	10	18	4	60	64	12	20	20	6
42	80	110	30	26,5	12	22	5	70	75	18	25	28	8
60	100	130	45	41	15	27	6	80	86	18	28	28	8

d	a	b	C	D	E	f	h	I	l	m	n	o	p	q	r	s	t	u
28	23	18	12	9,5	5	8	3	50	7	9			8	6,5	4	10	2	30
35	35	20	20	17	10	12	5	60	9	10	16	3	8	6,5	4	10	2	30
	35	20	20	17	10	12	6	60	9	10	15	3	12	9,5	5	11	3	50
42	45	25	30	26,5	12	15	8	70	12	12,5	20	4	8	6,5	4	10	2	30
	45	25	30	26 5	12	15	8	70	12	12 5	20	4	12	9 5	6	11	3	50
	45	25	30	26 5	12	15	8	70	12	12 5	20	4	20	17	10	18	4	60
60	50	30	45	41	15	18	10	80	15	15	23	5	12	9,5	6	11	3	50
	60	30	45	41	15	18	10	80	15	15	23	5	20	17	10	18	4	60
	60	30	45	41	15	18	10	80	15	15	23	5	30	26 5	12	22	5	70

Presse-étoupe à écrou en bronze

1/2

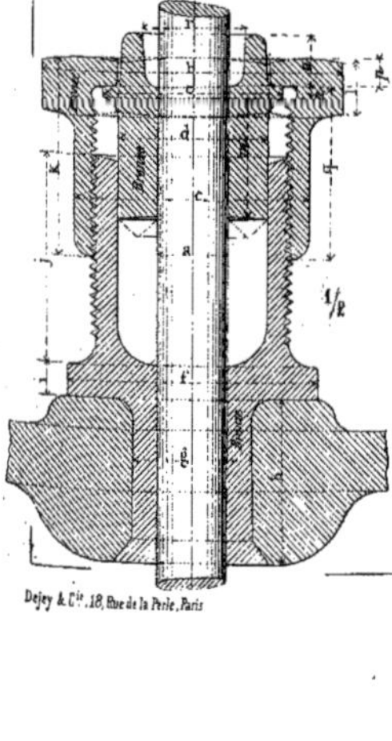

a	b	c	d	e	f	g	h	i	j	k	l	m	n	o	p	q	r
10	50	31	25	43	48	20	30	6	35	36	10	17	5	10	6	30	20
12	56	35	28	48	50	23	33	7	39	40	11	20	5	11	7	33	22
14	64	39	31	52	55	26	36	7	43	43	12	22	5	12	7	36	24
16	70	42	34	56	60	28	40	8	47	47	13	24	6	13	8	39	27
18	76	46	38	61	65	31	42	8	52	49	14	28	6	14	8	41	30
✗ 20	84	50	42	66	70	34	44	9	57	55	16	29	7	15	9	46	34
23	90	55	46	70	76	38	46	9	60	57	17	30	7	16	9	48	38
25	96	59	50	76	80	41	48	10	65	63	18	33	8	17	10	53	42
28	100	64	54	81	85	44	50	10	70	66	19	35	8	18	10	55	46
30	110	68	58	86	90	48	52	11	75	70	20	38	8	19	10	59	48
33	110	72	62	91	95	54	54	11	80	74	20	40	9	20	11	63	50
35	120	77	66	92	100	54	56	12	88	79	20	43	9	20	12	67	55
38	120	80	70	100	105	58	56	12	90	81	20	45	9	21	12	68	58
40	130	82	74	107	112	62	60	13	98	87	21	48	10	22	13	74	62
45	140	93	73	116	120	67	64	14	96	90	22	49	10	24	14	76	67
50	160	101	56	127	128	73	69	15	104	96	24	52	11	26	15	81	74
55	170	108	92	138	136	79	25	16	110	101	24	55	12	28	16	86	80
60	180	102	98	146	145	86	80	17	118	108	24	59	12	30	17	91	86

Imp. de l'École Centrale et de la Société des Écoles d'Arts & Métiers

SÉRIES OU ÉLÉMENTS PROPORTIONNELS DE CONSTRUCTION

Presse-étoupe en fonte ou en bronze, à bride ovale

Manchons d'entrainement

N. Les goujons, dans les presse-étoupes comme dans tout autre cas, ne doivent être employés, que lorsqu'on ne peut pas absolument faire intervenir les boulons .

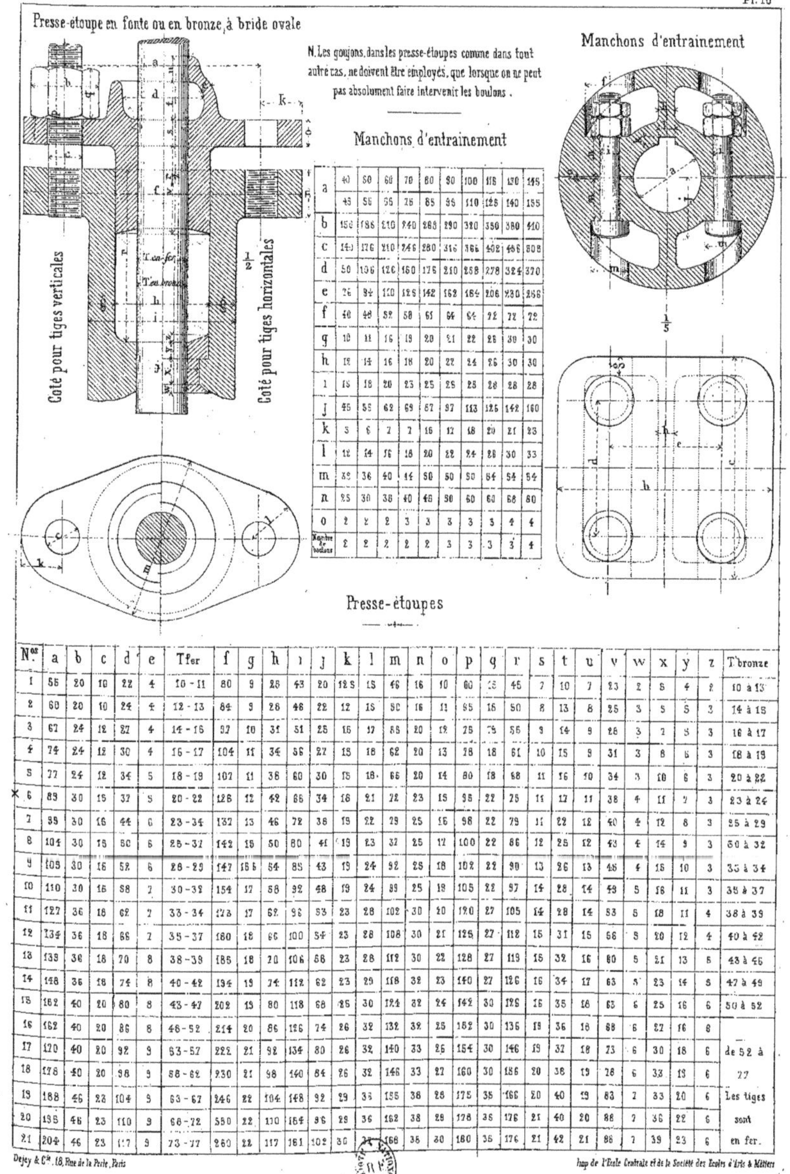

Manchons d'entrainement

a	40	50	60	70	80	90	100	115	130	145
	45	55	65	75	85	95	110	125	140	155
b	150	188	210	240	265	290	320	350	380	410
c	140	176	210	246	280	316	366	402	456	508
d	50	106	126	160	175	210	258	278	324	370
e	76	94	110	126	142	162	184	206	230	256
f	40	48	52	58	65	64	64	72	72	72
g	10	11	16	19	20	21	22	28	30	30
h	12	14	16	18	20	22	24	26	30	30
i	15	18	20	23	25	25	25	28	28	28
j	45	55	62	69	87	97	113	126	142	160
k	5	6	7	7	16	17	18	20	21	23
l	12	14	16	18	20	22	24	28	30	33
m	32	36	40	44	50	50	50	54	54	54
n	25	30	38	40	46	50	60	60	68	80
o	2	2	2	3	3	3	3	3	4	4
Nombre de boulons	2	2	2	2	2	3	3	3	3	4

Presse-étoupes

N°	a	b	c	d	e	T fer	f	g	h	i	j	k	l	m	n	o	p	q	r	s	t	u	v	w	x	y	z	T bronze
1	55	20	10	22	4	10 - 11	80	9	28	43	20	12,5	15	46	16	10	60	18	45	7	10	7	23	2	8	4	2	10 à 13
2	60	20	10	24	4	12 - 13	84	9	28	46	22	12	15	50	16	11	65	18	50	8	13	8	25	3	8	5	3	14 à 15
3	67	24	12	27	4	14 - 16	97	10	31	51	25	16	17	55	20	12	75	18	56	9	14	9	28	3	8	5	3	16 à 17
4	74	24	12	30	4	16 - 17	104	11	34	56	27	18	18	62	20	13	78	18	61	10	15	9	31	3	8	6	3	18 à 19
5	77	24	12	34	5	18 - 19	107	11	38	60	30	18	18	65	20	14	80	18	68	11	16	10	34	3	10	6	3	20 à 22
6	83	30	15	37	5	20 - 22	126	12	42	66	34	18	21	72	23	15	95	22	75	11	17	11	38	4	11	7	3	23 à 24
7	99	30	16	44	6	23 - 24	132	13	46	72	38	19	22	79	25	16	98	22	79	11	22	12	40	4	12	8	3	25 à 29
8	104	30	15	50	6	26 - 27	142	15	50	80	41	19	23	82	25	17	100	22	86	12	25	12	43	4	14	9	3	30 à 32
9	109	30	16	52	6	28 - 29	147	16	54	85	43	19	24	92	28	18	102	22	90	13	26	13	45	4	15	10	3	33 à 34
10	110	30	16	58	7	30 - 32	154	17	58	92	48	19	24	99	28	19	105	22	97	14	28	14	48	5	16	11	3	35 à 37
11	127	36	18	62	7	33 - 34	173	17	62	96	53	23	28	102	30	20	120	27	105	14	28	14	53	5	18	11	4	38 à 39
12	134	36	18	66	7	35 - 37	180	18	66	100	54	23	28	108	30	21	125	27	112	15	31	15	56	5	20	12	4	40 à 42
13	139	36	18	70	8	38 - 39	185	18	70	106	58	23	28	112	30	22	128	27	119	15	32	16	60	5	21	13	5	43 à 46
14	148	36	18	74	8	40 - 42	194	19	74	112	62	23	29	118	32	23	140	27	126	16	34	17	63	5	23	14	5	47 à 49
15	162	40	20	80	8	43 - 47	202	19	80	118	68	25	30	124	32	24	142	30	126	16	35	18	63	6	25	16	6	50 à 52
16	162	40	20	86	8	48 - 52	214	20	86	126	74	26	32	132	32	25	152	30	136	19	36	18	68	6	27	16	8	
17	170	40	20	92	9	53 - 57	222	21	92	134	80	26	32	140	33	26	154	30	146	19	37	18	73	6	30	18	6	de 52 à
18	178	40	20	98	9	58 - 62	230	21	98	140	84	26	32	146	33	27	160	30	156	20	38	19	78	6	33	19	6	77
19	188	46	23	104	9	63 - 67	246	22	104	148	92	29	36	155	38	28	175	35	166	20	40	19	83	7	33	20	6	Les tiges
20	195	46	23	110	9	68 - 72	250	22	110	164	96	29	36	162	38	29	178	35	176	21	40	20	88	7	36	22	6	sont
21	204	46	23	117	9	73 - 77	260	22	117	161	102	30	37	168	35	30	180	36	176	21	42	21	88	7	39	23	6	en fer.

Dejey & Cⁱᵉ, 18, Rue de la Perle, Paris

Imp de l'École Centrale et de la Société des Écoles d'Arts & Métiers

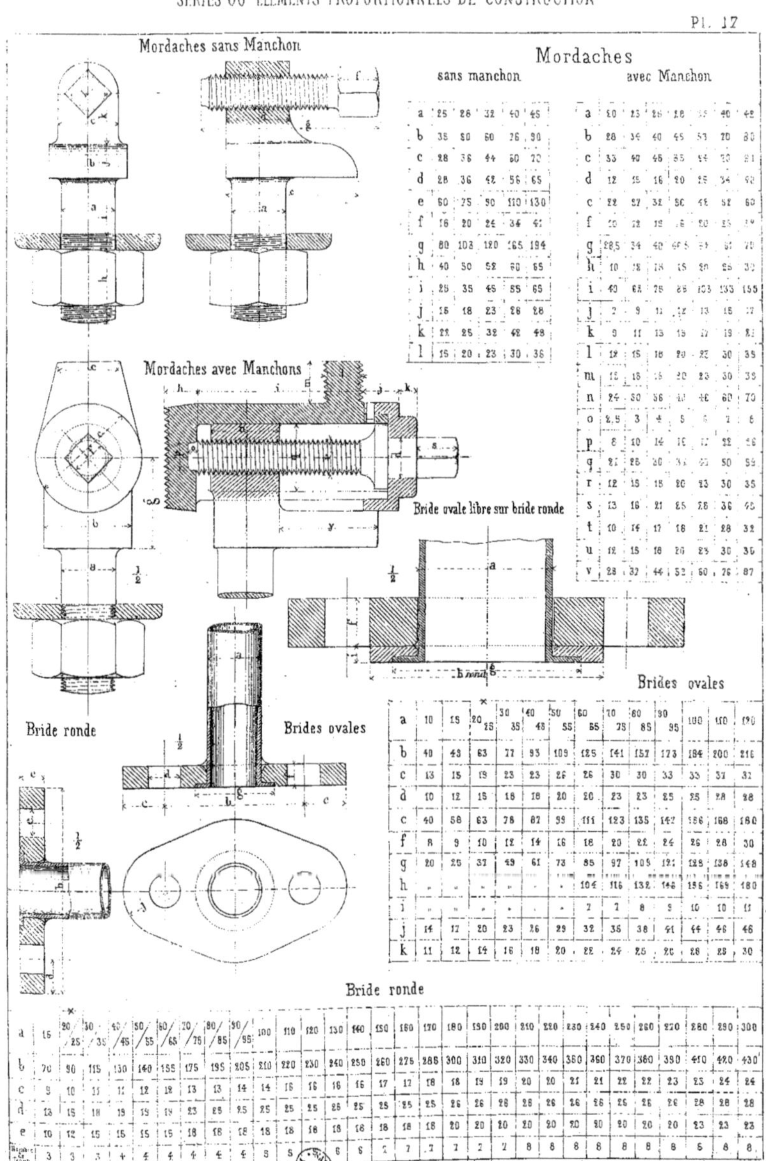

Mordaches

sans manchon

a	25	26	32	40	45
b	35	50	60	76	90
c	28	36	44	60	72
d	28	36	42	56	65
e	60	75	90	110	130
f	16	20	24	34	41
g	80	103	120	165	194
h	40	50	52	60	65
i	25	35	45	55	65
j	15	18	23	26	28
k	22	25	32	42	48
l	15	20	23	30	36

avec Manchon

a	10	23	26	28	35	40	42
b	28	34	40	45	53	70	80
c	33	40	46	55	64	73	81
d	12	15	16	20	25	34	42
e	22	27	32	36	45	52	60
f	10	12	15	18	20	25	29
g	28,5	34	42	46,5	54	61	70
h	10	12	13	15	20	25	32
i	40	62	75	85	103	133	155
j	7	9	11	12	13	15	17
k	9	11	13	15	17	19	21
l	12	15	16	20	23	30	35
m	12	13	16	20	23	30	39
n	24	30	36	40	46	60	70
o	2,5	3	4	5	6	7	8
p	8	10	14	16	17	22	26
q	21	23	30	34	42	50	59
r	12	13	15	20	23	30	35
s	13	16	21	25	28	36	45
t	10	14	17	18	21	28	32
u	12	15	18	20	23	30	35
v	28	32	44	52	60	76	87

Brides ovales

	10	15	20/25	30/35	40/48	50/55	60/65	70/75	80/85	90/95	100	110	120
a	10	15	20/25	30/35	40/48	50/55	60/65	70/75	80/85	90/95	100	110	120
b	40	43	63	77	93	109	125	141	157	173	184	200	216
c	13	15	19	23	23	26	26	30	30	33	33	37	32
d	10	12	15	18	18	20	20	23	23	25	25	28	28
e	40	58	63	78	87	99	111	123	135	147	156	168	180
f	8	9	10	12	14	16	18	20	22	24	26	28	30
g	20	25	37	49	61	73	85	97	109	121	128	138	148
h							104	116	132	146	156	169	180
i							7	7	8	9	10	10	11
j	14	17	20	23	26	29	32	35	38	41	44	46	46
k	11	12	14	16	18	20	22	24	25	26	28	28	30

Bride ronde

	16	20/25	30/35	40/45	50/55	60/65	70/75	80/85	90/95	100	110	120	130	140	150	160	170	180	190	200	210	220	230	240	250	260	270	280	290	300
a	16	20/25	30/35	40/45	50/55	60/65	70/75	80/85	90/95	100	110	120	130	140	150	160	170	180	190	200	210	220	230	240	250	260	270	280	290	300
b	70	90	115	130	140	155	175	195	205	210	220	230	240	250	260	275	285	300	310	320	330	340	350	360	370	380	390	410	420	430
c	9	10	11	11	12	12	13	13	14	14	15	16	16	16	17	17	18	18	19	19	20	20	21	21	22	22	23	23	24	24
d	13	15	18	19	19	19	23	25	25	25	25	25	26	25	25	25	25	26	26	26	26	26	26	26	26	26	28	28	28	28
e	10	12	15	15	15	15	18	18	18	18	18	18	18	18	18	18	18	20	20	20	20	20	20	20	20	20	20	23	23	23
Nombre de Boulons	3	3	3	4	4	4	4	4	5	5	6	6	7	7	7	7	7	8	8	8	8	8	8	8	8	8	8	8	8	8

Dejey & Cie, 18, Rue de la Perle, Paris

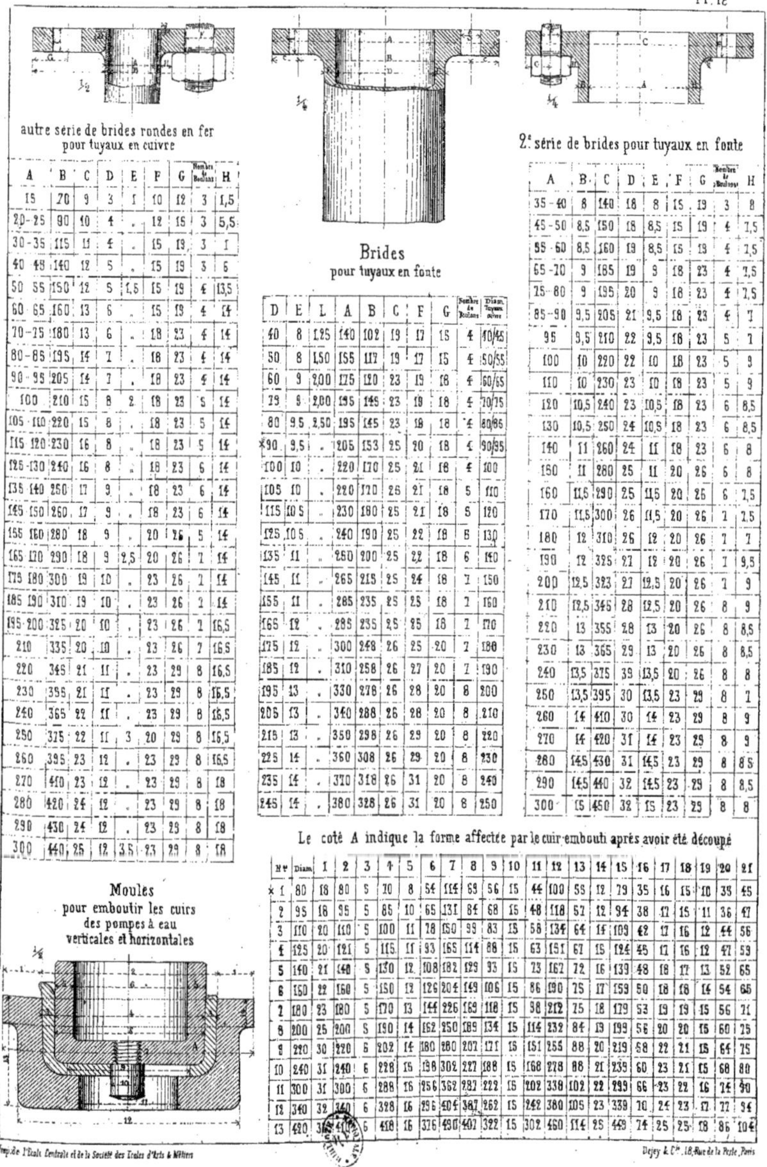

autre série de brides rondes en fer pour tuyaux en cuivre

A	B	C	D	E	F	G	Nombre de Boulons	H
15	70	9	3	1	10	12	3	1,5
20-25	90	10	4	.	12	15	3	5,5
30-35	115	11	4	.	15	19	3	6
40 45	140	12	5	.	15	19	3	6
50 55	150	12	5	1,5	15	19	4	13,5
60 65	160	13	6	.	15	19	4	14
70-75	180	13	6	.	18	23	4	14
80-85	195	14	7	.	18	23	4	14
90-95	205	14	7	.	18	23	4	14
100	210	15	8	2	18	23	5	14
105-110	220	15	8	.	18	23	5	14
115-120	230	16	8	.	18	23	5	14
125-130	240	16	8	.	18	23	6	14
135-140	250	17	9	.	18	23	6	14
145-150	260	17	9	.	18	23	6	14
155-160	280	18	9	.	20	26	5	14
165-170	290	18	9	2,5	20	26	7	14
175-180	300	19	10	.	23	26	7	14
185-190	310	19	10	.	23	26	7	14
195-200	325	20	10	.	23	26	7	16,5
210	335	20	10	.	23	26	7	16,5
220	345	21	11	.	23	29	8	16,5
230	355	21	11	.	23	29	8	16,5
240	365	22	11	.	23	29	8	16,5
250	375	22	11	3	20	29	8	16,5
260	395	23	12	.	23	29	8	16,5
270	410	23	12	.	23	29	8	18
280	420	24	12	.	23	29	8	18
290	430	24	12	.	23	29	8	18
300	440	25	12	3,5	23	29	8	18

Brides pour tuyaux en fonte

D	E	L	A	B	C	F	G	Nombre de Boulons	Diam. Tuyaux cuivre
40	8	1,25	140	102	19	17	15	4	40/45
50	8	1,50	155	117	19	17	15	4	50/55
60	9	2,00	175	120	23	19	18	4	60/65
70	9	2,00	195	145	23	19	18	4	70/75
80	9,5	2,50	195	145	23	18	18	4	80/85
×90	9,5	.	205	153	25	20	18	4	90/95
100	10	.	220	170	25	21	18	4	100
105	10	.	220	170	26	21	18	5	110
115	10 5	..	230	180	25	21	18	5	120
125	10 5	..	240	190	25	22	18	5	130
135	11	..	250	200	25	22	18	6	140
145	11	..	265	215	25	24	18	7	150
155	11	.	285	235	25	25	18	7	160
165	12	.	285	235	25	25	18	7	170
175	12	..	300	248	26	25	20	7	180
185	12	.	310	258	26	27	20	7	190
195	13	.	330	278	26	28	20	8	200
205	13	..	340	288	26	28	20	8	210
215	13	..	350	298	26	29	20	8	220
225	14	.	360	308	26	29	20	8	230
235	14	.	370	318	26	31	20	8	240
245	14	.	380	328	26	31	20	8	250

2e série de brides pour tuyaux en fonte

A	B	C	D	E	F	G	Nombre de Boulons	H
35-40	8	140	18	8	15	19	3	8
45-50	8,5	150	18	8,5	15	19	4	7,5
55-60	8,5	160	19	8,5	15	19	4	7,5
65-70	9	185	19	9	18	23	4	7,5
75-80	9	195	20	9	18	23	4	7,5
85-90	9,5	205	21	9,5	18	23	4	7
95	9,5	210	22	9,5	18	23	5	7
100	10	220	22	10	18	23	5	9
110	10	230	23	10	18	23	5	9
120	10,5	240	23	10,5	18	23	6	8,5
130	10,5	250	24	10,5	18	23	6	8,5
140	11	260	24	11	18	23	6	8
150	11	280	25	11	20	26	6	8
160	11,5	290	25	11,5	20	26	6	7,5
170	11,5	300	26	11,5	20	26	7	7,5
180	12	310	26	12	20	26	7	7
190	12	325	27	12	20	26	7	9,5
200	12,5	323	27	12,5	20	26	7	9
210	12,5	345	28	12,5	20	26	8	9
220	13	355	28	13	20	26	8	8,5
230	13	365	29	13	20	26	8	8,5
240	13,5	375	39	13,5	20	26	8	8
250	13,5	395	30	13,5	23	29	8	7
260	14	410	30	14	23	29	8	9
270	14	420	31	14	23	29	8	9
280	14,5	430	31	14,5	23	29	8	8,5
290	14,5	440	32	14,5	23	29	8	8,5
300	15	450	32	15	23	29	8	8

Moules pour emboutir les cuirs des pompes à eau verticales et horizontales

Le coté A indique la forme affectée par le cuir embouti après avoir été découpé

Nr	Diam	1	2	3	4	5	6	7	8	9	10	11	12	13	14	15	16	17	18	19	20	21
×1	80	18	80	5	70	8	54	114	69	56	15	44	100	55	12	79	35	16	15	10	39	45
2	95	18	95	5	85	10	65	131	84	68	15	48	118	57	12	94	38	17	15	11	36	47
3	110	20	110	5	100	11	78	150	99	83	15	58	134	64	14	109	42	17	16	12	44	56
4	125	20	121	5	115	11	93	165	114	88	15	63	151	67	15	124	45	17	16	12	47	59
5	140	21	140	5	130	12	108	182	129	93	15	73	162	72	16	139	48	18	17	13	52	65
6	150	22	160	5	150	12	126	204	149	106	15	86	190	75	17	159	50	18	18	14	54	65
7	180	23	180	5	170	13	144	226	169	118	15	98	212	75	18	179	53	19	19	15	56	71
8	200	25	200	5	190	14	162	250	189	134	15	114	232	84	19	199	56	20	20	15	60	75
9	220	30	220	6	202	14	180	280	207	171	15	151	255	88	20	219	58	22	21	15	64	75
10	240	31	240	6	228	15	198	302	227	188	15	168	278	88	21	239	60	23	21	15	68	80
11	300	31	300	6	288	16	256	362	287	222	15	202	338	102	22	299	66	23	22	16	74	90
12	340	32	340	6	328	16	296	404	387	262	15	242	380	105	23	339	70	24	23	17	77	94
13	420	33	420	6	418	16	376	490	407	322	15	302	460	114	25	449	74	25	25	18	86	104

Robinets à deux brides
jusqu'à 60 m/m
de diamètre

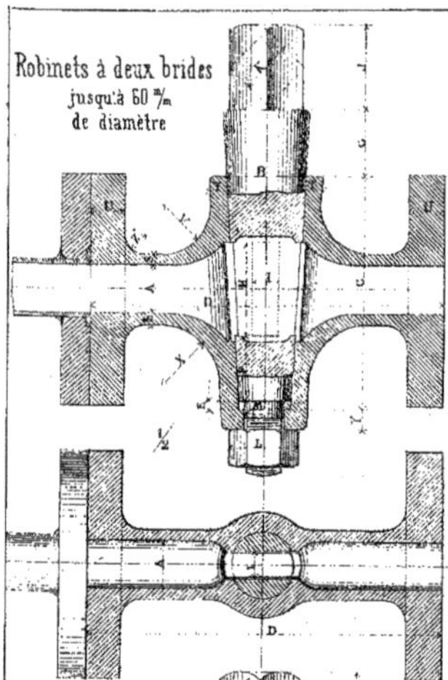

1/2

Robinets à deux brides
depuis
60 m/m de diamètre.

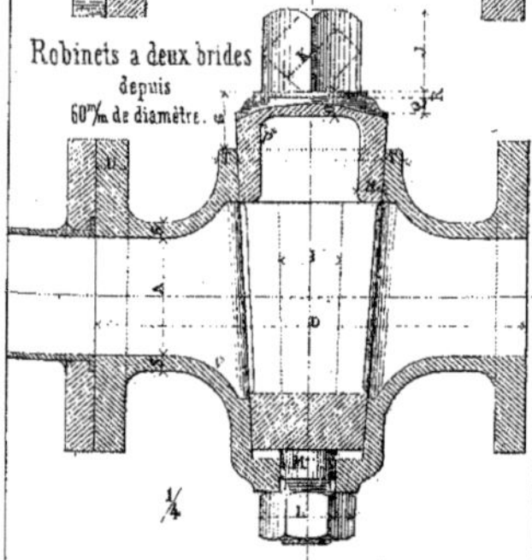

1/4

Robinets à presse-étoupe

1/4

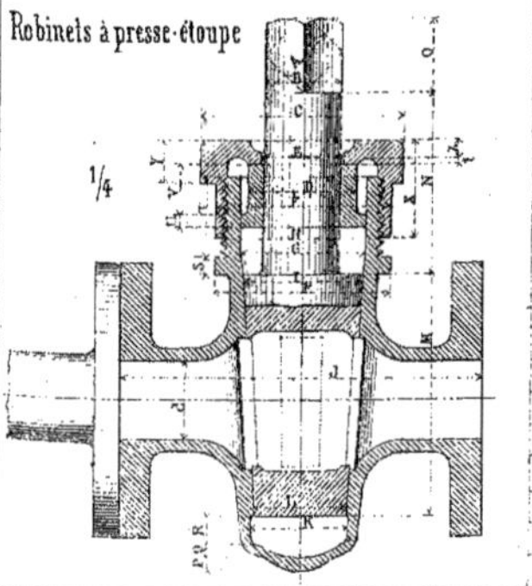

A	10	15	20	25	30	35	40	45	50	55	60	65	70	75	80	90	100	110	120
B	22	25	29	33	38	43	49	55	62	69	77	85	94	103	111	124	134	144	154
C	60	70	80	90	100	110	120	130	140	150	160	170	180	190	200	220	240	260	280
D	100	110	120	130	140	155	170	185	200	215	230	245	260	275	290	320	340	360	380
E	2	2	2	3	3	3	3	4	4	4	4	4	5	5	5	5	6	6	6
F	19	20	21	22	23	24	25	26	27	28	29	30	31	32	33	35	37	39	41
G	19	20	21	22	23	24	26	26	27	28	29	30	31	32	38	46	50	58	60
H	20	28	36	43	51	59	67	74	82	90	98	106	113	121	129	145	160	176	192
J	24	26	28	30	32	34	37	37	39	39	42	42	45	49	48	51	51	55	56
K	14	16	18	20	22	24	26	28	32	32	36	36	40	40	44	48	48	54	54
L	20	22	24	26	30	36	40	40	46	48	50	50	56	56	60	64	64	70	76
M	11	13	14	17	17	20	24	24	28	28	30	30	34	34	36	38	38	40	42
N											12	12	13	13	14	15	15	16	17
O											13	16	20	20	23	26	28	28	30
P											8	6	10	12	14	18	22	25	30
Q											8	8	10	12	14	15	18	20	22
R											3	3	3	3	4	4	4	5	5
S	3	3	4	4	5	5	6	6	7	7	8	8	9	9	9	10	10	11	11
T	5	5	6	6	7	7	8	8	9	9	10	10	11	11	12	13	13	14	15
U	10	11	12	12	13	13	14	14	15	15	16	16	17	17	18	19	20	21	21
V	14	15	16	17	18	19	20	22	24	26	26	30	32	34	36	40	44	48	52
X	16	18	20	21	22	24	26	28	30	32	34	36	38	40	42	46	50	54	58
Y	5	6	7	9	10	11	12	14	15	16	17	18	20	21	22	24	26	26	30
Z	5	6	7	7	8	8	8	9	9	9	10	10	10	11	11	12	12	13	14
I	5	8	11	13	16	18	21	24	26	23	32	34	37	39	42	47	54	59	64
G	11	15	16	18	20	22	24	25	26	26	27	28	28	29	30	31	32	33	34
S	4	4	5	5	6	6	7	7	8	8	9	9	10	10	10	11	11	12	12
T	2	7	8	8	9	10	11	12	13	13	14	14	15	15	16	17	18	19	20

Ces lettres ne se rapportent qu'aux clefs creuses qui sont employées à partir de 60 m/m (rows N, O, P, Q, R).

Le cône pour les clefs est de 12 m/m par décimètre, soit 6 m/m de pente
La bride est conforme à celles des tuyaux en cuivre pour le diamètre et le nombre de trous

Robinets à presse-étoupe

(Les dimensions non indiquées sont les mêmes que pour les Robinets à deux brides)

a	10	15	20	25	30	35	40	45	50	55	60	65	70	75	80	90	100	110	120
A	14	16	18	20	22	24	28	28	32	32	36	36	40	40	44	48	48	54	54
B	20	22	25	26	31	34	40	40	46	45	50	50	50	56	62	68	68	76	76
C	54	62	70	78	86	96	105	114	123	130	137	144	155	168	175	190	205	220	235
D	30	34	38	42	46	52	58	64	70	76	75	75	88	89	93	101	101	114	114
E	22	25	27	31	34	37	44	44	49	49	54	54	61	61	62	73	73	82	82
F	46	52	58	64	70	80	92	92	104	104	115	115	132	138	150	164	177	189	189
G	30	36	39	44	49	56	64	64	74	74	82	90	98	106	114	127	137	147	147
H	38	46	50	54	60	68	77	80	88	90	96	103	111	121	132	148	160	171	171
I	29	33	38	43	46	53	63	63	72	72	80	85	94	103	111	124	135	142	144
J	110	120	130	145	160	175	190	205	220	235	250	265	280	295	310	325	340	360	360
K	22	25	28	32	36	40	48	48	53	52	59	62	66	77	83	92	100	108	106
L	24	28	30	34	39	43	51	51	58	58	63	66	71	82	86	92	106	114	114
M	60	70	80	90	102	114	126	138	150	164	178	192	206	220	234	256	278	300	300
N	48	56	64	72	80	88	92	96	100	104	108	112	116	120	124	128	134	140	140
O	24	26	28	30	32	34	32	32	39	39	42	42	46	45	46	51	51	56	56
P	4	4	5	5	6	6	7	7	8	8	9	9	10	10	11	11	12	12	13
Q	3	3	4	4	5	5	6	6	7	7	8	8	9	9	10	10	11	11	12
R	7	8	9	10	11	12	14	15	15	16	16	17	17	18	18	20	22	24	26
S	3	4	5	6	6	7	8	8	9	9	9	10	10	10	11	11	11	12	12
T	21	24	27	30	34	37	40	40	43	43	46	46	48	48	50	50	54	54	55
U	3	3	4	4	5	5	6	6	6	7	7	7	8	8	8	9	9	10	11
V	11	13	15	17	19	20	26	26	27	27	28	28	29	30	31	32	33	34	35
X	25	30	35	40	45	48	50	52	55	58	60	62	65	68	70	75	80	83	85
Y	12	14	16	16	18	20	22	22	24	24	25	25	26	26	27	27	28	28	30
Z	5	5	6	6	7	7	8	8	9	9	10	11	12	13	14	15	16	17	18
	2	2	3	3	4	4	4	4	5	5	6	6	6	7	7	7	8	8	8

De l'École Centrale et de la Société des Écoles d'Arts & Métiers

Dejey & Cie, 18, Rue de la Paix, Paris

Robinets à deux brides à pression et clefs à douille.

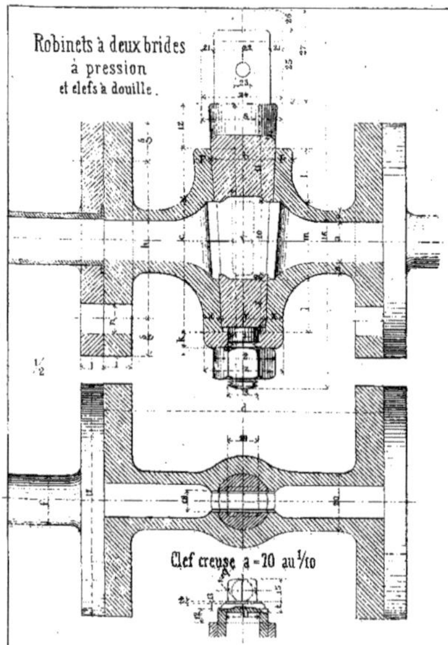
1/2
Clef creuse a = 20 au 1/10

Suite

Nos	s	t	u	v	x	y	z	1	2	3	4	5	7	8	9	10	11
1	27	Clefs pleines		8	7	11	31	13	24	12	18	6	85	18	2	22	35
2	31			11	8	19	35	14	24	12	18	7	94	19	2	32	37
3	35			13	8	22	38	15	26	13	22	9	104	20	2	33	39
4	40,5			16	9	26	44	17	30	15	24	10	122	21	3	49	44
5	46			18	11	29	51	20	36	18	28	11	133	23	3	59	48
6	52			21	11	34	56	22	40	20	31	12	147	25	3	67	52
7	58			23	12	39	63	25	44	22	34	13	156	26	3	75	55
8	65			26	13	44	70	27	50	25	38	15	172	28	4	82	58
9	72			29	13	49	70	30	55	28	40	16	186	31	4	90	61
10	80			32	14	56	84	32	60	30	41	17	201	34	4	98	65
11	88,5			34	14	62	90	32	60	30	41	18	215	36	4	106	69
12	97,5	20	64	37	15	69	99	34	64	32	43	20	229	39	5	113	73
13	106,5	23	73	39	15	77	107	34	64	32	45	21	244	42	5	121	76
14	114,5	24	79	42	16	83	115	38	70	35	48	22	259	45	5	129	80
15	120	26	85	45	16	88	120	38	70	35	50	23	267	47	5	135	80
16	127,5	26	90	47	17	93	122	40	76	38	51	24	282	48	5	145	84
17	138	26	98	50	17	97	131	40	76	38	52	25	292	49	5	152	86
18	138	28	98	54	18	101	137	42	80	40	54	26	304	50	6	160	88
19	148	28	106	59	19	108	146	48	90	45	60	28	327	53	6	176	92
20	158	30	114	64	20	115	155	54	100	50	66	30	350	56	6	192	96
21	167	32	121	70	21	123	165	60	110	55	74	32	373	59	6	208	100
22	177	33	129	75	22	132	176	66	120	60	78	34	396	62	6	224	104
23	187	36	137	80	23	132	186	72	130	65	85	36	418	66	6	236	110

Robinets à deux brides

Nos	a*	b	c	d	e	f	g	h	i	j	k	l	m	n	o	p	q	r
1	15	25	70	110	2	20	15	60	11	9	6	20	30	12	4	7	16	.
2	20	29	80	120	2	25	15	60	11	10	7	21	38	12	5	8	18	.
3	25	33	90	130	2	30	18	79	12	10	8	24	42	12	5	8	20	.
4	30	38	102	140	3	35	18	79	12	11	10	26	50	15	6	9	22	.
5	35	43	114	155	3	40	19	92	13	11	11	28	62	15	6	11	24	.
6	40	50	126	170	3	45	19	92	13	11	12	28	70	15	7	11	28	.
7	45	55	138	185	3	50	19	102	14	10	14	30	78	15	7	12	30	.
8	50	62	150	200	4	55	19	102	14	12	15	32	86	15	8	13	32	.
9	55	69	164	215	4	60	19	117	15	12	16	33	94	15	8	13	32	.
10	60	77	178	230	4	65	19	117	15	12	17	38	102	15	9	14	34	63
11	65	85	192	245	4	70	23	129	15	12	18	41	110	18	9	14	36	63
12	70	94	206	260	5	75	23	129	16	13	20	44	118	18	10	15	48	70
13	75	105	220	275	5	80	25	146	17	13	21	47	126	18	10	15	40	70
14	80	111	234	290	5	85	25	146	17	14	22	50	134	18	10	16	44	78
15	85	117	242	305	5	90	25	155	17	14	23	50	142	18	10	16	46	80
16	90	124	256	320	5	95	25	155	18	14	24	53	150	18	11	17	48	85
17	95	134	266	330	5	100	25	170	18	14	25	54	158	18	11	17	48	85
18	100	144	278	340	6	105	25	170	19	15	26	56	166	18	11	18	48	85
19	110	154	300	360	6	115	25	180	19	15	28	59	182	18	12	19	54	105
20	120	165	322	380	6	125	25	190	20	15	30	62	198	18	12	20	54	105
21	130	173	344	390	6	135	25	200	21	16	32	65	214	18	13	21	62	110
22	140	178	366	405	6	145	25	215	22	16	34	68	230	18	13	22	62	110
23	150	183	386	420	6	155	25	220	23	17	36	72	242	18	[illegible]	[illegible]	70	120

Suite

Nos	12	13	14	15	16	17	18	19	20	21	22	23	24	25	26	27	Nombre de trous
1	15	.	.	24	133	90	8	13	23	5	22	6	32	28	8	36	3
2	16	.	.	28	142	90	11	14	30	5	25	7	35	33	9	42	3
3	16	.	.	29	164	115	14	15	35	5	28	8	38	36	9	46	3
4	20	.	.	30	183	115	16	17	42	6	31	9	43	41	9	50	3
5	22	.	.	34	206	130	18	20	42	6	34	9	46	45	10	55	4
6	24	.	.	36	226	130	21	22	54	7	40	10	54	50	10	60	4
7	24	.	.	38	241	140	24	25	59	7	43	10	56	52	10	62	4
8	26	.	.	40	265	140	26	27	66	7,5	49	11	58	55	11	66	4
9	26	.	.	40	282	155	29	30	71	7,5	43	11	58	55	11	66	4
10	27	8	3	40	310	155	32	32	78	8	50	12	66	62	12	74	4
11	27	8	3	42	326	175	34	32	83	8	50	12	66	62	12	74	4
12	28	10	3	43	351	175	37	34	90	9	54	13	72	66	14	80	4
13	29	12	3	43	358	195	39	34	95	9	54	13	72	66	14	80	4
14	30	14	4	44	396	195	42	38	100	9	56	13	74	71	15	86	4
15	30	15	4	46	405	200	45	38	105	9	58	14	76	71	15	86	4
16	31	16	4	50	428	205	47	40	112	10	60	15	80	75	15	90	4
17	31	17	4	50	440	210	50	40	117	10	60	15	80	75	15	90	5
18	32	18	4	52	457	220	54	42	122	10	60	15	80	75	15	90	5
19	33	20	5	56	496	230	59	48	134	11	68	16	90	84	16	100	5
20	34	22	6	56	530	240	64	54	144	11	68	16	90	84	16	100	6
21	35	24	6	66	575	250	70	60	156	12	76	17	100	93	17	110	6
22	36	24	7	66	605	265	75	66	166	12	76	17	100	93	17	110	7
23	38	24	8	74	645	270	80	72	178	13	84	18	100	102	18	120	7

Imp. de l'École Centrale et de la Société des Écoles d'Arts & Métiers

Dejey & Cie, 18, Rue de la Perle, Paris

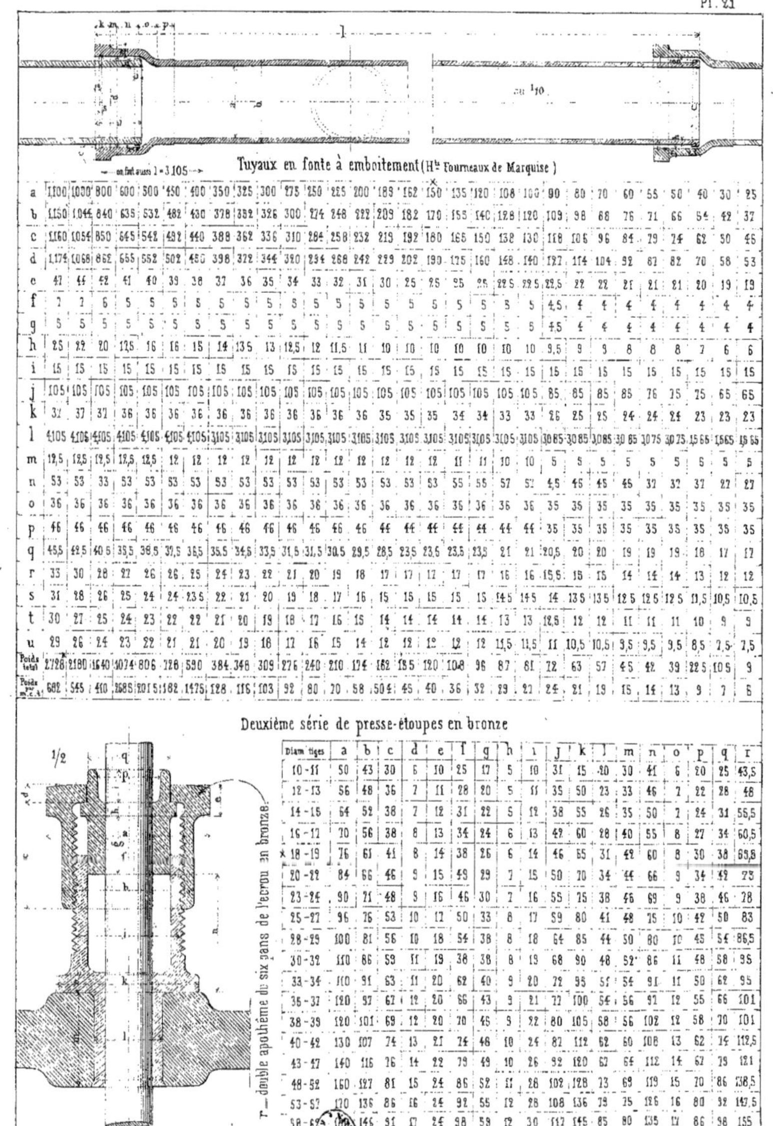

Tuyaux en fonte à emboitement (H^ts Fourneaux de Marquise)

a	1100	1030	800	600	500	450	400	350	325	300	275	250	225	200	189	162	150	135	120	108	100	90	80	70	60	55	50	40	30	25
b	1150	1045	840	635	532	482	430	378	352	326	300	274	248	222	209	182	170	155	140	128	120	109	98	88	76	71	66	54	42	37
c	1160	1054	850	645	542	492	440	388	362	336	310	284	258	232	219	192	180	165	150	132	130	118	106	96	84	79	74	62	50	45
d	1174	1068	862	655	552	502	450	398	372	344	320	294	268	242	229	202	190	175	160	148	140	127	114	104	92	82	82	70	58	53
e	47	44	42	41	40	39	38	37	36	35	34	33	32	31	30	25	25	25	25	22,5	22,5	22,5	22	22	21	21	21	20	19	19
f	7	7	6	5	5	5	5	5	5	5	5	5	5	5	5	5	5	5	5	5	5	5	5	4,5	4	4	4	4	4	4
g	5	5	5	5	5	5	5	5	5	5	5	5	5	5	5	5	5	5	5	5	5	5	4,5	4	4	4	4	4	4	4
h	25	22	20	17,5	16	16	15	14	13,5	13	12,5	12	11,5	11	10	10	10	10	10	10	10	9,5	9	9	8	8	8	7	6	6
i	15	15	15	15	15	15	15	15	15	15	15	15	15	15	15	15	15	15	15	15	15	15	15	15	15	15	15	15	15	15
j	105	105	105	105	105	105	105	105	105	105	105	105	105	105	105	105	105	105	105	105	105	85	85	85	85	76	75	75	65	65
k	37	37	37	36	36	36	36	36	36	36	36	36	36	36	35	35	35	34	34	33	33	26	25	25	24	24	24	23	23	23
l	1105	1105	1105	1105	1105	1105	1105	1105	1105	1105	1105	1105	1105	1105	1105	1105	1105	1105	1105	1105	1085	1085	1085	1065	1075	1075	1566	1565	1565	1555
m	12,5	12,5	12,5	12,5	12,5	12	12	12	12	12	12	12	12	12	12	12	12	11	11	10	10	5	5	5	5	5	5	5	5	5
n	53	53	33	53	53	53	53	53	53	53	53	53	53	53	53	53	53	55	55	57	57	45	45	45	45	37	37	37	27	27
o	36	36	36	36	36	36	36	36	36	36	36	36	36	36	36	36	36	36	36	36	36	35	35	35	35	35	35	35	35	35
p	46	46	46	46	46	46	46	46	46	46	46	46	44	44	44	44	44	44	44	44	44	35	35	35	35	35	35	35	35	35
q	45,5	42,5	40,5	35,5	38,5	37,5	36,5	35,5	34,5	33,5	31,5	31,5	30,5	29,5	28,5	23,5	23,5	23,5	23,5	21	21	20,5	20	20	19	19	19	18	17	17
r	33	30	28	27	26	26	25	24	23	22	21	20	19	18	17	17	17	17	17	16	16	15,5	15	15	14	14	14	13	12	12
s	31	28	26	25	24	24	23,5	22	21	20	19	18	17	16	15	15	15	15	15	14,5	14,5	14	13,5	13,5	12,5	12,5	12,5	11,5	10,5	10,5
t	30	27	25	24	23	22	22	21	20	19	18	17	16	15	14	14	14	14	14	13	13	12,5	12	12	11	11	11	10	9	9
u	29	26	24	23	22	21	21	20	19	18	17	16	15	14	12	12	12	12	12	11,5	11,5	11	10,5	10,5	9,5	9,5	9,5	8,5	7,5	7,5
Poids total	2726	2180	1640	1074	806	726	590	384	348	309	276	240	210	174	162	135	120	108	96	87	61	72	63	57	45	42	39	22,5	10,5	9
Poids par m.c.	682	545	410	268	201,5	182	147,5	128	116	103	92	80	70	58	50,4	45	40	36	32	29	22	24	21	19	15	14	13	9	7	5

Deuxième série de presse-étoupes en bronze

Diam tiges	a	b	c	d	e	f	g	h	i	j	k	l	m	n	o	p	q	r
10 - 11	50	43	30	6	10	25	17	5	10	31	15	20	30	41	6	20	25	43,5
12 - 13	56	48	36	7	11	28	20	5	11	35	50	23	33	46	7	22	28	48
14 - 15	64	52	38	7	12	31	22	5	12	38	55	26	35	50	7	24	31	55,5
16 - 17	70	56	38	8	13	34	24	6	13	42	60	28	40	55	8	27	34	60,5
18 - 19	76	61	41	8	14	38	26	6	14	46	65	31	42	60	8	30	38	63,8
20 - 22	84	66	46	9	15	49	29	7	15	50	70	34	44	66	9	34	42	73
23 - 24	90	71	48	9	16	46	30	7	16	55	75	38	46	69	9	38	46	78
25 - 27	96	76	53	10	17	50	33	8	17	59	80	41	48	75	10	42	50	83
28 - 29	100	81	56	10	18	54	38	8	18	64	85	44	50	80	10	45	54	86,5
30 - 32	110	86	59	11	19	58	38	8	19	68	90	48	52	86	11	48	58	95
33 - 34	110	91	63	11	20	62	40	9	20	72	95	51	54	91	11	50	62	95
35 - 37	120	97	67	12	20	66	43	9	21	72	100	54	56	92	12	55	66	101
38 - 39	120	101	69	12	20	70	45	9	22	80	105	58	56	102	12	58	70	101
40 - 42	130	107	74	13	21	74	48	10	24	82	112	62	60	108	13	62	74	112,5
43 - 47	140	116	76	14	22	79	49	10	26	92	120	62	64	112	14	67	79	121
48 - 52	160	127	81	15	24	86	52	11	28	102	128	73	69	119	15	70	86	138,5
53 - 57	170	136	86	16	24	92	55	12	28	108	136	73	75	126	16	80	92	147,5
58 - 62	180	146	91	17	24	98	59	12	30	117	145	85	80	135	17	86	98	155

Imp. de l'École Impériale et de la Société des Écoles d'Arb à Méhara

Dejey & Cie, 18, Rue de la Perle, Paris

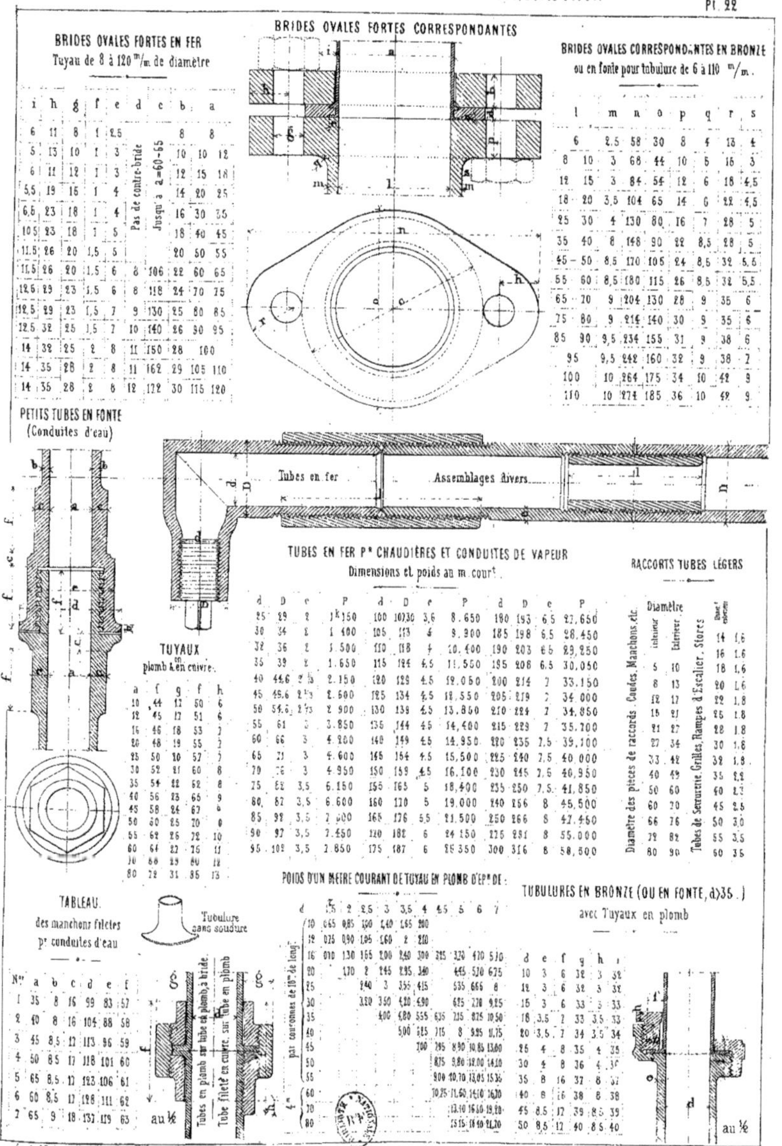

BRIDES OVALES FORTES EN FER
Tuyau de 8 à 120 m/m de diamètre
BRIDES OVALES FORTES CORRESPONDANTES
BRIDES OVALES CORRESPONDANTES EN BRONZE
ou en fonte pour tubulure de 6 à 110 m/m.
PETITS TUBES EN FONTE
(Conduites d'eau)
Tubes en fer
Assemblages divers
TUYAUX
en plomb & en cuivre
TUBES EN FER Pr CHAUDIÈRES ET CONDUITES DE VAPEUR
Dimensions et poids au m. court.
RACCORTS TUBES LÉGERS
Diamètre intérieur
Diamètre extérieur
Diamètre des pièces de raccords. Coudes. Manchons, etc.
Tubes de Serrurerie. Grilles, Rampes d'Escalier. Stores
TABLEAU
des manchons filetés
pr conduites d'eau
Tubulure sans soudure
POIDS D'UN MÈTRE COURANT DE TUYAU EN PLOMB D'ÉPr DE:
par couronnes de 10m de long
TUBULURES EN BRONZE (OU EN FONTE, à) 35.)
avec Tuyaux en plomb
Tube en plomb sur tube en plomb, à bride
Tube fileté en cuivre, sur Tube en plomb
au ½
au ½

Autre série de clavetage des douilles en fer.

N: Le cône des douilles, agissant par traction et compression, est de 1m/m 4 par décim.re. Les douilles agissant par traction seulement sont cylindriques.

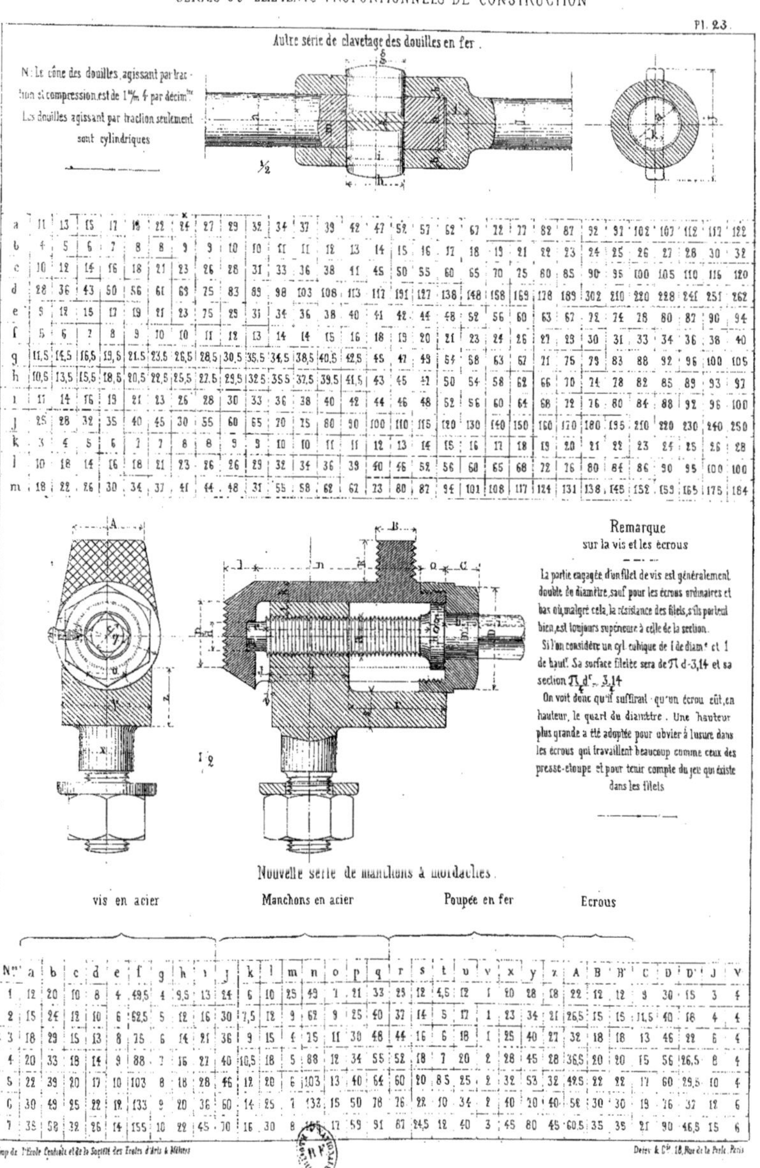

½

a	11	13	15	17	19	22	24	27	29	32	34	37	39	42	47	52	57	62	67	72	77	82	87	92	97	102	107	112	117	122
b	4	5	6	7	8	8	9	9	10	10	11	11	12	13	14	15	16	17	18	19	21	22	23	24	25	26	27	28	30	32
c	10	12	14	16	18	21	23	26	28	31	33	36	38	41	45	50	55	60	65	70	75	80	85	90	95	100	105	110	115	120
d	28	36	43	50	56	61	69	75	83	89	98	103	108	113	117	121	127	138	148	158	169	178	189	202	210	220	228	241	251	262
e	9	12	15	17	19	21	23	25	29	31	34	36	38	40	41	42	44	48	52	56	60	63	67	72	74	78	80	82	90	94
f	5	6	7	8	9	10	10	11	12	13	14	14	15	16	18	19	20	21	23	24	26	27	29	30	31	33	34	36	38	40
g	11,5	14,5	16,5	19,5	21,5	23,5	26,5	28,5	30,5	32,5	34,5	36,5	38,5	40,5	42,5	45	49	54	58	63	67	71	75	79	83	88	92	96	100	105
h	10,5	13,5	15,5	18,5	20,5	22,5	25,5	27,5	29,5	32,5	35,5	37,5	39,5	41,5	43	45	47	50	54	58	62	66	70	74	78	82	85	89	93	97
i	11	14	16	19	21	23	26	28	30	33	36	38	40	42	44	46	48	52	56	60	64	68	72	76	80	84	88	92	96	100
j	25	28	32	35	40	45	50	55	60	65	70	75	80	90	100	110	115	120	130	140	150	160	170	180	195	210	220	230	240	250
k	3	4	5	6	7	7	8	8	9	9	10	10	11	11	12	13	14	15	16	17	18	19	20	21	22	23	24	25	26	28
l	10	12	14	16	18	21	23	26	26	29	32	34	36	39	40	46	52	56	60	65	68	72	76	80	84	86	90	95	100	100
m	18	22	26	30	34	37	41	44	48	51	55	58	62	66	73	80	87	94	101	108	117	124	131	138	145	152	159	165	175	184

Remarque
sur la vis et les écrous

La partie engagée d'un filet de vis est généralement double de diamètre, sauf pour les écrous ordinaires et bas où, malgré cela, la résistance des filets, s'ils portent bien, est toujours supérieure à celle de la section.

Si l'on considère un cyl. cubique de 1 de diam.e et 1 de haut. Sa surface filetée sera de $\pi d = 3,14$ et sa section $\pi d^2 = 3,14$

On voit donc qu'il suffirait qu'un écrou eût, en hauteur, le quart du diamètre. Une hauteur plus grande a été adoptée pour obvier à l'usure dans les écrous qui travaillent beaucoup comme ceux des presse-étoupe et pour tenir compte du jeu qui existe dans les filets.

Nouvelle série de manchons à mordaches.

vis en acier   Manchons en acier   Poupée en fer   Écrous

1/2

N°	a	b	c	d	e	f	g	h	i	j	k	l	m	n	o	p	q	r	s	t	u	v	x	y	z	A	B	B'	C	D	D'	J	V
1	12	20	10	8	4	49,5	4	9,5	13	24	6	10	25	49	1	21	33	25	12	4,5	12	1	20	28	18	22	12	12	9	30	15	3	4
2	15	24	12	10	6	62,5	5	12	16	30	7,5	12	9	62	9	25	40	32	14	5	17	1	23	34	21	26,5	15	15	11,5	40	18	4	4
3	18	29	15	13	8	75	6	14	21	36	9	15	4	75	11	30	48	44	16	6	18	1	25	40	27	32	18	18	13	46	22	6	4
4	20	33	18	14	9	88	7	16	27	40	10,5	18	5	88	12	34	55	52	18	7	20	2	28	45	28	36,5	20	20	15	56	26,5	8	4
5	22	39	20	17	10	103	8	18	28	46	12	20	6	103	13	40	64	60	20	8,5	25	2	32	53	32	42,5	22	22	17	60	29,5	10	4
6	30	49	25	22	19	133	9	20	36	60	14	25	7	133	15	50	78	76	22	10	34	2	40	70	40	52	30	30	19	76	32	12	6
7	38	58	32	26	14	155	10	22	45	70	16	30	8	155	17	59	91	87	24,5	12	40	3	45	80	45	60,5	35	35	21	90	46,5	15	6

Imp. de l'École Centrale et de la Société des Écoles d'Arts & Métiers   Datez & C.ie 18, Rue de la Perle. Paris.

Griffes à Pompes

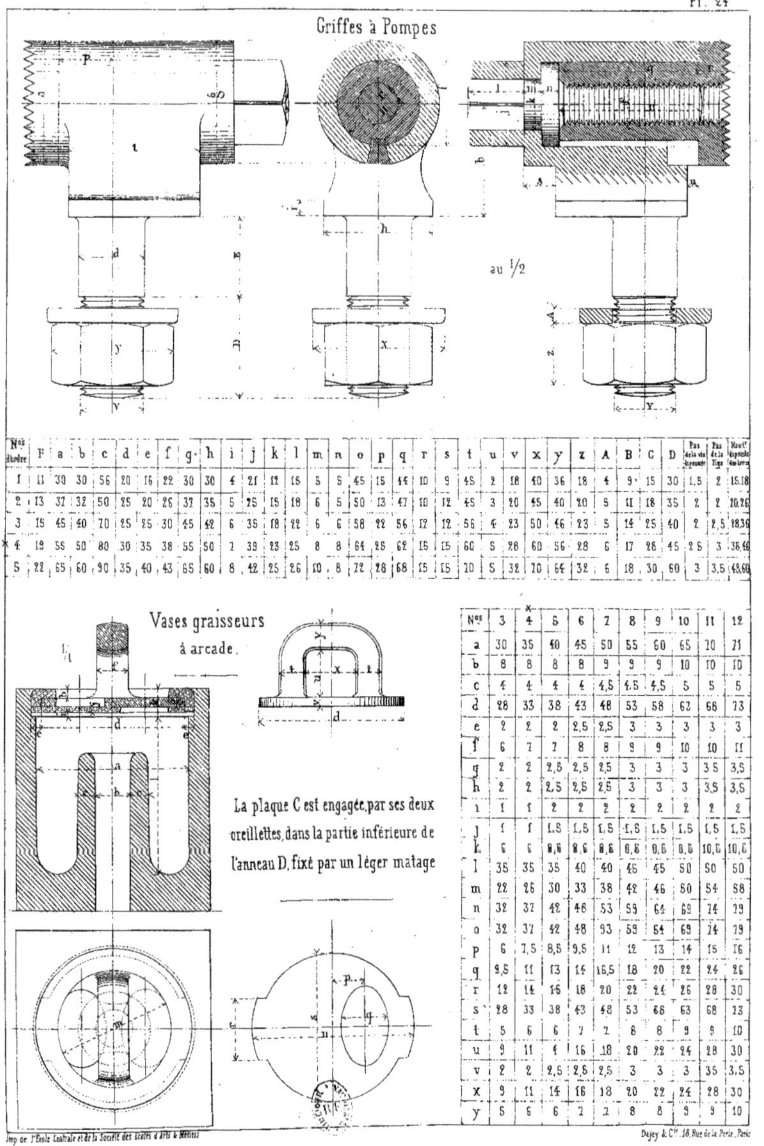

Nos d'ordre	F	a	b	c	d	e	f	g	h	i	j	k	l	m	n	o	p	q	r	s	t	u	v	x	y	z	A	B	C	D	Pas de la vis déposante	Pas de la Tige	Haut. capsule des brev
1	11	30	30	56	20	16	22	30	30	4	21	12	15	5	5	45	15	44	10	9	45	2	18	40	36	18	4	9	15	30	1,5	2	15.18
2	13	37	32	50	25	20	26	37	35	5	25	15	18	6	5	50	13	47	10	12	45	3	20	45	40	20	5	11	18	35	2	2	20.26
3	15	45	40	70	25	25	30	45	42	6	35	18	22	6	6	58	22	56	12	12	56	4	23	50	46	23	5	14	25	40	2	2,5	28.36
4	19	55	50	80	30	35	38	55	50	7	39	23	25	8	8	64	25	62	15	15	60	5	28	60	56	28	6	17	28	45	2,5	3	38.46
5	22	65	60	90	35	40	43	65	60	8	42	25	26	10	8	72	28	68	15	15	20	5	32	70	64	32	6	18	30	60	3	3,5	48.60

Vases graisseurs
à arcade.

La plaque C est engagée, par ses deux oreillettes, dans la partie inférieure de l'anneau D, fixé par un léger matage

Nos	3	4	5	6	7	8	9	10	11	12
a	30	35	40	45	50	55	60	65	70	71
b	8	8	8	9	9	9	9	10	10	10
c	4	4	4	4	4,5	4,5	4,5	5	5	5
d	28	33	38	43	48	53	58	63	68	73
e	2	2	2	2,5	2,5	3	3	3	3	3
f	6	7	7	8	8	9	9	10	10	11
g	2	2	2,5	2,5	2,5	3	3	3	3,5	3,5
h	2	2	2,5	2,5	2,5	3	3	3	3,5	3,5
i	1	1	2	2	2	2	2	2	2	2
j	1	1	1,5	1,5	1,5	1,5	1,5	1,5	1,5	1,5
k	6	6	8,6	8,6	8,6	8,6	9,6	9,6	10,6	10,6
l	35	35	35	40	40	45	45	50	50	50
m	22	26	30	33	38	42	46	50	54	58
n	32	37	42	48	53	59	64	69	74	79
o	32	37	42	48	53	59	64	69	74	79
p	6	7,5	8,5	9,5	11	12	13	14	15	16
q	9,5	11	13	14	16,5	18	20	22	24	26
r	12	14	16	18	20	22	24	26	28	30
s	28	33	38	43	48	53	58	63	68	73
t	5	6	6	7	7	8	8	9	9	10
u	9	11	14	16	18	20	22	24	28	30
v	2	2	2,5	2,5	2,5	3	3	3	3,5	3,5
x	9	11	14	16	18	20	22	24	28	30
y	5	6	6	7	7	8	8	9	9	10

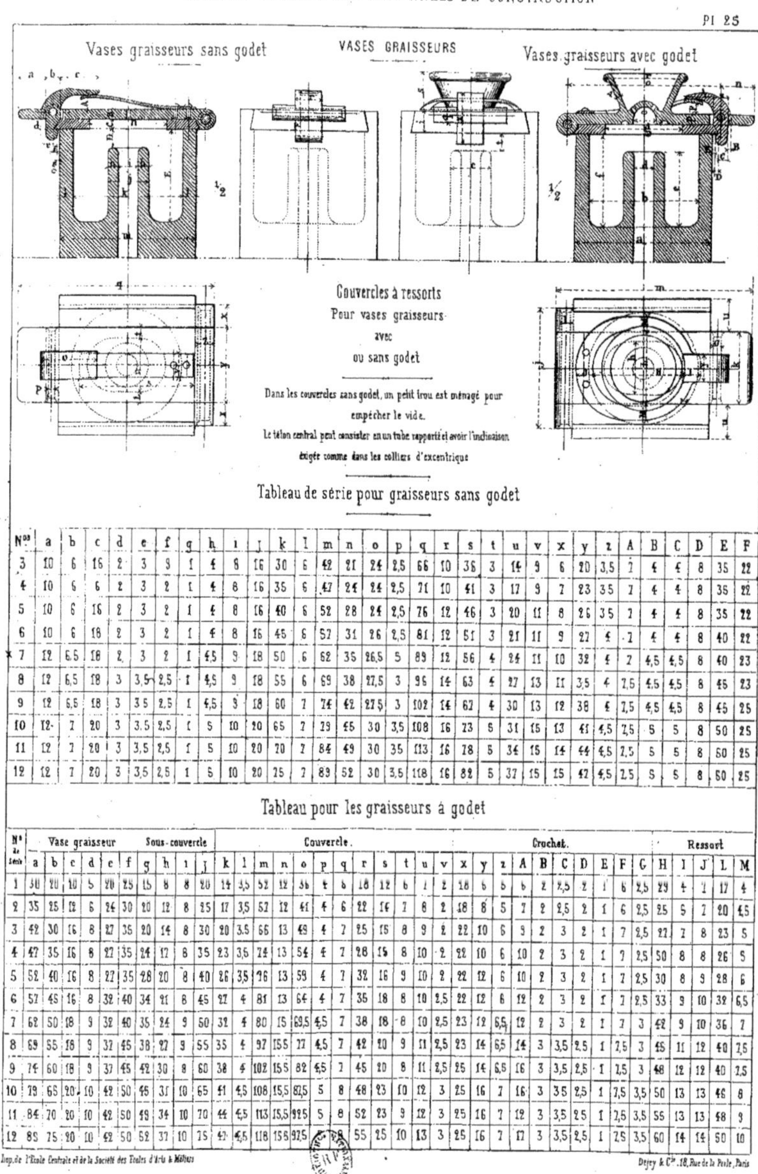

Tableau de série pour graisseurs sans godet

N°s	a	b	c	d	e	f	g	h	i	J	k	l	m	n	o	p	q	r	s	t	u	v	x	y	z	A	B	C	D	E	F
3	10	6	16	2	3	3	1	4	8	16	30	6	42	21	24	2,5	66	10	36	3	14	9	6	20	3,5	7	4	4	8	35	22
4	10	6	6	2	3	2	1	4	8	16	35	6	47	24	24	2,5	71	10	41	3	17	9	7	23	3,5	7	4	4	8	35	22
5	10	6	16	2	3	2	1	4	8	16	40	6	52	28	24	2,5	76	12	46	3	20	11	8	26	3,5	7	4	4	8	35	22
6	10	6	18	2	3	2	1	4	8	16	45	6	57	31	26	2,5	81	12	51	3	21	11	9	27	4	7	4	4	8	40	22
7	12	6,5	18	2	3	2	1	4,5	9	18	50	6	62	35	26,5	5	89	12	56	4	24	11	10	32	4	2	4,5	4,5	8	40	23
8	12	6,5	18	3	3,5	2,5	1	4,5	9	18	55	6	69	38	27,5	3	96	14	63	4	27	13	11	35	4	7,5	4,5	4,5	8	45	23
9	12	6,5	18	3	3,5	2,5	1	4,5	9	18	60	7	74	42	27,5	3	102	14	62	4	30	13	12	38	4	7,5	4,5	4,5	8	45	25
10	12	7	20	3	3,5	2,5	1	5	10	20	65	7	79	45	30	3,5	108	16	73	5	31	15	13	41	4,5	2,5	5	5	8	50	25
11	12	7	20	3	3,5	2,5	1	5	10	20	70	7	84	49	30	3,5	113	16	78	5	34	15	14	44	4,5	2,5	5	5	8	50	25
12	12	7	20	3	3,5	2,5	1	5	10	20	75	7	89	52	30	3,5	118	16	82	5	37	15	15	47	4,5	2,5	5	5	8	50	25

Tableau pour les graisseurs à godet

N° de série	Vase graisseur						Sous-couvercle				Couvercle															Crochet								Ressort			
	a	b	c	d	e	f	g	h	i	J	k	l	m	n	o	p	q	r	s	t	u	v	x	y	z	A	B	C	D	E	F	G	H	I	J	L	M
1	50	20	10	5	20	25	15	8	8	20	14	4,5	52	12	36	4	5	18	12	5	1	2	18	5	5	5	2	2,5	2	1	6	2,5	29	4	1	17	4
2	35	25	12	6	24	30	20	12	8	25	17	3,5	52	12	41	4	6	22	16	7	8	2	18	8	5	7	2	2,5	2	1	6	2,5	25	5	7	20	4,5
3	42	30	16	8	27	35	20	14	8	30	20	3,5	66	13	49	4	7	25	15	8	9	2	22	10	6	9	2	3	2	1	7	2,5	27	7	8	23	5
4	47	35	16	8	27	35	24	17	8	35	23	3,5	74	13	54	4	7	28	15	8	10	2	22	10	6	10	2	3	2	1	7	2,5	50	8	8	26	5
5	52	40	16	8	27	35	28	20	8	40	26	3,5	76	13	59	4	7	32	16	9	10	2	22	12	6	10	2	3	2	1	7	2,5	30	8	9	28	6
6	57	45	16	8	32	40	34	21	8	45	27	4	81	13	64	4	7	35	18	8	10	2,5	22	12	6	12	2	3	2	1	7	2,5	33	9	10	32	6,5
7	62	50	18	9	32	40	35	24	9	50	32	4	80	15	69,5	4,5	7	38	18	8	10	2,5	23	12	6,5	12	2	3	2	1	7	3	42	9	10	36	7
8	69	55	18	9	32	45	38	22	9	55	35	4	97	15,5	77	4,5	7	42	20	9	11	2,5	23	14	6,5	14	3	3,5	2,5	1	7,5	3	45	11	12	40	7,5
9	74	60	18	9	37	45	42	30	8	60	38	4	102	15,5	82	4,5	7	45	20	8	11	2,5	25	14	6,5	16	3	3,5	2,5	1	7,5	3	48	12	12	40	7,5
10	79	65	20	10	42	50	45	31	10	65	41	4,5	108	15,5	87,5	5	8	48	23	10	12	3	25	16	7	16	3	3,5	2,5	1	7,5	3,5	50	13	13	46	8
11	84	70	20	10	42	50	49	34	10	70	44	4,5	113	15,5	92,5	5	8	52	23	9	12	3	25	16	7	12	3	3,5	2,5	1	7,5	3,5	55	13	13	48	9
12	89	75	20	10	42	50	52	37	10	75	47	4,5	118	15,6	97,5	5	8	55	25	10	13	3	25	16	7	17	3	3,5	2,5	1	7,5	3,5	60	14	14	50	10

Imp. de l'École Centrale et de la Société des Écoles d'Arts & Métiers

Dejey & Cie, 18, Rue de la Perle, Paris

Vases graisseurs sphériques

N°s	1	×2	3	4	5	6
a	10	12	14	16	18	20
b	10	11	12	13	15	17
c	5	6	7	8	9	10
d	15	18	20	23	26	28
e	30	36	40	46	50	56
f	15	18	20	23	25	28
g	12	14	16	18	20	22
h	15	19	23	26	30	34
i	19	23	27	31	35	39
j	8	8	9	10	10	11
k	22	32	42	53	65	80
l	8	9	10	11	12	13
m	34	40	46	52	60	68
n	10	13	15	17	19	21

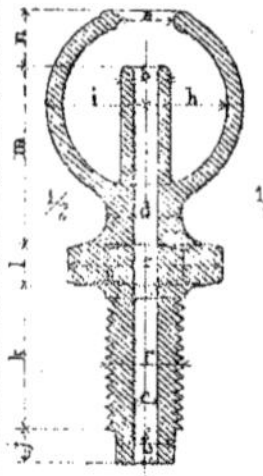

Vases graisseurs pour paliers

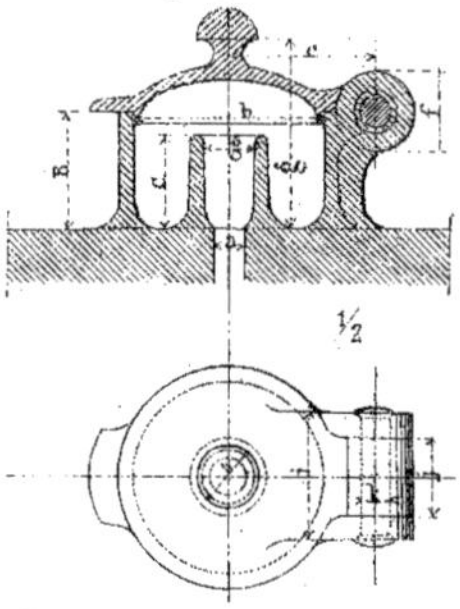

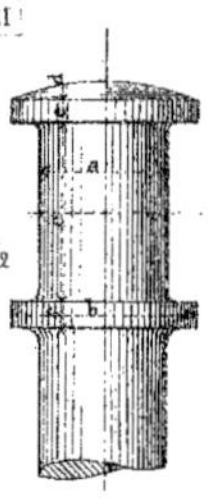

Embases pour transmissions

a	b	c	d	e	f
×30	42	40	3	5	6
35	48	46	3	6	7
40	54	52	4	6	8
45	60	58	4	7	9
50	66	64	4	8	10
55	72	70	4	9	11
60	78	76	5	9	12
65	84	82	5	10	13
70	90	84	5	11	14
75	96	94	5	12	16
80	102	100	7	12	17
85	108	106	7	14	18
90	114	112	8	14	19
95	120	118	8	15	20
100	126	126	8	16	21
105	132	132	8	18	22
110	138	138	9	18	23
115	144	144	9	19	24
120	151	150	10	20	25
125	156	156	10	21	26
130	160	160	10	22	27

On fait aussi c = 1.25 a , c = 1.10 a et même jusqu'à c = a . Mais il est préférable, pour diminuer l'usure et le travail dû au frottement de faire c = 1.5 a et mieux c = 2 a et plus.

Vases graisseurs pour têtes de bielles

N°s	1	2	3	×4	5	6
a	5	6	7	8	9	10
b	10	12	14	16	17	18
c	17	19	23	27	31	35
d	7	8	9	10	11	12
c	2	2	2,5	2,5	3	3
f	34	40	47	54	63	70
g	2	2,5	2,8	2,5	3	3
h	27	33	39	45	53	61
i	3	3	3	3,5	3,5	4
j	40	50	60	70	80	90
k	15	18	20	23	25	28
l	10	12	15	17	20	22
m	5	5,5	6	6,5	7	8
n	4	4,5	5	5,5	6	6,5
o	2,5	3	3,5	4	5	6
p	7	8	9	9	10	10
q	22	31	42	54	66	80
r	9	10	11	12	13	14
s	12	15	18	21	25	30
t	6	7	8	9	10	11
u	12	14	17	19	23	26

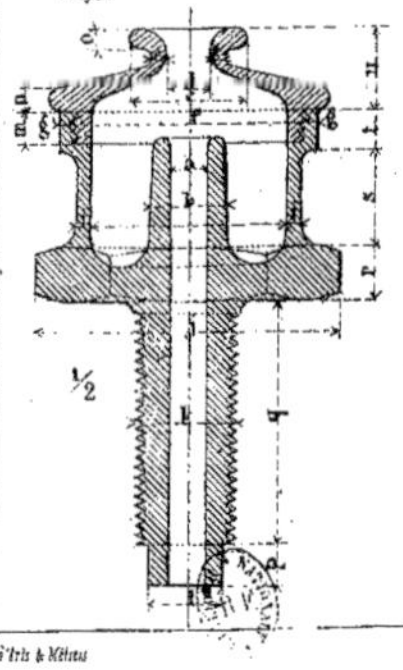

Vases graisseurs pour paliers

Dans ce tableau la lettre a indique l'alesage des coussinets. — Les couvercles des graisseurs N°s 1 2 3 4 5 6 sont en bronze. — Ceux des autres N°s sont en fonte.

N°s	a	B	C	b	c	d	c	f	g	h	i	j	k
1	40	18	14	34	10	6	25	15	33	12	22	14	6
	45	22	18	34	10	6	25	15	33	12	22	14	6
	50	26	22	34	10	6	25	15	33	12	22	14	6
	55	30	26	34	10	6	25	15	33	12	22	14	6
×2	60	26	21	44	12	7	33	18	43	14	28	18	7
	65	30	25	44	12	7	33	18	43	14	28	18	7
	70	34	29	44	12	7	33	18	43	14	28	18	7
	75	38	32	44	12	7	33	18	43	14	28	18	7
3	8	30	25	54	15	9	39	20	52	16	34	22	8
	85	34	29	54	15	9	39	20	52	16	34	22	8
	90	38	33	54	15	9	39	20	52	16	34	22	8
	95	42	37	54	15	9	39	20	52	16	34	22	8
	100	46	41	54	15	9	39	20	52	16	34	22	8
4	105	36	30	64	18	11	46	22	60	17	38	26	9
	110	40	34	64	18	11	46	22	60	17	38	26	9
	115	44	38	64	18	11	46	22	60	17	38	26	9
	120	48	42	64	18	11	46	22	60	17	38	26	9
	125	52	46	64	18	11	46	22	60	17	38	26	9
5	130	42	35	74	20	13	52	24	67	18	44	30	10
	135	46	39	74	20	13	52	24	67	18	44	30	10
	140	50	43	74	20	13	52	24	67	18	44	30	10
	145	54	47	74	20	13	52	24	67	18	44	30	10
	150	58	51	74	20	13	52	24	67	18	44	30	10
6	155	48	40	83	20	14	57	26	73	20	50	34	11
	160	52	44	83	20	14	57	26	73	20	50	34	11
	165	56	48	83	20	14	57	26	73	20	50	34	11
	170	60	52	83	20	14	57	26	73	20	50	34	11
	175	64	56	83	20	14	57	26	73	20	50	34	11
7	180	54	46	90	22	15	62	29	81	22	56	38	12
	185	58	50	90	22	15	62	29	81	22	56	38	12
	190	62	54	90	22	15	62	29	81	22	56	38	12
	195	66	58	90	22	15	62	29	81	22	56	38	12
	200	70	62	90	22	15	62	29	81	22	56	38	12
8	210	62	55	100	24	16	68	30	75	30	68	40	12
	220	70	63	100	24	16	68	30	75	30	68	40	12
	230	78	71	100	24	16	68	30	75	30	68	40	12
	240	86	79	100	24	16	68	30	75	30	68	40	12
	250	94	87	100	24	16	68	30	75	30	68	40	12
9	260	74	66	110	26	17	75	32	86	32	75	42	12
	270	82	74	110	26	17	75	32	86	32	75	42	12
	280	90	82	110	26	17	75	32	86	32	75	[illegible]	12
	290	98	90	110	26	17	75	32	86	32	75	42	12
	300	106	98	110	26	17	75	32	86	32	75	42	12
10	310	88	78	120	28	18	81	34	104	34	77	44	13
	320	98	88	120	28	18	81	34	104	34	77	44	13
	330	108	98	120	28	18	81	34	104	34	77	44	13
	340	118	108	120	28	18	81	34	104	34	77	44	13
	350	128	118	120	28	18	81	34	104	34	77	44	13
11	360	104	93	134	30	20	88	36	123	38	82	46	13
	370	114	103	134	30	18	88	36	123	38	82	46	13
	380	124	113	134	30	18	88	36	123	38	82	46	13
	390	134	123	134	30	18	88	36	123	38	82	46	13
	410	144	133	134	30	18	88	36	123	38	82	46	13

Imp. de l'École Centrale et de la Société des Écoles d'Arts & Métiers

Dejey & Cie 18 Rue de la Perle, Paris.

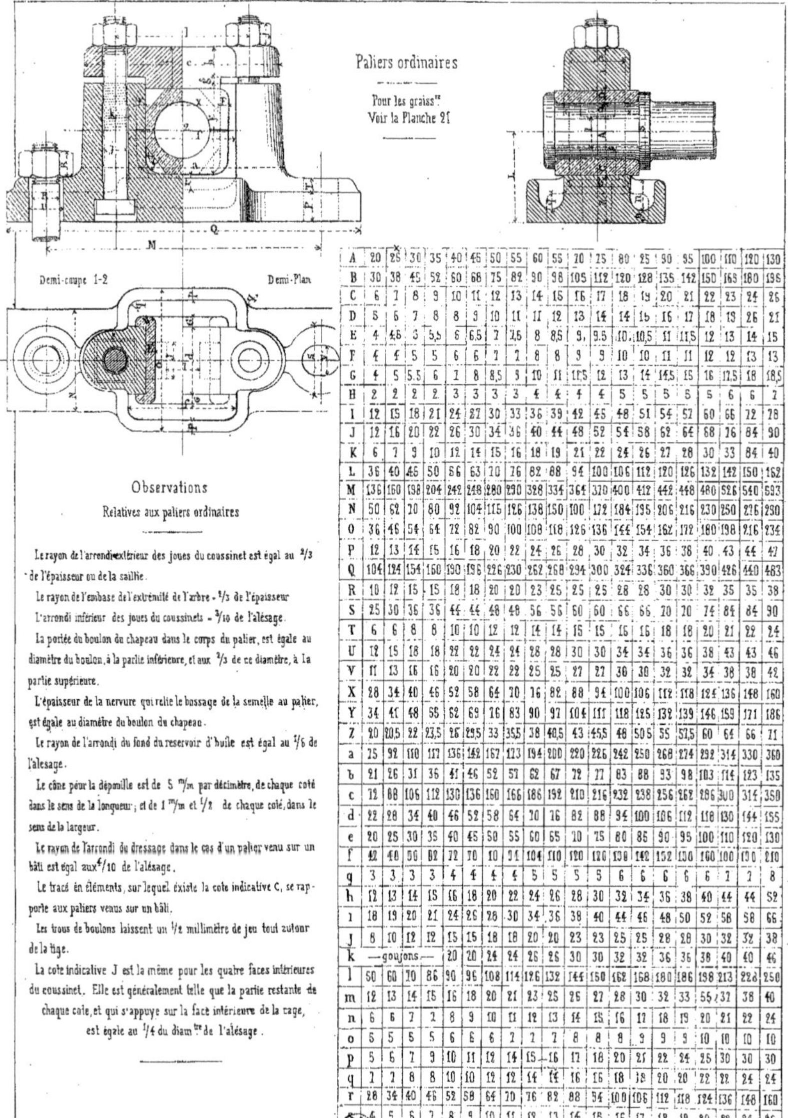

Observations
Relatives aux paliers ordinaires

Le rayon de l'arrondi extérieur des joues du coussinet est égal au $2/3$ de l'épaisseur ou de la saillie.

Le rayon de l'embase de l'extrémité de l'arbre = $1/3$ de l'épaisseur. L'arrondi inférieur des joues du coussinet = $3/10$ de l'alésage.

La portée du boulon de chapeau dans le corps du palier, est égale au diamètre du boulon, à la partie inférieure, et aux $2/3$ de ce diamètre, à la partie supérieure.

L'épaisseur de la nervure qui relie le bossage de la semelle au palier, est égale au diamètre du boulon du chapeau.

Le rayon de l'arrondi du fond du reservoir d'huile est égal au $1/6$ de l'alésage.

Le cône pour la dépouille est de 5 m/m par décimètre, de chaque coté dans le sens de la longueur; et de 1 m/m et $1/2$ de chaque coté, dans le sens de la largeur.

Le rayon de l'arrondi du dressage dans le cas d'un palier venu sur un bâti est égal aux $4/10$ de l'alésage.

Le tracé en éléments, sur lequel existe la cote indicative C, se rapporte aux paliers venus sur un bâti.

Les trous de boulons laissent un $1/2$ millimètre de jeu tout autour de la tige.

La cote indicative J est la même pour les quatre faces intérieures du coussinet. Elle est généralement telle que la partie restante de chaque coté, et qui s'appuye sur la face intérieure de la tige, est égale au $1/4$ du diam.tre de l'alésage.

A	20	25	30	35	40	45	50	55	60	55	70	75	80	85	90	95	100	110	120	130
B	30	38	45	52	60	68	75	82	90	98	105	112	120	128	135	142	150	165	180	195
C	6	7	8	9	10	11	12	13	14	15	16	17	18	19	20	21	22	23	24	26
D	5	6	7	8	8	9	10	11	11	12	13	14	14	15	16	17	18	19	26	21
E	4	4,5	5	5,5	6	6,5	7	7,5	8	8,5	9	9,5	10	10,5	11	11,5	12	13	14	15
F	4	4	5	5	6	6	7	7	8	8	9	9	10	10	11	11	12	12	13	13
G	4	5	5,5	6	7	8	8,5	9	10	11	11,5	12	13	14	14,5	15	16	17,5	18	18,5
H	2	2	2	2	3	3	3	3	4	4	4	4	5	5	5	5	5	6	6	7
I	12	15	18	21	24	27	30	33	36	39	42	45	48	51	54	57	60	66	72	78
J	12	16	20	22	26	30	34	36	40	44	48	52	54	58	62	64	68	76	84	90
K	6	7	9	10	12	14	15	16	18	19	21	22	24	26	27	28	30	33	84	40
L	36	40	45	50	56	63	70	76	82	88	94	100	106	112	120	126	132	142	150	162
M	136	160	198	204	242	248	280	290	328	334	364	370	400	412	442	448	480	526	540	593
N	50	62	70	80	92	104	115	126	138	150	100	172	184	195	206	216	230	250	226	230
O	36	46	54	64	72	82	90	100	108	118	126	136	144	154	162	172	180	198	216	234
P	12	13	14	15	16	18	20	22	24	26	28	30	32	34	36	38	40	43	44	47
Q	104	124	154	160	190	196	226	230	262	268	294	300	324	336	360	366	390	426	440	483
R	10	12	15	15	18	18	20	20	23	25	25	25	28	28	30	30	32	35	35	38
S	25	30	36	36	44	44	48	48	56	56	60	60	66	66	70	70	74	84	84	90
T	6	6	8	8	10	10	12	12	14	14	15	15	16	16	18	18	20	21	22	24
U	12	15	18	18	22	22	24	24	28	28	30	30	34	34	36	36	38	43	43	46
V	11	13	16	16	20	20	22	22	25	25	27	27	30	30	32	32	34	38	38	42
X	28	34	40	46	52	58	64	70	76	82	88	94	100	106	112	118	124	136	148	160
Y	34	41	48	55	62	69	76	83	90	97	104	111	118	125	132	139	146	159	171	186
Z	20	20,5	22	23,5	26	29,5	33	35,5	38	40,5	43	45,5	48	50,5	55	57,5	60	64	66	71
a	75	92	110	117	136	142	167	173	194	200	220	226	242	250	268	274	292	314	330	360
b	21	26	31	36	41	46	52	57	62	67	72	77	83	88	93	98	103	114	123	135
c	72	88	106	112	130	136	160	166	186	192	210	216	232	238	256	262	286	300	314	350
d	22	28	34	40	46	52	58	64	70	76	82	88	94	100	106	112	118	130	144	155
e	20	25	30	35	40	45	50	55	60	65	70	75	80	85	90	95	100	110	120	130
f	42	48	56	62	72	70	10	94	104	110	120	120	138	142	152	130	160	100	130	210
g	3	3	3	3	4	4	4	4	5	5	5	5	6	6	6	6	6	7	7	8
h	12	13	14	15	16	18	20	22	24	26	28	30	32	34	36	38	40	44	44	52
i	18	19	20	21	24	26	28	30	34	36	38	40	44	46	48	50	52	56	58	66
j	8	10	12	12	15	15	18	18	20	20	23	23	25	25	28	28	30	32	32	38
k	—goujons—				20	20	24	24	26	26	30	30	32	32	36	36	38	40	40	46
l	50	60	70	86	90	96	108	114	126	132	144	150	162	168	180	186	198	213	228	250
m	12	13	14	15	16	18	20	21	23	25	26	27	28	30	32	33	35	37	38	40
n	6	6	7	7	8	9	10	11	12	13	14	15	16	17	18	19	20	21	22	24
o	5	5	5	5	6	6	6	7	7	7	8	8	8	9	9	9	10	10	10	10
p	5	6	7	9	10	11	12	14	15	16	17	18	20	21	22	24	25	30	30	30
q	7	7	8	8	10	10	12	12	14	14	16	16	18	18	20	20	22	22	24	24
r	28	34	40	46	52	58	64	70	76	82	88	94	100	106	112	118	124	136	148	160
s	4	5	6	7	8	9	10	11	12	13	14	15	16	17	18	19	20	22	24	26

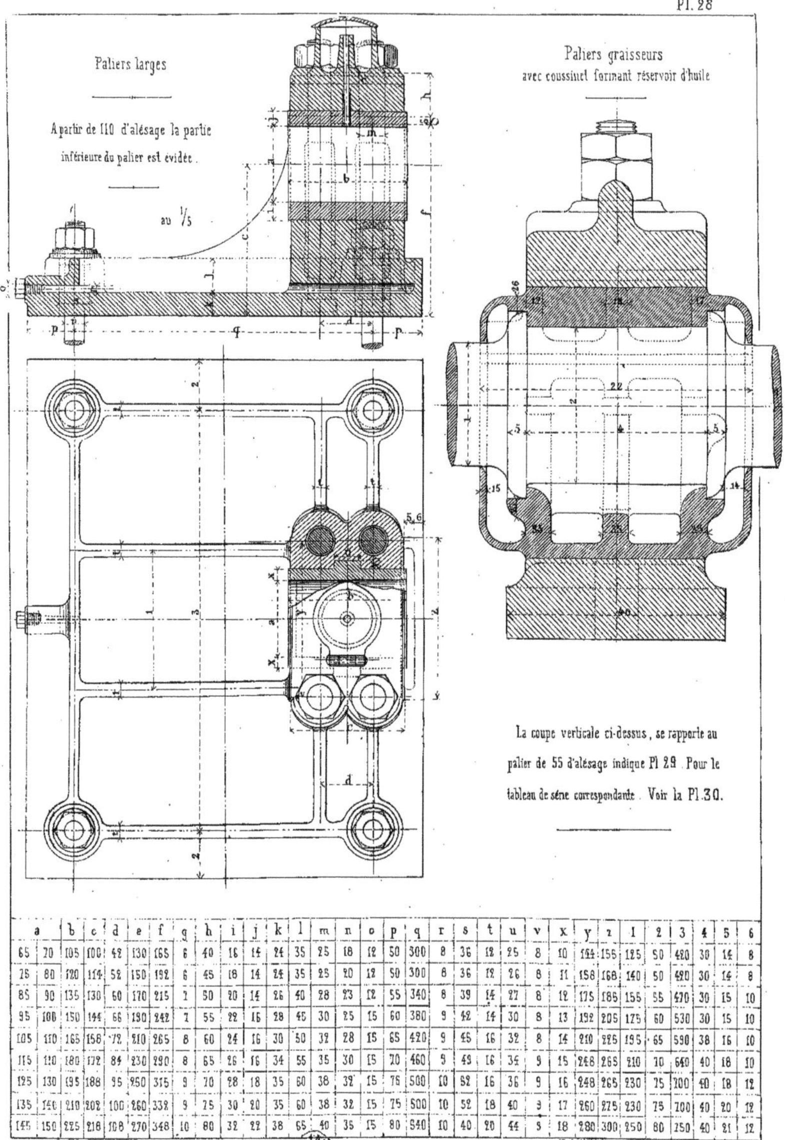

a	b	c	d	e	f	g	h	i	j	k	l	m	n	o	p	q	r	s	t	u	v	x	y	z	1	2	3	4	5	6
65	70	105	100	42	130	165	6	40	16	14	24	35	25	18	12	50	300	8	36	12	25	8	10	144	155	125	50	420	30	14	8
75	80	120	114	52	150	192	6	45	18	14	24	35	25	20	12	50	300	8	36	12	26	8	11	158	168	140	50	420	30	14	8
85	90	135	130	60	170	215	7	50	20	14	26	40	28	23	12	55	340	8	39	14	27	8	12	175	185	155	55	470	30	15	10
95	100	150	144	66	190	242	7	55	22	16	28	45	30	25	15	60	380	9	42	14	30	8	13	192	205	175	60	530	30	15	10
105	110	165	158	72	210	265	8	60	24	16	30	50	32	28	15	65	420	9	45	16	32	8	14	210	225	195	65	590	38	16	10
115	120	180	172	84	230	290	8	65	26	16	34	55	35	30	15	70	460	9	49	16	34	9	15	248	265	210	70	640	40	18	10
125	130	195	188	95	250	315	9	70	28	18	35	60	38	32	15	76	500	10	52	16	36	9	16	248	265	230	75	700	40	18	12
135	140	210	202	100	260	338	9	75	30	20	35	60	38	32	15	75	500	10	52	18	40	3	17	260	275	230	75	700	40	20	12
145	150	225	218	108	270	348	10	80	32	22	38	65	40	35	15	80	540	10	40	20	44	5	18	280	300	250	80	750	40	21	12

Pl. 29

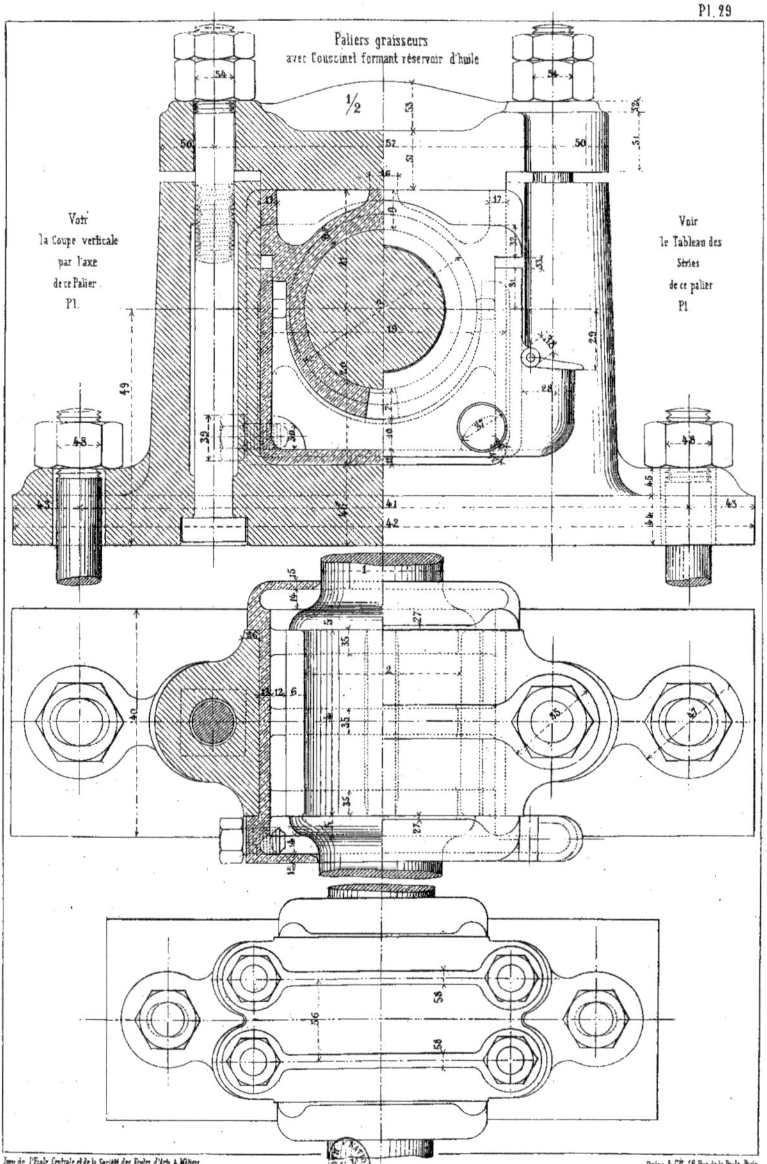

Voir pour les figures en élévation et en plan (Pl. 29) — **Paliers graisseurs** avec coussinet formant reservoir d'huile — **Voir pour la coupe transversale (Pl. 28)**

Left-margin group labels (top to bottom): *Coussinets du Palier* (rows 1–39) · *Corps du palier* (rows 40–49) · *Chapeaux* (rows 50–55) · *Bains d'huile* (last row).

N	20	25	30	35	40	45	50	55	60	65	70	75	80	85	90	95	100	110	120	130	140	150
1	20	25	30	35	40	45	50	55	60	65	70	75	80	85	90	95	100	110	120	130	140	150
2	30	36	42	48	54	60	64	70	76	82	86	92	98	104	108	114	120	130	142	152	164	174
3	38	44	52	58	66	72	78	84	92	98	104	110	118	124	130	136	144	154	168	178	190	200
4	30	38	45	52	60	68	75	82	90	98	105	112	120	128	135	142	150	165	180	195	210	225
5	5	5	6	6	7	7	8	9	10	11	12	13	14	15	16	17	18	20	21	22	23	25
6	5	5	6	6	7	7	8	8	9	9	10	10	11	11	12	12	13	14	15	16	17	18
7	7	7	8	9	10	11	12	13	14	15	16	17	18	19	20	21	22	24	26	28	30	32
8	6	6	7	7	8	9	10	10	11	12	13	13	13	13	14	14	15	16	17	18	20	22
9	10	10	11	12	13	14	16	17	18	19	21	22	23	25	27	29	30	31	32	34	36	38
10	5	7	7	8	9	11	12	14	15	15	16,5	15,5	17	18	18	22	23	23	24	26	26,5	28
11	4	4,5	4,5	5	5	5,5	5,5	6	6	7	7	7,5	7,5	8	8	9	9	9,5	10	10,5	11,5	12
12	5	5	5	5	6	6	7	7	8	8	9	9	9	10	10	10	11	11	11	12	12	12
13	3	3,5	3,5	4	4	4,5	5	5	5,5	5,5	6	6	6,5	6,5	7	7	7	8	8,5	9	9,5	10
14	4	4	5	5	6	7	8	9	10	11	12	13	13	14	14	15	15	16	17	18	19	20
15	2,5	2,5	3	3	3	3,5	3,5	3,5	4	4	4	4,5	4,5	4,5	5	5	5	3,5	5,5	5,5	6	6
16	7	7	8	8	9	10	11	12	13	14	14	15	16	17	18	19	20	21	22	23	24	25
17	4	4	5	5	6	6	7	7	8	8	9	9	10	10	11	11	12	12	13	13	14	15
18	6	6	7	7	8	8	9	9	10	10	11	11	12	12	13	13	14	14	15	16	17	18
19	56	63	71	78	88	95	104	110	121	127	136	142	151	159	166	172	182	196	211	226	241	254
20	31	36,5	40,5	46	51	52,5	62	68	74	78	83	87	92	97	103	109	114,5	122	131,5	141	150	159
21	25	28	32	36	40	44	48	52	56	60	64	68	72	76	81	86	90	96	103	110	118	125
22	33	61	73	80	92	103	114	125	138	150	161	173	183	195	205	216	226	247	266	285	306	327
23	28	32	36	40	45	50	55	60	65	70	75	80	85	90	95	100	105	110	115	122	128	135
24	10	12	15	17	19	21	23	25	27	29	30	32	34	36	38	40	42	45	49	53	57	61
25	4	4	5	5	6	6	7	8	9	9	10	11	12	12	13	14	15	16	17	18	18	19
26	3	3,5	4	4	5	5	6	6	7	7	8	8	9	9	11	11	12	13	13	14	14	15
27	1	1	1,5	1,5	2	2	2	2,5	2,5	2,5	2,5	3	3	3	3	3	4	4	4	4	4	4
28	10	11	12	14	16	18	20	21	22	24	26	28	30	32	34	36	38	40	42	44	46	48
29	11	13,5	16	18,5	21	23,5	26	26,5	31	33,5	36	38,5	41	43,5	46	48,5	51	56	61	66	71	76
30	6	6	8	8	10	10	12	12	12	15	15	15	18	18	18	18	20	20	20	20	23	23
31	8	9	10	11	13	15	17	18	19	20	21	22	23	24	25	26	28	30	32	34	35	37
32	7	9	12	13	15	17	18	20	22	24	24	26	28	30	31	33	36	37	41	44	48	51
33	3	3	3	4	4	4	4	5	5	5	6	6	6	6	7	7	7	8	8	9	9	10
34	5	5	6	6	6	6	7	7	8	8	9	9	10	10	11	11	12	13	14	15	16	17
35	4	5	6	7	8	9	10	11	12	13	14	15	16	17	18	19	20	21	22	23	24	26
36	4	4	5	5	6	6	7	7	8	8	9	9	10	10	11	11	12	12	13	13	14	14
37	22	22	22	22	22	22	22	22	22	22	22	22	22	22	22	22	22	22	22	22	22	22
38	2,5	2,5	2,5	2,5	3	3	3	3	3	3	3	3	3	3,5	3,5	3,5	3,5	3,5	3,5	4	4	4
39	10	10	12	12	16	16	20	20	20	24	24	24	30	30	30	30	36	36	36	36	40	40
40	40	48	57	64	74	82	91	100	110	120	129	138	148	153	167	176	186	205	222	239	256	275
41	148	166	188	195	230	238	270	275	312	320	350	360	380	385	412	434	455	465	480	510	540	570
42	188	195	232	240	282	290	330	335	382	390	428	436	465	470	500	530	555	585	620	660	690	535
43	20	20	22,5	22,5	26	26	30	30	35	35	38	38	42,5	42,5	44	48	50	60	70	75	75	82,5
44	10	10	11	10	10	10	20	22	21	20	20	30	32	31	30	38	40	42	45	48	52	56
45	6	6	8	8	10	10	12	12	14	14	15	15	16	16	18	18	20	21	22	24	26	28
46	19	20	21,5	24	27	30,5	33	36	38	42	45	48	50	53	57	59	61,5	62	62,5	79	85	91
47	30	30	36	36	45	45	50	50	58	58	64	64	70	70	75	75	80	108	115	120	120	136
48	12	12	15	15	18	18	20	20	23	23	25	25	28	28	30	30	32	35	38	40	40	45
49	50	56	62	70	78	88	95	104	112	120	128	135	142	150	160	168	176	190	204	220	235	250
50	13	13	16	16	20,5	20	24,5	25	[illegible]	28	32	32	35	35	38	38	41	41	41	[illegible]	48	48
51	12	14	16	18	20	22	24	26	28	30	32	34	36	38	40	42	44	46	48	50	52	55
52	3	3	4	4	4	5	5	5	6	6	7	7	8	8	9	9	10	10	11	11	12	12
53	11	12	13	14	16	18	20	22	24	26	28	30	32	34	36	38	40	42	44	46	48	50
54	10	10	12	12	15	15	18	18	20	20	23	23	25	25	28	28	30	30	32	35	35	[illegible]
55	24	24	26	26	35	35	42	42	48	48	54	54	60	60	65	65	70	70	70	72	78	78
56	Un seul boulon																	79	91	102	107	115
57	78	85	100	106	124	132	146	152	170	178	194	202	214	222	234	240	254	288	290	308	328	345
58	6	6	7	7	8	8	9	9	10	10	11	11	12	12	14	14	16	16	16	18	20	20
Bains d'huile	5,5	5,5	6	6,5	7	7,5	7	7,5	8,5	8	8,5	9	9,5	9	9,5	10	10	11	11	12	12	[illegible]

Imp. de l'École Centrale et de la Société des Écoles d'Arts & Métiers — Dujuy & Cie, 18 Rue de la Perle, Paris

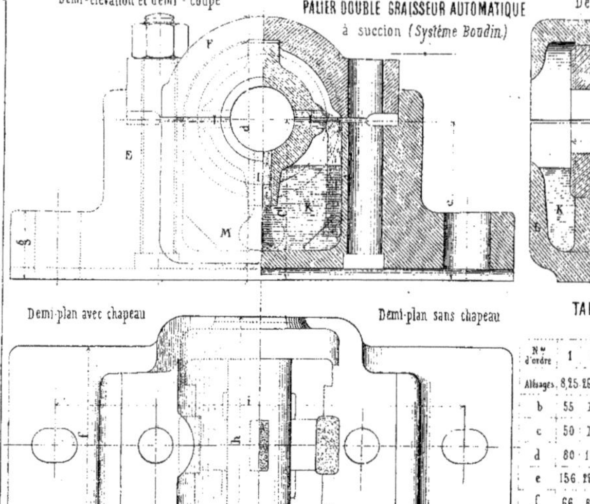

TABLEAU DE LA SERIE O

N° d'ordre	1	2	3	4	5	6	7	8	9	10
Alésages	8,25	26,35	36,45	46,55	56,65	66,75	76,85	86,95	96,115	116,130
b	55	75	95	115	140	160	180	200	240	280
c	50	70	82	95	108	120	135	145	160	175
d	80	114	132	154	175	195	215	230	235	285
e	156	220	270	320	360	395	440	460	500	540
f	66	85	100	120	150	170	190	220	260	300
g	21	30	34	36	38	40	42	45	55	60
h	80	110	135	165	200	220	240	260	300	350
i	130	180	220	265	300	325	365	380	400	440
D¹ des Boulons	2d14	2,15	2d16 15	2d16 17	4.17	4.20	4.22	4.25	4.27	4.30
Poids	3ᵏ70	9,50	17,00	25,00	42,00	55,00	70,00	80,00	110,00	140,00

TABLEAU DES SÉRIES A.B.C.D.

N°	Alésage	b	c	d	e	f	g	h	i	D¹ des Boulons	Poids
1	14/17	22	30	48	120	30	14	42	98	12	0,750
2	18/22	26	30	48	120	30	14	42	98	12	0,800
3	23/27	36	40	66	140	36	12	54	118	13	1,500
4	28/32	45	50	80	156	46	21	60	130	13	2,500
5	33/37	50	55	92	175	50	25	70	145	14	3,400
6	38/42	55	70	113	220	56	30	80	180	15	5,500
7	43/47	64	75	122	245	52	32	88	200	15	7,000
8	48/52	70	82	132	270	70	34	103	220	17	10,000
9	53/57	76	90	140	300	70	36	110	215	17	10,000
10	58/62	86	95	153	320	85	36	136	265	18	12,800
11	63/67	95	100	163	340	96	38	163	285	18	22,500
12	68/72	105	108	175	360	105	38	173	300	20	26,700
13	73/77	112	115	182	375	110	40	190	315	20	33,200
14	78/82	120	120	195	385	120	40	200	325	23	40,000
15	83/87	126	128	205	420	125	42	204	343	25	43,500
16	88/92	134	135	215	450	135	42	215	365	25	42,500
17	93/97	142	140	220	460	140	45	220	376	27	54,500
18	98/105	150	145	230	470	145	45	235	390	27	58,000
19	106/115	160	155	250	510	160	50	240	410	30	78,000
20	116/130	175	165	275	560	175	55	250	460	30	100,000
21	131/150	190	175	220	620	190	60	260	520	33	140,000
22	151/175	205	185	305	690	205	65	275	380	35	180,000
23	176/200	220	200	345	760	220	70	290	640	40	220,000

LÉGENDE

Ces paliers double-graisseur sont établis en cinq séries sur le même système.

La série A comprend les paliers tout bronze.

La série B comprend les paliers en fonte, avec bronze en dessous.

La série C comprend les paliers en fonte, avec bronze en dessous et en dessus.

La série D comprend les paliers en fonte, avec métal anti-friction.

La série O est spéciale aux machines-outils et aux organes de grande fatigue. Les coquilles sont toutes les deux en bronze et la longueur de la portée est plus grande.

LÉGENDE

E Corps du palier.

F Chapeau ..d°.

G Coquille supérieure.

H Coquille inférieure.

I Ouvertures pour les mèches.

J Réservoir d'huile dans les coquilles.

K Grand réservoir inférieur.

L Joues du grand réservoir.

M Platine faisant ressort et enveloppant la mèche inférieure.

Ces paliers n'exigent pas le grossissement de la portée. Leur graissage est convenable, et quelle que soit la vitesse de rotation, il n'y a pas extravasement. Le graissage ayant lieu par la capillarité des mèches, l'huile est limpide.

PALIERS GRAISSEURS

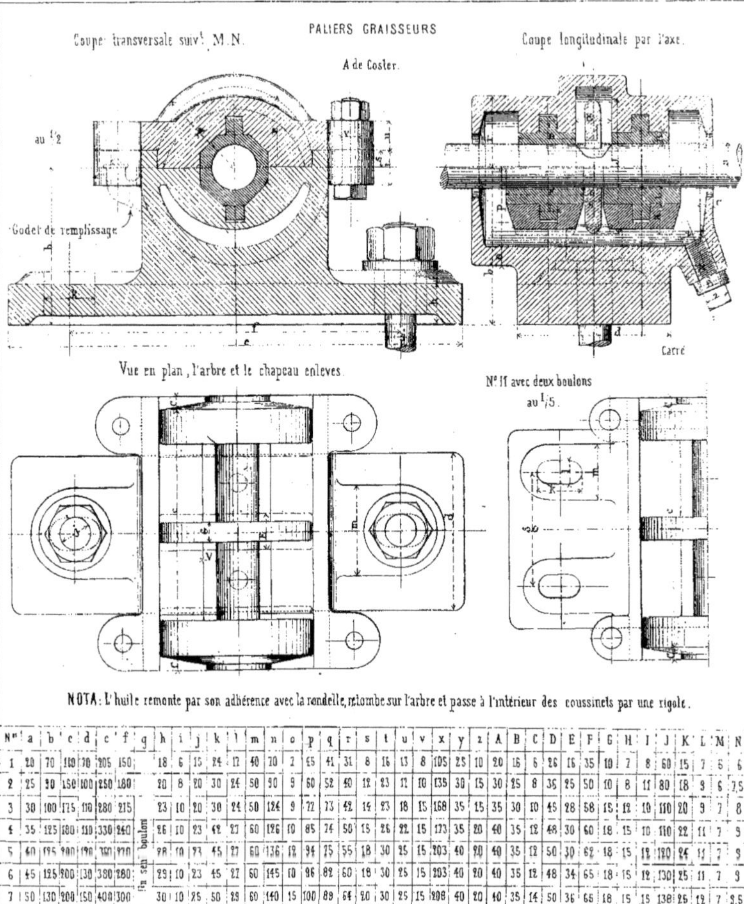

NOTA: L'huile remonte par son adhérence avec la rondelle, retombe sur l'arbre et passe à l'intérieur des coussinets par une rigole.

N°	a	b	c	d	e	f	g	h	i	j	k	l	m	n	o	p	q	r	s	t	u	v	x	y	z	A	B	C	D	E	F	G	H	I	J	K	L	M	N
X 1	20	70	110	70	205	150		18	6	15	24	12	40	70	2	45	41	31	8	16	13	8	105	25	10	20	16	6	26	16	35	10	7	8	60	15	7	6	6
2	25	90	150	100	250	180		20	8	20	30	24	50	90	9	60	52	40	12	23	17	10	135	30	15	30	25	8	35	25	50	10	8	11	80	18	9	6	7,5
3	30	100	175	110	280	215		23	10	20	30	24	50	124	9	72	73	42	14	23	18	15	168	35	15	35	30	10	45	28	58	15	12	10	110	20	9	7	8
4	35	125	180	110	330	240		26	10	23	42	27	60	126	10	85	74	50	15	26	22	15	173	35	20	40	35	12	48	30	60	18	15	10	110	22	11	7	9
5	60	195	200	190	350	270		28	10	23	45	27	60	136	12	94	75	55	18	30	25	15	203	40	20	40	35	12	50	30	62	18	15	12	120	24	11	7	9
6	45	125	200	130	380	280		29	10	23	45	27	60	145	10	96	82	60	18	30	25	15	203	40	20	40	35	12	48	34	65	18	15	12	130	25	11	7	9
7	50	130	200	150	400	300		30	10	25	50	29	60	140	15	100	89	64	20	30	25	15	208	40	20	40	35	14	50	36	65	18	15	15	138	25	12	7	9,5
8	55	140	220	160	400	300		30	10	25	50	29	60	150	12	103	89	65	20	35	30	18	215	45	20	40	35	14	55	36	72	18	15	15	138	25	12	7	9,5
9	60	150	260	160	400	300		32	10	30	50	34	70	147	14	104	90	70	20	35	30	18	215	45	20	40	35	14	55	38	72	20	18	16	138	25	13	9	11
10	70	195	260	160	400	300		33	10	30	50	34	70	160	11	111	104	80	20	40	30	18	224	45	20	40	35	14	65	38	82	20	18	18	145	25	15	10	12,5
X 11	80	160	260	220	450	330	130	35	10	23	50	27	60	152	14	115	104	80	20	40	30	20	221	50	20	40	35	15	70	40	85	25	20	20	145	28	15	10	12,5
12	90	170	260	220	500	380	130	40	10	23	50	27	60	188	14	120	113	88	20	40	42	20	254	50	20	40	35	15	65	42	88	25	20	20	180	28	15	11	13
13	100	190	260	220	500	380	130	40	10	23	50	22	60	190	11	116	115	94	22	42	30	20	256	50	20	40	35	12	76	40	92	23	20	20	180	26	16	12	14
14	110	200	300	220	500	400	130	45	10	25	60	29	70	188	17	148	120	98	25	45	35	20	266	50	20	40	35	14	90	45	110	25	20	20	180	29	19	12	15,5
15	120	215	320	230	540	415	130	45	12	25	60	32	75	220	18	155	136	105	25	48	35	20	300	55	20	40	35	16	90	50	120	25	20	20	200	32	19	12	15,5
16	135	230	370	250	580	455	130	50	15	30	60	34	80	240	20	172	150	115	30	50	40	23	330	60	20	40	35	17	100	60	135	25	20	25	220	38	20	13	16,5
17	150	250	400	270	650	500	140	55	15	35	70	40	100	290	20	195	185	145	30	55	45	25	382	60	20	40	35	17	110	65	150	25	20	25	280	41	20	13	16,5

Imp. de l'École Centrale et de la Société des Études d'Arts & Métiers

Dréry & Cie 18 Rue de la Perle, Paris

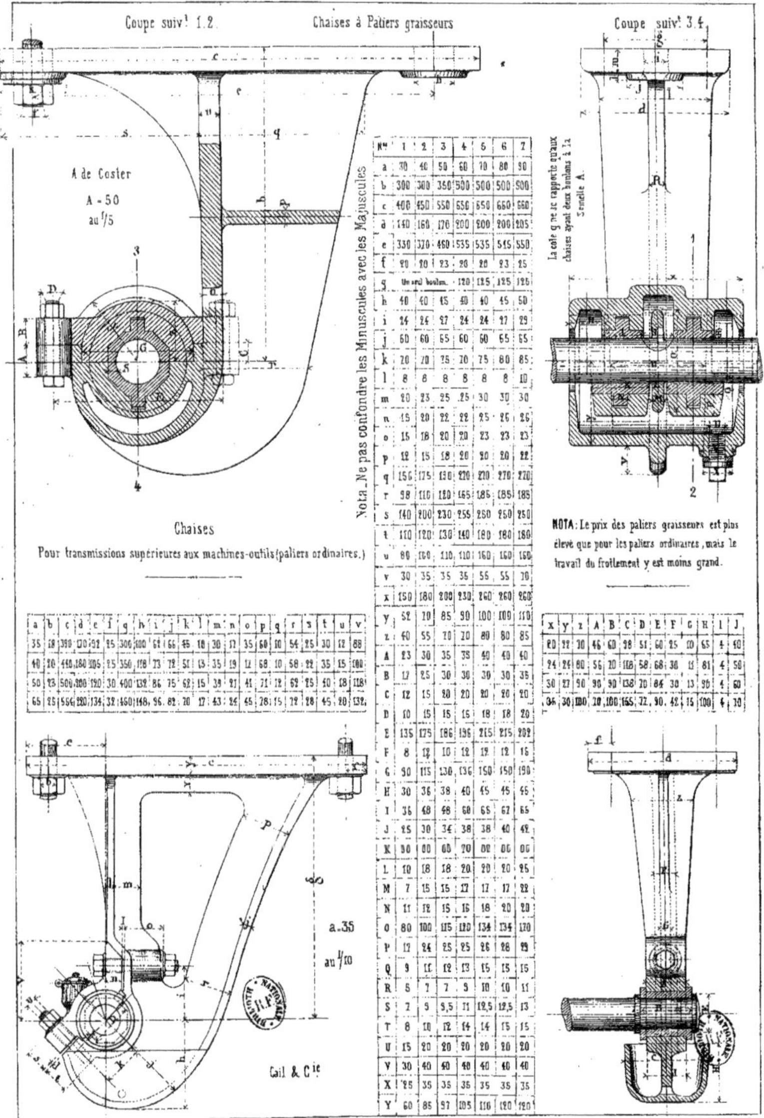

N°	1	2	3	4	5	6	7
a	30	40	50	60	70	80	90
b	300	300	350	500	500	500	500
c	400	450	550	650	650	660	660
d	140	160	170	200	200	200	205
e	330	370	460	535	535	545	550
f	20	20	23	20	20	23	25
g	Un seul boulon			120	125	125	125
h	40	40	45	40	40	45	50
i	24	24	27	24	24	27	29
j	60	60	65	60	60	65	65
k	20	70	75	70	75	80	85
l	8	8	8	8	8	8	10
m	20	23	25	25	30	30	30
n	15	20	22	22	25	25	26
o	15	18	20	20	23	23	23
p	12	15	18	20	20	20	22
q	156	175	130	220	220	270	270
r	98	110	120	165	185	185	185
s	140	200	230	255	250	250	250
t	110	120	130	140	180	180	180
u	80	100	110	110	160	160	160
v	30	35	35	35	55	55	70
x	150	180	200	230	260	260	260
y	52	70	85	90	100	109	110
z	60	55	70	70	80	80	85
A	23	30	35	35	40	40	40
B	17	25	30	30	30	30	35
C	12	15	20	20	20	20	20
D	10	15	15	15	18	18	20
E	135	175	186	196	215	215	202
F	8	12	10	12	12	12	15
G	90	115	130	136	150	150	190
H	30	36	38	40	45	45	45
I	36	48	48	60	65	67	65
J	25	30	34	38	38	40	42
K	30	50	60	70	80	86	86
L	10	18	18	20	20	20	25
M	7	15	15	17	17	17	22
N	11	12	15	16	18	20	20
O	80	100	115	120	134	134	170
P	17	24	25	25	26	28	29
Q	9	11	12	13	15	15	15
R	5	7	7	9	10	10	11
S	2	9	9,5	11	12,5	12,5	13
T	8	10	12	14	14	15	15
U	15	20	20	20	20	20	20
V	30	40	40	40	40	40	40
X	25	35	35	35	35	35	35
Y	60	85	97	105	110	120	120

a	b	c	d	e	f	g	h	i	j	k	l	m	n	o	p	q	r	s	t	u	v
35	18	390	170	92	25	300	100	64	66	45	10	30	17	35	60	10	54	25	30	12	88
40	20	440	180	105	25	350	118	73	72	51	13	35	19	12	68	10	58	22	35	15	100
50	23	500	200	120	30	400	132	86	75	62	15	39	21	41	71	12	62	25	40	18	118
65	25	556	220	134	32	450	148	96	82	70	17	43	24	45	28	15	72	28	45	20	132

x	y	z	A	B	C	D	E	F	G	H	I	J
20	22	70	46	60	98	51	60	25	10	65	4	40
24	24	80	56	70	108	58	68	30	11	81	4	50
30	27	90	90	90	138	70	84	30	13	96	4	60
35	30	100	70	100	165	72	90	42	15	100	4	70

SÉRIES OU ÉLÉMENTS PROPORTIONNELS DE CONSTRUCTION

Pl. 34

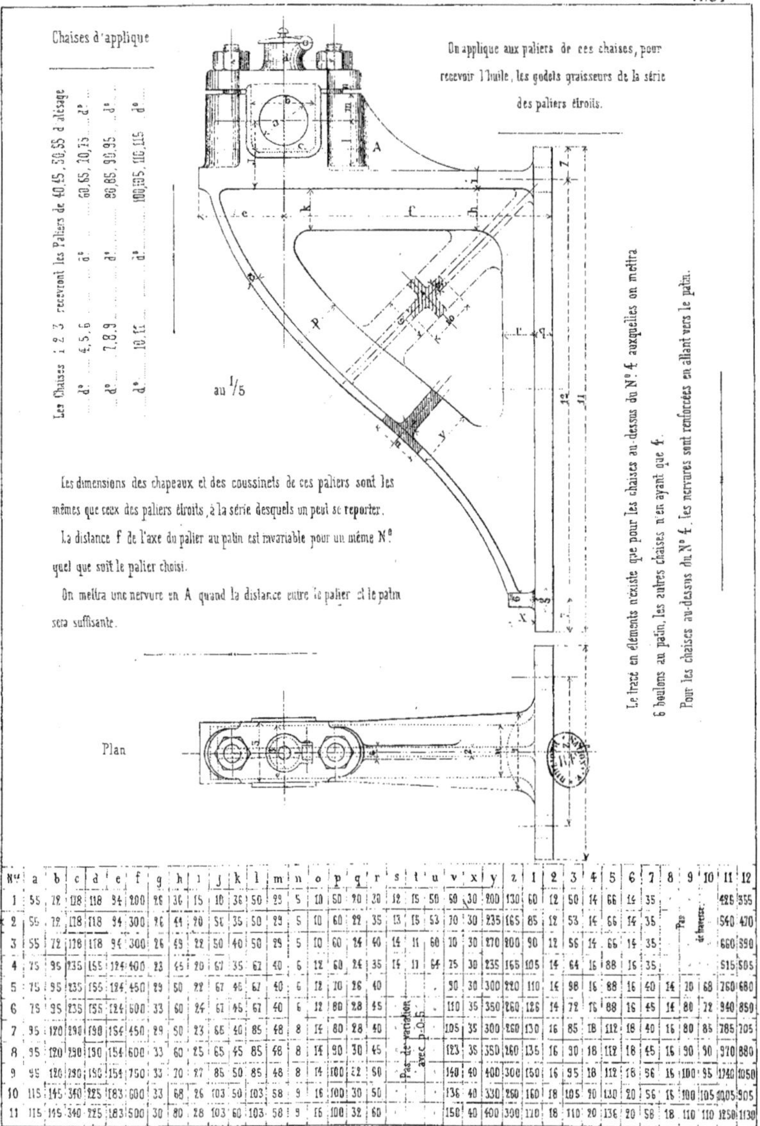

N°	a	b	c	d	e	f	g	h	i	j	k	l	m	n	o	p	q	r	s	t	u	v	x	y	z	1	2	3	4	5	6	7	8	9	10	11	12
1	55	72	118	118	94	200	26	36	15	10	36	50	29	5	10	50	20	30	12	15	50	50	30	200	130	60	12	50	14	66	14	35				425	355
*2	55	72	118	118	94	300	26	44	20	50	35	50	29	5	10	60	22	35	13	15	53	70	30	235	165	85	12	53	14	66	14	35	Pas de travers			540	470
3	55	72	118	118	94	300	26	49	22	50	40	50	29	5	10	60	24	40	14	11	56	70	30	270	200	90	12	56	14	66	14	35				660	890
4	75	95	235	155	124	400	23	65	20	67	35	67	40	6	12	60	24	35	15	11	64	75	38	235	165	105	14	64	16	88	16	35				515	505
5	75	95	235	155	124	450	29	50	22	67	46	67	40	6	12	70	26	40		Pas de travers avec p.0,5				300	220	110	14	98	16	88	16	40	14	20	68	760	680
6	75	95	235	155	124	600	33	60	24	67	45	67	40	6	12	80	28	45						350	260	126	14	72	16	88	16	45	14	80	72	940	859
7	95	120	290	190	154	450	29	50	23	65	40	85	48	8	14	80	28	40						300	260	130	16	85	18	112	18	40	16	80	85	785	705
8	95	120	290	190	154	600	33	60	25	65	45	85	48	8	14	90	30	45						350	260	135	16	90	18	112	18	45	16	90	90	970	880
9	95	120	290	190	154	750	33	70	27	85	50	85	48	8	14	100	32	50						400	300	150	16	95	18	112	18	56	16	100	95	1240	1050
10	115	145	340	225	183	600	33	68	26	103	50	103	58	9	16	100	30	50						330	260	160	18	105	20	130	20	56	16	100	105	1005	905
11	115	145	340	225	183	500	30	80	28	103	60	103	58	9	16	100	32	60						400	300	110	18	110	20	136	20	58	18	110	110	1250	1130

Poulies à bras

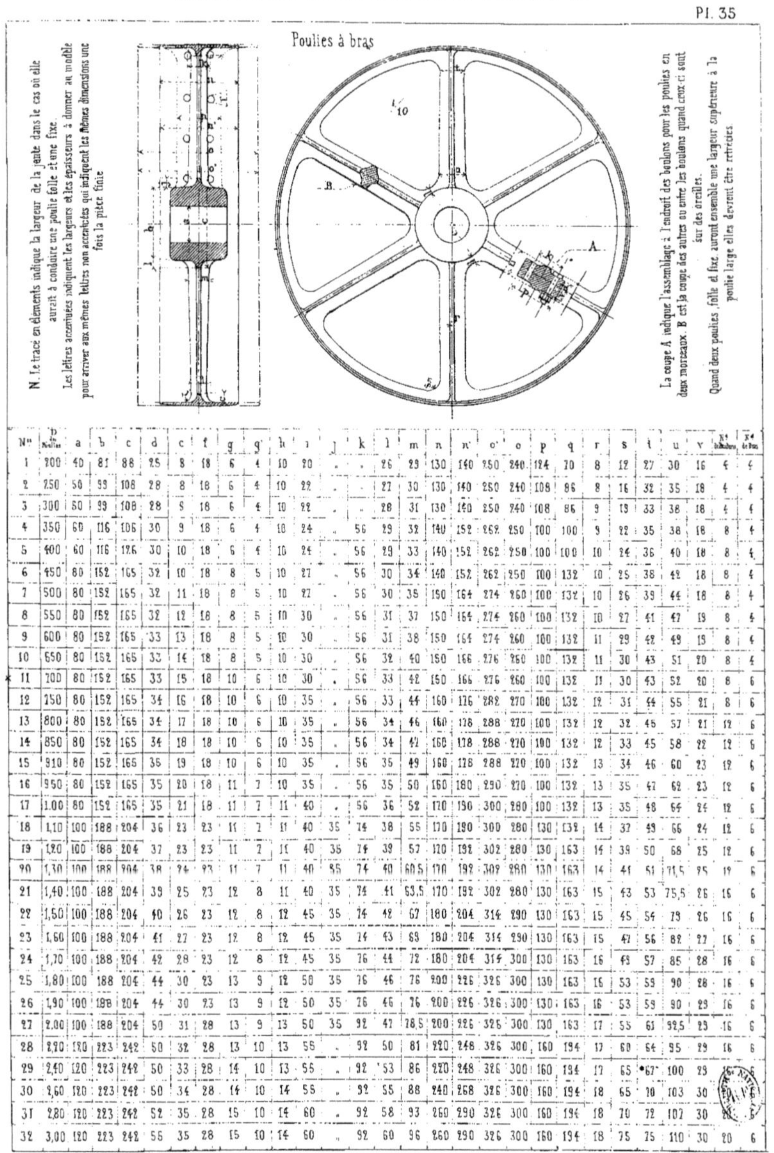

N°	D de Poulies	a	b	c	d	c	f	g	g'	h	i	j	k	l	m	n	n'	o'	o	p	q	r	s	t	u	v	N° nbre de boulons	N° de bras
1	200	40	81	88	25	8	18	6	4	10	20	.	.	26	29	130	140	250	240	124	70	8	12	27	30	16	4	4
2	250	50	99	108	28	8	18	6	4	10	22	.	.	27	30	130	140	250	240	108	86	8	16	32	35	18	4	4
3	300	60	99	108	28	8	18	6	4	10	22	.	.	28	31	130	140	250	240	108	86	9	19	33	38	18	4	4
4	350	60	116	106	30	9	18	6	4	10	24	.	56	29	32	140	152	262	250	100	100	9	22	35	38	18	8	4
5	400	60	116	126	30	10	18	6	4	10	24	.	56	29	33	140	152	262	250	100	100	10	24	36	40	18	8	4
6	450	80	152	165	32	10	18	8	5	10	27	.	56	30	34	140	152	262	250	100	132	10	25	38	42	18	8	4
7	500	80	152	165	32	11	18	8	5	10	27	.	56	30	35	150	164	274	260	100	132	10	26	39	44	18	8	4
8	550	80	152	165	32	12	18	8	5	10	30	.	56	31	37	150	164	274	260	100	132	10	27	41	47	19	8	4
9	600	80	152	165	33	13	18	8	5	10	30	.	56	31	38	150	164	274	260	100	132	11	29	42	49	19	8	4
10	650	80	152	165	33	14	18	8	5	10	30	.	56	32	40	150	166	276	260	100	132	11	30	43	51	20	8	4
11	700	80	152	165	33	15	18	10	6	10	30	.	56	33	42	150	166	276	260	100	132	11	30	43	52	20	8	6
12	750	80	152	165	34	16	18	10	6	10	35	.	56	33	44	160	176	282	270	100	132	12	31	44	55	21	8	6
13	800	80	152	165	34	17	18	10	6	10	35	.	56	34	46	160	178	288	270	100	132	12	32	45	57	21	12	6
14	850	80	152	165	34	18	18	10	6	10	35	.	56	34	47	160	178	288	270	100	132	12	33	45	58	22	12	6
15	910	80	152	165	35	19	18	10	6	10	35	.	56	35	49	160	178	288	270	100	132	13	34	46	60	23	12	6
16	950	80	152	165	35	20	18	11	7	10	35	.	56	35	50	160	180	290	270	100	132	13	35	47	62	23	12	6
17	1.00	80	152	165	35	21	18	11	7	11	40	.	56	36	52	170	190	300	280	100	132	13	35	48	64	24	12	6
18	1,10	100	188	204	36	23	23	11	7	11	40	35	74	38	55	170	190	300	280	130	132	14	37	49	66	24	12	6
19	1,20	100	188	204	37	23	23	11	7	11	40	35	74	39	57	170	192	302	280	130	163	14	39	50	68	25	12	6
20	1,30	100	188	204	38	24	23	11	7	11	40	35	74	40	60,5	170	192	302	280	130	163	14	41	51	71,5	25	12	6
21	1,40	100	188	204	39	25	23	12	8	11	40	35	74	41	63,5	170	192	302	280	130	163	15	43	53	75,5	26	16	6
22	1,50	100	188	204	40	26	23	12	8	12	45	35	74	42	67	180	204	314	290	130	163	15	45	54	79	26	16	6
23	1,60	100	188	204	41	27	23	12	8	12	45	35	74	43	69	180	204	314	290	130	163	15	47	56	82	27	16	6
24	1,70	100	188	204	42	28	23	12	8	12	45	35	76	44	72	180	204	314	300	130	163	16	48	57	85	28	16	6
25	1,80	100	188	204	44	30	23	13	9	12	50	35	76	46	76	200	226	326	300	130	163	16	53	59	90	28	16	6
26	1,90	100	188	204	44	30	23	13	9	12	50	35	76	46	76	200	226	326	300	130	163	16	53	59	90	29	16	6
27	2,00	100	188	204	50	31	28	13	9	13	50	35	92	47	78,5	200	226	326	300	130	163	17	55	61	92,5	29	16	6
28	2,20	120	223	242	50	32	28	13	10	13	55	.	92	50	81	220	248	326	300	160	194	17	60	64	95	29	16	6
29	2,40	120	223	242	50	33	28	14	10	13	55	.	92	53	86	220	248	326	300	160	194	17	65	67	100	29	16	6
30	2,60	120	223	242	50	34	28	14	10	14	55	.	92	55	88	240	268	326	300	160	194	18	65	70	103	30	16	6
31	2,80	120	223	242	52	35	28	15	10	14	60	.	92	58	93	260	290	326	300	160	194	18	70	72	107	30	16	6
32	3,00	120	223	242	55	35	28	15	10	14	60	.	92	60	96	260	290	326	300	160	194	18	75	75	110	30	20	6

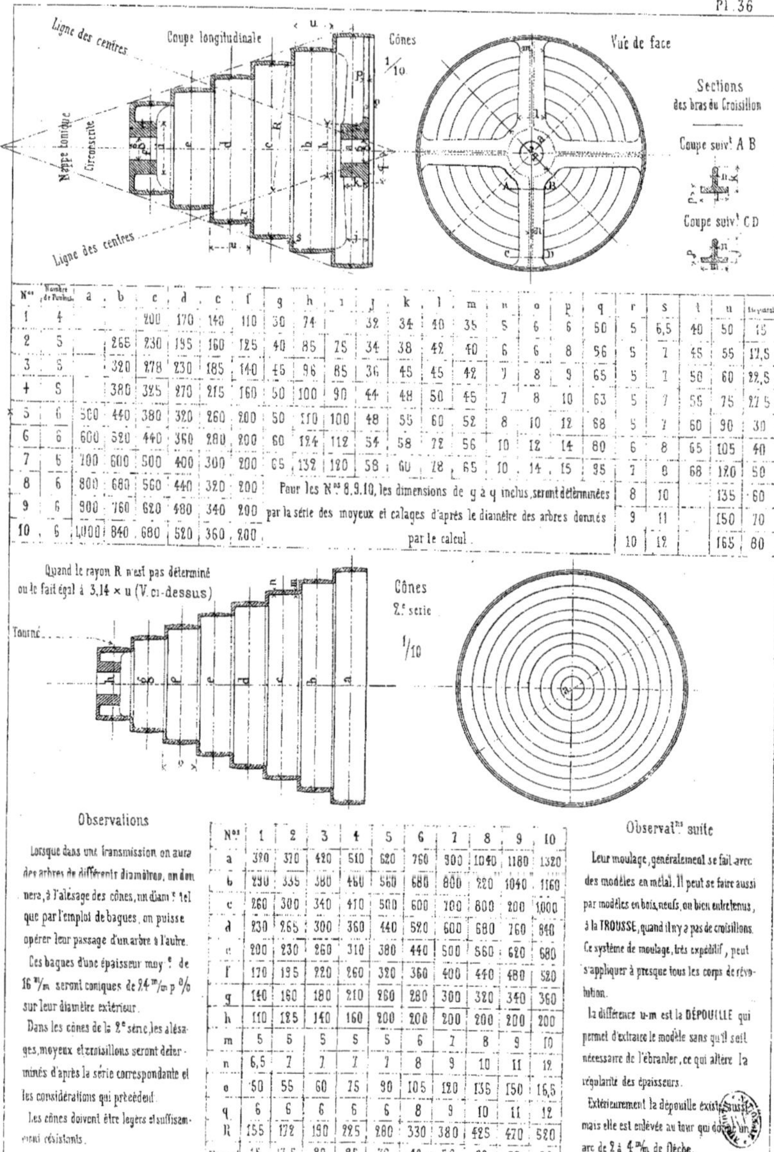

N°s	Nombre de Poulies	a	b	c	d	e	f	g	h	i	J	k	l	m	n	o	p	q	r	s	t	u	Dépouille
1	4			200	170	140	110	30	74		32	34	40	35	5	6	6	50	5	6,5	40	50	15
2	5		265	230	195	160	125	40	85	75	34	38	42	40	6	6	8	56	5	7	45	55	17,5
3	5		320	278	230	185	140	45	96	85	36	45	45	42	7	8	9	65	5	7	50	60	22,5
+	5		380	325	270	215	160	50	100	90	44	48	50	45	7	8	10	63	5	7	55	75	27,5
5	6	500	440	380	320	260	200	50	110	100	48	55	60	52	8	10	12	68	5	7	60	90	30
6	6	600	520	440	360	280	200	60	124	112	54	58	72	56	10	12	14	80	6	8	65	105	40
7	6	700	600	500	400	300	200	65	132	120	58	60	78	65	10	14	15	95	7	8	68	120	50
8	6	800	680	560	440	320	200												8	10		135	60
9	6	900	760	620	480	340	200												9	11		150	70
10	6	1000	840	680	520	360	200												10	12		165	80

Pour les N°s 8.9.10, les dimensions de g à q inclus, seront déterminées par la série des moyeux et calages d'après le diamètre des arbres donnés par le calcul.

Observations

Lorsque dans une transmission on aura des arbres de différents diamètres, on donnera, à l'alésage des cônes, un diam.t tel que par l'emploi de bagues, on puisse opérer leur passage d'un arbre à l'autre.

Ces bagues d'une épaisseur moy.e de 16 m/m seront coniques de 24 m/m p % sur leur diamètre extérieur.

Dans les cônes de la 2.e série, les alésages, moyeux et croisillons seront déterminés d'après la série correspondante et les considérations qui précèdent.

Les cônes doivent être légers et suffisamment résistants.

N°s	1	2	3	4	5	6	7	8	9	10
a	390	370	420	510	620	760	900	1040	1180	1320
b	290	335	380	460	560	680	800	920	1040	1160
c	260	300	340	410	500	600	700	800	900	1000
d	230	265	300	360	440	520	600	680	760	840
e	200	230	260	310	380	440	500	560	620	680
f	170	195	220	260	320	360	400	440	480	520
q	140	160	180	210	260	280	300	320	340	360
h	110	125	140	160	200	200	200	200	200	200
m	5	5	5	5	5	6	7	8	9	10
n	6,5	7	7	7	7	8	9	10	11	12
o	50	55	60	75	90	105	120	135	150	16,5
q	6	6	6	6	6	8	9	10	11	12
R	155	172	190	225	280	330	380	425	470	520
Dépouille	15	17,5	20	25	30	40	50	60	70	80

Observat.ns suite

Leur moulage, généralement se fait avec des modèles en métal. Il peut se faire aussi par modèles en bois, neufs, ou bien entretenus, à la TROUSSE, quand il n'y a pas de croisillons. Ce système de moulage, très expéditif, peut s'appliquer à presque tous les corps de révolution.

La différence u-m est la DÉPOUILLE qui permet d'extraire le modèle sans qu'il soit nécessaire de l'ébranler, ce qui altère la régularité des épaisseurs.

Extérieurement la dépouille existe aussi, mais elle est enlevée au tour qui donne un arc de 2 à 4 m/m de flèche.

Imp. de l'École Centrale et de la Société des Écoles d'Arts & Métiers

Dejey & C.ie, 18, Rue de la Perle, Paris

Tableau se rapportant aux deux sections de la jante.

Numéros	Diamètre des Volants	Section ordinaire de la Jante		Section de la jante à l'assemblage.			Poids de la Jante	Poids du Volant.
		a	b	c	d	e	f	
1	3000	131	62	156	110	25	15	850	.
2	3500	142	65	172	120	25	18	1320	.
3	4000	151	68	185	125	28	22	1720	2156
4	4500	160	72	196	140	28	22	2230	2325
5	5000	165	72	208	148	30	24	2830	4375
6	5500	176	78	208	156	32	24	3500	.
7	6000	185	80	230	165	35	24	4200	.

Tableau se rapportant aux deux Sections du bras.

Numéros	Sections des bras								Nombre de bras
	a	b	c	d	e	f	g	h	
1	30	24	90	122	30	24	64	90	6
2	32	26	105	146	32	26	73	104	6
3	35	28	115	155	35	28	85	118	6
4	38	30	125	172	38	30	95	122	8
5	40	32	135	180	40	32	111	125	8
6	44	34	145	195	44	34	115	130	8
7	48	36	155	205	48	36	115	132	8

Fig. 2

Fig. 3

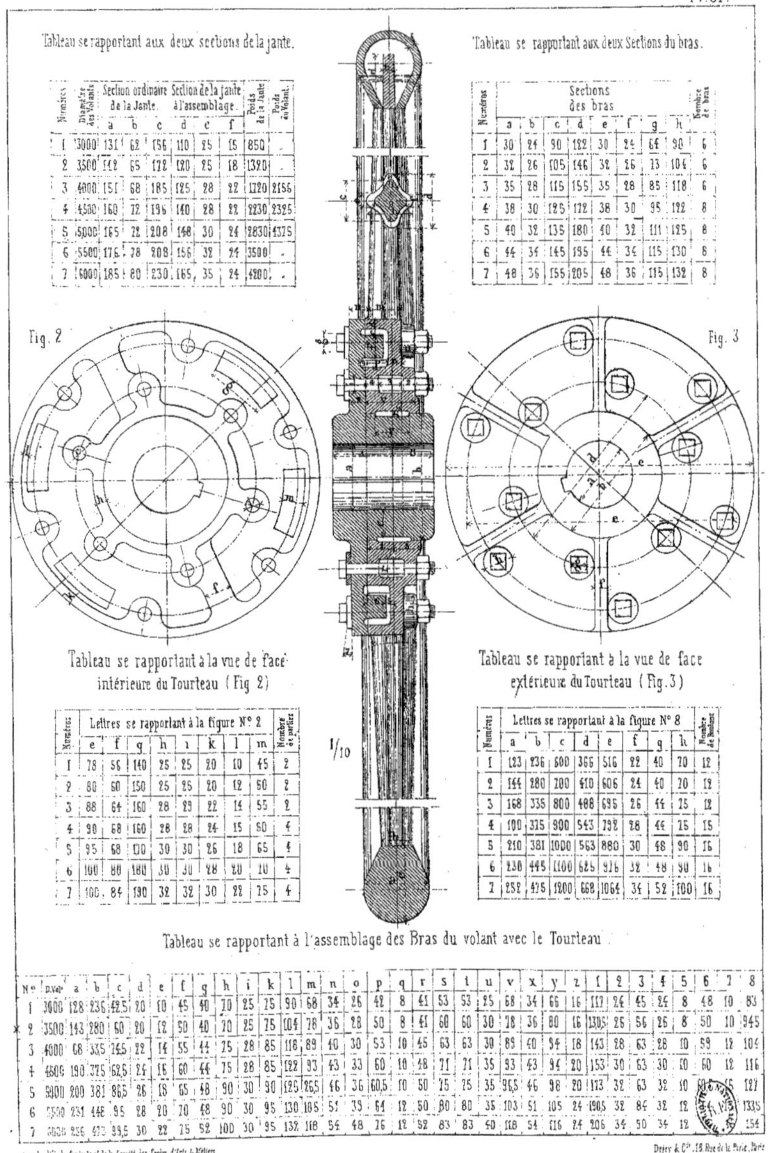

1/10

Tableau se rapportant à la vue de face intérieure du Tourteau (Fig 2)

Numéros	Lettres se rapportant à la figure N° 2								Nombre et parties.
	e	f	g	h	i	k	l	m	
1	78	56	140	25	25	20	10	45	2
2	80	60	150	25	25	20	12	50	2
3	88	64	160	28	29	22	14	55	2
4	90	68	160	28	28	24	15	50	4
5	95	68	170	30	30	26	18	65	4
6	100	80	180	30	30	28	20	70	4
7	100	84	190	32	32	30	22	75	4

Tableau se rapportant à la vue de face extérieure du Tourteau (Fig.3)

Numéros	Lettres se rapportant à la figure N° 8								Nombre de Boulons
	a	b	c	d	e	f	g	h	
1	123	236	600	366	516	22	40	70	12
2	144	280	700	410	606	24	40	70	12
3	168	335	800	488	695	26	44	75	12
4	190	375	900	543	792	28	44	75	15
5	210	381	1000	563	880	30	48	90	16
6	230	445	1100	625	976	32	48	90	16
7	252	475	1200	668	1064	34	52	100	16

Tableau se rapportant à l'assemblage des Bras du volant avec le Tourteau.

N°	D.vol	a	b	c	d	e	f	g	h	i	k	l	m	n	o	p	q	r	s	t	u	v	x	y	z	1	2	3	4	5	6	7	8
1	3000	128	236	42,5	20	10	45	40	70	25	75	90	68	34	26	42	8	41	53	53	25	68	34	66	16	117	26	45	24	8	48	10	83
2	3500	143	280	50	20	12	50	40	70	25	75	104	76	36	28	50	8	41	60	60	30	78	36	80	16	130,5	26	56	26	8	50	10	945
3	4000	68	335	56,5	22	14	55	44	75	28	85	118	89	40	30	53	10	45	63	63	30	89	40	94	18	143	28	63	28	10	59	12	104
4	4500	190	375	62,5	24	16	60	44	75	28	85	122	93	43	33	60	10	48	71	71	35	93	43	94	20	153	30	63	30	10	60	12	116
5	5000	200	381	86,5	26	18	65	48	90	30	90	125,5	46	36	60,5	10	50	75	75	35	96,5	46	98	20	173	32	63	32	10				127
6	5500	231	445	95	28	20	70	48	90	30	95	130	105	51	35	64	12	50	80	80	35	103	51	105	24	190,5	32	84	32	12			1335
7	6000	256	475	95,5	30	22	75	52	100	30	95	132	118	54	48	76	12	52	83	83	40	118	54	116	24	206	34	50	34	12			154

Imp. de l'École Centrale et de la Société des Ensés d'Arts & Métiers. — Dejey & Cie, 18 Rue de la Paix, Paris.

SÉRIES OU ÉLÉMENTS PROPORTIONNELS DE CONSTRUCTION

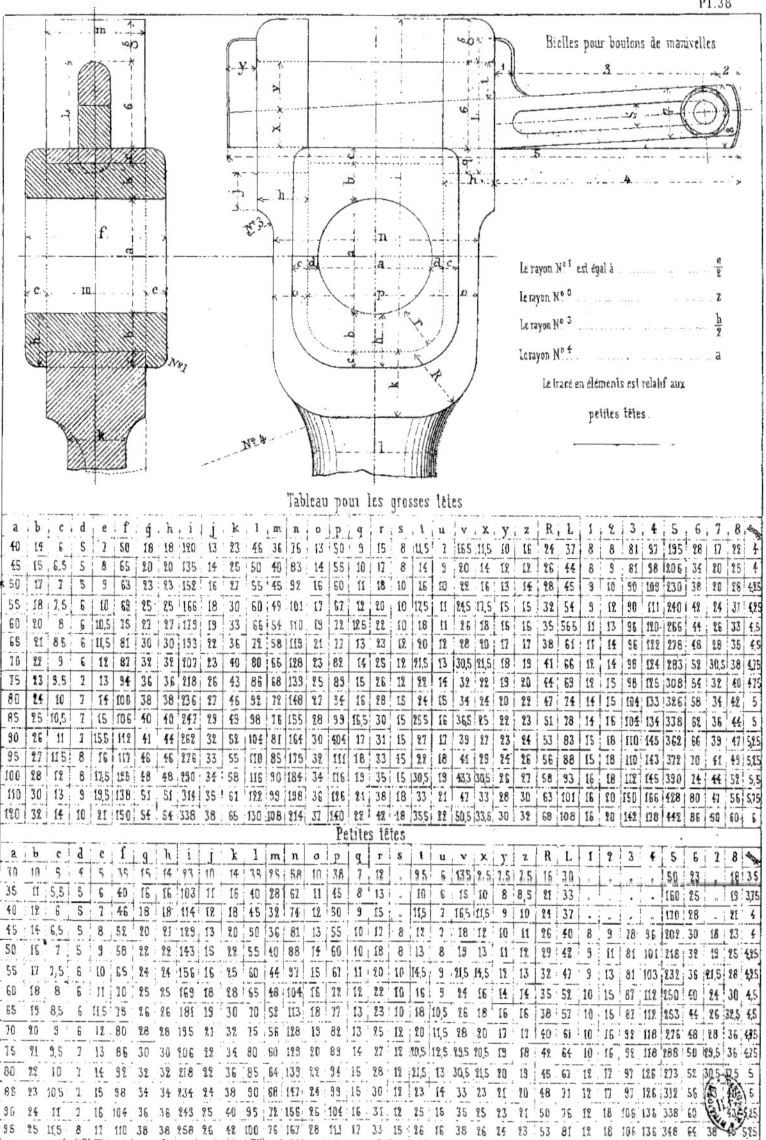

Tableau pour les grosses têtes

a	b	c	d	e	f	g	h	i	j	k	l	m	n	o	p	q	r	s	t	u	v	x	y	z	R	L	1	2	3	4	5	6	7	8	／
40	14	6	5	7	50	18	18	120	13	23	46	36	76	13	50	9	15	8	11,5	7	16,5	11,5	10	16	24	37	8	8	81	97	195	28	17	22	4
45	15	6,5	5	8	65	20	20	135	14	25	50	40	83	14	55	10	17	8	14	9	20	14	12	12	26	44	8	9	81	98	206	34	20	25	4
50	17	7	5	9	63	23	23	152	16	27	55	45	92	16	60	11	18	10	16	10	22	16	13	14	28	45	9	10	90	109	230	38	20	28	4,25
55	18	7,5	6	10	69	25	25	166	18	30	60	49	101	17	67	12	20	10	17,5	11	24,5	17,5	15	15	32	54	9	12	90	111	240	42	24	31	4,25
60	20	8	6	10,5	75	27	27	179	19	33	66	54	110	19	72	12,5	22	10	18	11	26	18	16	16	35	56,5	11	13	96	120	266	44	26	33	4,5
65	21	8,5	6	11,5	81	30	30	193	22	36	72	58	119	21	77	13	23	12	20	12	28	20	17	17	38	61	11	14	96	122	276	48	28	35	4,5
70	22	9	6	12	87	32	32	207	23	40	80	65	128	23	82	14	25	12	21,5	13	30,5	21,5	18	19	41	66	12	14	98	124	283	52	30,5	38	4,75
75	23	9,5	7	13	94	36	36	218	26	43	86	68	139	25	85	15	26	12	22	14	32	22	19	20	44	69	12	15	98	125	308	54	32	40	4,75
80	24	10	7	14	100	38	38	236	27	46	92	72	148	27	94	16	28	15	24	15	34	24	20	22	47	74	14	15	104	133	326	58	34	42	5
85	25	10,5	7	15	106	40	40	247	29	49	98	76	155	28	99	16,5	30	15	25,5	16	36,5	25	22	23	51	78	14	16	104	134	338	62	36	44	5
90	26	11	7	15,5	112	41	44	262	32	52	104	81	164	30	104	17	31	15	27	17	39	27	23	24	53	83	15	18	110	145	362	66	39	47	5,25
95	27	11,5	8	16	117	46	46	276	33	55	110	85	175	32	111	18	33	15	22	18	41	29	24	26	56	88	15	18	110	143	372	70	41	45	5,25
100	28	12	8	12,5	125	48	48	290	34	58	116	90	184	34	116	19	35	15	30,5	19	43,3	30,5	26	27	58	93	16	18	112	145	390	74	44	52	5,5
110	30	13	9	19,5	138	51	51	314	35	61	122	99	198	36	126	21	38	18	33	21	47	33	28	30	63	101	16	20	150	166	428	80	47	56	5,75
120	32	14	10	21	150	54	54	338	38	65	130	108	214	37	140	22	42	18	35,5	22	50,5	33,6	30	32	68	108	16	20	142	178	442	86	50	60	6

Petites têtes

a	b	c	d	e	f	g	h	i	j	k	l	m	n	o	p	q	r	s	t	u	v	x	y	z	R	L	1	2	3	4	5	6	7	8	／
30	10	5	4	5	35	15	14	93	10	14	39	28	58	10	38	7	12		9,5	6	13,5	2,5	7,5	7,5	16	30					50	23		18	3,5
35	11	5,5	5	6	40	16	16	103	11	16	40	28	62	11	45	8	13		10	6	15	10	8	8,5	21	33				160	25		19	3,75
40	12	6	5	7	46	18	18	114	12	18	45	32	74	12	50	9	15		11,5	7	16,5	11,5	9	10	24	37				170	28		21	4
45	14	6,5	5	8	52	20	21	129	13	20	50	36	81	13	55	10	17	8	12	7	18	12	10	11	26	40	8	9	78	96	202	30	18	23	4
50	16	7	5	9	58	22	22	143	15	22	55	40	88	14	60	10	18	8	13	8	19	13	11	12	29	42	9	11	81	101	218	32	19	25	4,25
55	17	7,5	6	10	65	24	24	156	16	25	60	44	97	15	67	11	20	10	14,5	9	21,5	14,5	12	13	32	47	9	13	81	103	232	36	21,5	28	4,25
60	18	8	6	11	70	25	25	169	18	28	65	48	104	16	72	12	22	10	16	9	24	16	14	14	35	52	10	15	87	112	250	40	24	30	4,5
65	19	8,5	6	11,5	75	26	26	181	19	30	70	52	113	18	77	13	23	10	18	10,5	26	18	16	16	38	57	10	15	87	112	253	44	26	32,5	4,5
70	20	9	6	12	80	28	28	195	21	32	75	56	128	19	82	13	25	12	20	11,5	28	20	17	17	40	61	10	16	92	118	276	48	28	36	4,75
75	21	9,5	7	13	86	30	30	206	22	34	80	60	129	20	89	14	27	12	20,5	12,5	29,5	20,5	19	18	42	64	10	16	92	118	288	50	29,5	36	4,75
80	22	10	7	14	92	32	32	218	22	36	85	64	133	22	94	15	28	12	21,5	13	30,5	21,5	20	19	45	67	12	17	92	126	273	52	30,5	[illegible]	5
85	23	10,5	7	15	98	34	34	234	24	38	90	68	147	24	99	15	30	12	23	14	33	23	21	20	48	71	12	17	97	126	312	56	[illegible]	[illegible]	5
90	24	11	7	16	104	36	36	243	25	40	95	72	156	26	104	16	31	12	25	15	35	25	23	21	50	76	12	18	106	136	338	60	[illegible]	[illegible]	5,25
95	25	11,5	8	17	110	38	38	258	26	42	100	76	167	28	113	17	33	15	26	16	38	26	24	23	53	81	12	18	106	136	368	64	38	[illegible]	5,25
100	26	12	8	17,5	115	40	40	272	28	45	105	80	176	30	116	18	35	15	28	17	40	28	25	25	56	86	14	20	112	146	370	68	40	48	5,5

Imp. de l'École Centrale et de la Société des Écoles d'Arts & Métiers — Denay & C.ie 19 Rue de la Boule, Paris

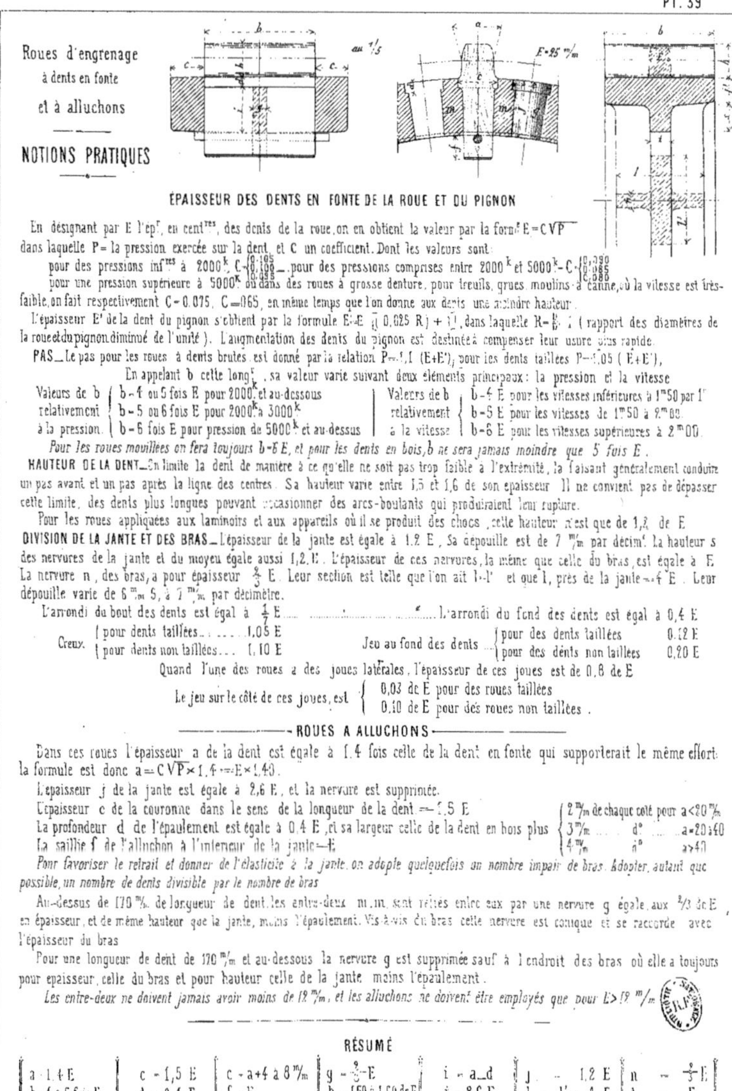

ÉPAISSEUR DES DENTS EN FONTE DE LA ROUE ET DU PIGNON

En désignant par E l'ép^r, en cent^{res}, des dents de la roue, on en obtient la valeur par la form^e $E = C\sqrt{P}$ dans laquelle P = la pression exercée sur la dent, et C un coefficient. Dont les valeurs sont :

pour des pressions inf^{res} à 2000^k, $C = \begin{cases} 0,105 \\ 0,100 \\ 0,095 \end{cases}$ pour des pressions comprises entre 2000^k et 5000^k — $C = \begin{cases} 0,090 \\ 0,085 \\ 0,080 \end{cases}$

pour une pression supérieure à 5000^k ou dans des roues à grosse denture, pour treuils, grues, moulins à canne, où la vitesse est très-faible, on fait respectivement $C = 0,075$, $C = 065$, en même temps que l'on donne aux dents une moindre hauteur.

L'épaisseur E' de la dent du pignon s'obtient par la formule $E' = E \left(0,025\,R \right) + 1$, dans laquelle $R = \frac{E}{E'}$; (rapport des diamètres de la roue et du pignon diminué de l'unité). L'augmentation des dents du pignon est destinée à compenser leur usure plus rapide.

PAS — Le pas pour les roues à dents brutes est donné par la relation $P = 1,1\,(E+E')$; pour les dents taillées $P = 1,05\,(E+E')$,

En appelant b cette long^r, sa valeur varie suivant deux éléments principaux : la pression et la vitesse

Valeurs de b relativement à la pression	Valeurs de b relativement à la vitesse
b = 4 ou 5 fois E pour 2000^k et au-dessous	b = 4 E pour les vitesses inférieures à 1^{m}50 par 1"
b = 5 ou 6 fois E pour 2000^k à 3000^k	b = 5 E pour les vitesses de 1^{m}50 à 2^{m}00
b = 6 fois E pour pression de 5000^k et au-dessus	b = 6 E pour les vitesses supérieures à 2^{m}00

Pour les roues mouillées on fera toujours b = 6 E, et pour les dents en bois, b ne sera jamais moindre que 5 fois E.

HAUTEUR DE LA DENT — On limite la dent de manière à ce qu'elle ne soit pas trop faible à l'extrémité, la faisant généralement conduire un pas avant et un pas après la ligne des centres. Sa hauteur varie entre 1,5 et 1,6 de son épaisseur. Il ne convient pas de dépasser cette limite, des dents plus longues pouvant occasionner des arcs-boutants qui produiraient leur rupture.

Pour les roues appliquées aux laminoirs et aux appareils où il se produit des chocs, cette hauteur n'est que de 1,2 de E

DIVISION DE LA JANTE ET DES BRAS — L'épaisseur de la jante est égale à 1,2 E. Sa dépouille est de 7 m/m par décim^t. la hauteur s des nervures de la jante et du moyeu égale aussi 1,2 E. L'épaisseur de ces nervures, la même que celle du bras, est égale à E. La nervure n, des bras, a pour épaisseur $\frac{2}{3}$ E. Leur section est telle que l'on ait l-l' et que l, près de la jante = 4 E. Leur dépouille varie de 6 m/m 5, à 7 m/m par décimètre.

L'arrondi du bout des dents est égal à $\frac{1}{7}$ E .... L'arrondi du fond des dents est égal à 0,4 E

Creux. $\begin{cases} \text{pour dents taillées .... } 1,05\text{ E} \\ \text{pour dents non taillées ... } 1,10\text{ E} \end{cases}$ Jeu au fond des dents $\begin{cases} \text{pour des dents taillées } \quad 0,12\text{ E} \\ \text{pour des dents non taillées } \quad 0,20\text{ E} \end{cases}$

Quand l'une des roues a des joues latérales, l'épaisseur de ces joues est de 0,8 de E

Le jeu sur le côté de ces joues, est $\begin{cases} 0,03 \text{ de E pour des roues taillées} \\ 0,10 \text{ de E pour des roues non taillées .} \end{cases}$

——— ROUES A ALLUCHONS ———

Dans ces roues l'épaisseur a de la dent est égale à 1,4 fois celle de la dent en fonte qui supporterait le même effort, la formule est donc $a = C\sqrt{P} \times 1,4 = E \times 1,40$.

L'épaisseur j de la jante est égale à 2,6 E, et la nervure est supprimée.

L'épaisseur c de la couronne dans le sens de la longueur de la dent = 1,5 E

La profondeur d de l'épaulement est égale à 0,4 E, et sa largeur celle de la dent en bois plus $\begin{cases} 2\text{ m/m de chaque coté pour } a < 20\text{ m/m} \\ 3\text{ m/m} \quad\quad d^o \quad\quad a = 20\text{ à }40 \\ 4\text{ m/m} \quad\quad d^o \quad\quad a > 40 \end{cases}$

La saillie f de l'alluchon à l'intérieur de la jante = E.

Pour favoriser le retrait et donner de l'élasticité à la jante, on adopte quelquefois un nombre impair de bras. Adopter, autant que possible, un nombre de dents divisible par le nombre de bras

Au-dessus de 170 m/m de longueur de dent, les entre-deux m.m. sont reliés entre eux par une nervure g égale aux $\frac{2}{3}$ de E, en épaisseur, et de même hauteur que la jante, moins l'épaulement. Vis-à-vis du bras cette nervure est conique et se raccorde avec l'épaisseur du bras

Pour une longueur de dent de 170 m/m et au-dessous la nervure g est supprimée sauf à l'endroit des bras où elle a toujours pour épaisseur celle du bras et pour hauteur celle de la jante, moins l'épaulement.

Les entre-deux ne doivent jamais avoir moins de 12 m/m, et les alluchons ne doivent être employés que pour E > 12 m/m

RÉSUMÉ

a = 1,4 E	c = 1,5 E	c = a + 4 à 8 m/m	$g = \frac{2}{3}$ E	i = a — d	J = 1,2 E	$n = \frac{2}{3}$ E
b = 4 à 6 fois E	d = 0,4 E	f = E	h = 1,50 à 1,60 de E	j = 2,6 E	l = l' = 4 E	t = E

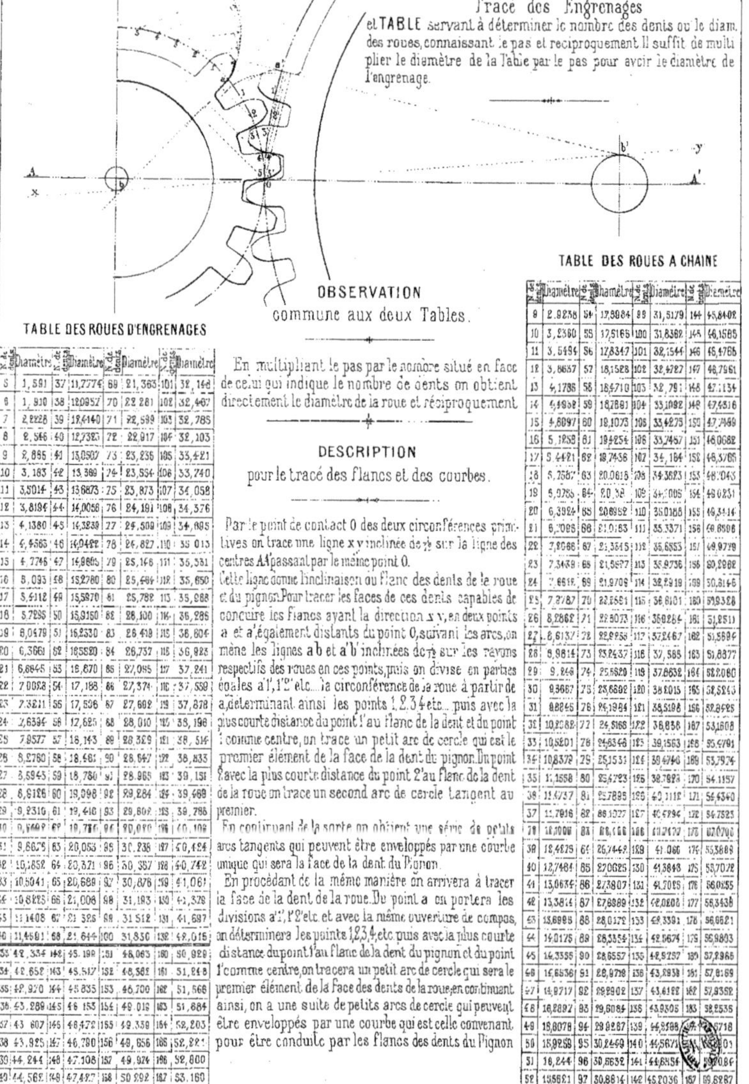

OBSERVATION
commune aux deux Tables.

En multipliant le pas par le nombre situé en face de celui qui indique le nombre de dents on obtient directement le diamètre de la roue et réciproquement.

DESCRIPTION
pour le tracé des flancs et des courbes.

Par le point de contact 0 des deux circonférences primitives on trace une ligne x y inclinée de 7½° sur la ligne des centres AA' passant par le même point 0.

Cette ligne donne l'inclinaison ou flanc des dents de la roue et du pignon. Pour tracer les faces de ces dents capables de conduire les flancs ayant la direction x y, en deux points a et a' également distants du point 0, suivant les arcs, on mène les lignes a b et a' b' inclinées de 7½° sur les rayons respectifs des roues en ces points, puis on divise en parties égales a 1, 1'2' etc... la circonférence de la roue à partir de a, déterminant ainsi les points 1, 2, 3, 4 etc... puis avec la plus courte distance du point 1' au flanc de la dent et du point 1 comme centre, on trace un petit arc de cercle qui est le premier élément de la face de la dent du pignon. Du point 2 avec la plus courte distance du point 2' au flanc de la dent de la roue on trace un second arc de cercle tangent au premier.

En continuant de la sorte on obtient une série de petits arcs tangents qui peuvent être enveloppés par une courbe unique qui sera la face de la dent du Pignon.

En procédant de la même manière on arrivera à tracer la face de la dent de la roue. Du point a on portera les divisions a 1', 1'2' etc. et avec la même ouverture de compas, on déterminera les points 1, 2, 3, 4, etc. puis avec la plus courte distance du point 1' au flanc de la dent du pignon et du point 1' comme centre, on tracera un petit arc de cercle qui sera le premier élément de la face des dents de la roue, en continuant ainsi, on a une suite de petits arcs de cercle qui peuvent être enveloppés par une courbe qui est celle convenant pour être conduite par les flancs des dents du Pignon.

TABLE DES ROUES D'ENGRENAGES

N de dents	Diamètre	N de dents	Diamètre	N de dents	Diamètre	N de dents	Diamètre
5	1,591	37	11,7774	69	21,363	101	32,168
6	1,910	38	12,0952	70	22,281	102	32,467
7	2,228	39	12,4140	71	22,599	103	32,785
8	2,546	40	12,7323	72	22,917	104	33,103
9	2,865	41	13,0507	73	23,235	105	33,421
10	3,183	42	13,369	74	23,554	106	33,740
11	3,5014	43	13,6873	75	23,873	107	34,058
12	3,8194	44	14,0056	76	24,191	108	34,376
13	4,1380	45	14,3239	77	24,509	109	34,695
14	4,4565	46	14,6422	78	24,827	110	35,013
15	4,7745	47	14,9805	79	25,166	111	35,531
16	5,093	48	15,2780	80	25,464	112	35,650
17	5,4112	49	15,5970	81	25,788	113	35,988
18	5,7296	50	15,9150	82	26,100	114	36,286
19	6,0479	51	16,2530	83	26,418	115	36,604
20	6,366	52	16,5520	84	26,737	116	36,923
21	6,6845	53	16,870	85	27,095	117	37,241
22	7,0028	54	17,188	86	27,374	118	37,559
23	7,3211	55	17,506	87	27,692	119	37,878
24	7,6394	56	17,625	88	28,010	120	38,196
25	7,9577	57	18,143	89	28,329	121	38,514
26	8,2760	58	18,461	90	28,647	122	38,833
27	8,5943	59	18,780	91	28,965	123	39,151
28	8,9126	60	19,098	92	29,284	124	39,469
29	9,2310	61	19,416	93	29,602	125	39,788
30	9,5492	62	19,736	94	30,010	126	40,108
31	9,8675	63	20,053	95	30,238	127	40,424
32	10,1852	64	20,371	96	30,557	128	40,742
33	10,5041	65	20,689	97	30,876	129	41,061
34	10,8223	66	21,006	98	31,193	130	41,379
35	11,1408	67	21,325	99	31,512	131	41,697
36	11,4591	68	21,644	100	31,830	132	42,015
133	42,334	142	45,199	151	48,063	160	50,929
134	42,652	143	45,517	152	48,382	161	51,248
135	42,970	144	45,835	153	48,700	162	51,566
136	43,289	145	46,153	154	49,018	163	51,684
137	43,607	146	46,472	155	49,338	164	52,203
138	43,925	147	46,790	156	49,656	165	52,521
139	44,244	148	47,108	157	49,974	166	52,800
140	44,562	149	47,427	158	50,292	167	53,160
141	44,780	150	47,745	159	50,611	168	53,480

TABLE DES ROUES A CHAINE

N de dents	Diamètre	N de dents	Diamètre	N de dents	Diamètre	N de dents	Diamètre
9	2,9238	54	17,3984	99	31,5179	144	45,8402
10	3,2360	55	17,5165	100	31,8362	145	46,1585
11	3,5494	56	17,8347	101	32,1544	146	46,4766
12	3,8657	57	18,1528	102	32,4727	147	46,7961
13	4,1786	58	18,4710	103	32,791	148	47,1134
14	4,4958	59	18,7881	104	33,1092	149	47,4316
15	4,8097	60	19,1073	105	33,4275	150	47,7489
16	5,1258	61	19,4254	106	33,7457	151	48,0682
17	5,4421	62	18,7436	107	34,184	152	48,3765
18	5,7587	63	20,0615	108	34,3623	153	48,7043
19	6,0755	64	20,38	109	34,7005	154	48,0231
20	6,3924	65	20,6982	110	35,0188	155	49,3414
21	6,7095	66	21,0163	111	35,3371	156	49,6596
22	7,0066	67	21,3345	112	35,6553	157	49,9779
23	7,3439	68	21,5527	113	35,9736	158	50,2982
24	7,6615	69	21,9709	114	36,2919	159	50,8146
25	7,9787	70	22,5591	115	36,6101	160	51,9328
26	8,2862	71	22,5073	116	36,9284	161	51,2511
27	8,6137	72	22,9953	117	37,2467	162	51,5694
28	8,9814	73	23,2437	118	37,585	163	51,8877
29	9,246	74	25,5620	119	37,8632	164	52,2080
30	9,3667	75	23,6692	120	38,2015	165	52,5243
31	8,8845	76	25,1984	121	38,5198	166	52,8425
32	10,2082	77	24,5165	122	38,836	167	53,1608
33	10,5201	78	24,6346	123	39,1563	168	55,4781
34	10,8372	79	25,1531	124	39,4740	169	55,7974
35	11,1558	80	25,4723	125	38,7923	170	54,1157
36	11,4737	81	25,7895	126	40,1112	171	54,6340
37	11,7916	82	26,1077	127	40,5294	172	54,7525
38	12,0096	83	26,4166	128	40,7477	173	55,0700
39	12,4279	84	25,7442	129	41,060	174	55,3808
40	12,7484	85	27,0625	130	41,3843	175	55,7072
41	13,0634	86	27,3807	131	41,7009	176	56,0255
42	13,3814	87	27,6989	132	42,0202	177	56,3435
43	13,6995	88	28,0172	133	42,3391	178	56,6621
44	14,0175	89	28,3354	134	42,5674	179	56,9803
45	14,3355	90	28,6557	135	42,9237	180	57,2965
46	14,6536	91	28,9718	136	43,2958	181	57,6169
47	14,9717	92	29,2902	137	43,6188	182	57,9352
48	15,2897	93	29,6084	138	43,9305	183	58,2535
49	15,8078	94	29,9267	139	44,8188	184	58,5718
50	15,9258	95	30,2449	140	44,5671	185	58,8901
51	16,244	96	30,5632	141	44,8854	186	59,2084
52	16,5621	97	30,8814	142	45,2036	187	59,6287
53	16,8803	98	31,1997	143	45,5219	188	59,6450

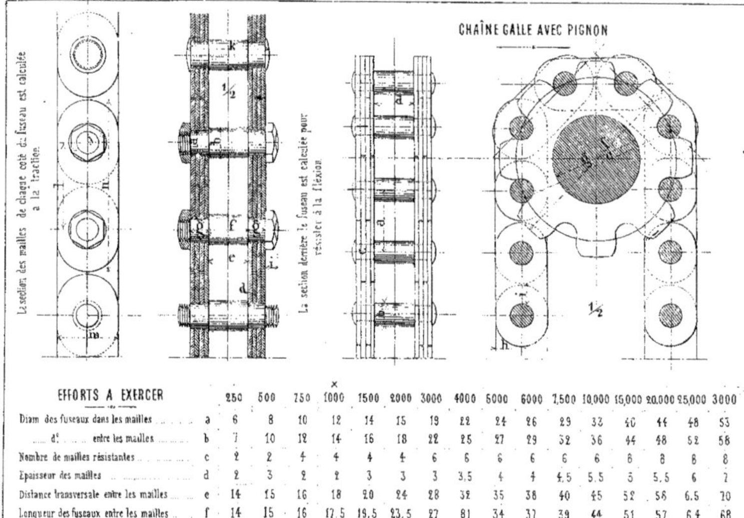

EFFORTS A EXERCER

		250	500	750	1000	1500	2000	3000	4000	5000	6000	7,500	10,000	15,000	20,000	25,000	3000
Diam des fuseaux dans les mailles	a	6	8	10	12	14	15	19	22	24	26	29	33	40	44	48	53
d' entre les mailles	b	7	10	12	14	16	18	22	25	27	29	32	36	44	48	52	58
Nombre de mailles résistantes	c	2	2	4	4	4	4	6	6	6	6	6	6	8	8	8	8
Épaisseur des mailles	d	2	3	2	2	3	3	3	3,5	4	4	4,5	5,5	5	5,5	6	7
Distance transversale entre les mailles	e	14	15	16	18	20	24	28	32	35	38	40	45	52	58	6,5	70
Longueur des fuseaux entre les mailles	f	14	15	16	17.5	19,5	23,5	27	81	34	37	39	44	51	57	6,4	68
Longueur du fuseau dans les mailles	g	4	6	8	9,5	13,5	13,5	20	24	27	27	30	36	44	48	52	60
Diam. de la partie filetée	h				10	12	12	15	15	18	18	20	23	28	30	32	35
Longueur de la partie filetée	i				6	7	5	9	9	10	10	11	12	15	16	17	18
Diagonale de l'écrou	j				18	22	24	28	30	34	36	40	46	56	60	64	70
Longueur totale du fuseau	k	24	30	36	48.5	60.5	66,5	85	97	108	111	121	140	169	185	202	224
Pas de la chaîne	l	20	27	31	39	42	50	56	64	69	80	86	98	120	138	155	125
Largeur de la maille	m	14	19	22	28	30	36	40	47	50	58	64	70	87	100	113	120
Longueur de la maille	n	39	53	61	77	83	99	111	127	137	159	175	195	238	274	308	328
Saillie de la dent sur la circ. primitive	o	5.5	7,5	9	10,5	12	13,5	16,5	18	19	20	22	25	31	34	36	40
Largeur des dents du pignon	p	13	14	15	16	18	22	26	30	33	36	38	42	49	55	62	66
Poids approximatifs par mètre courant		1k025	2k00	3k05	4k08	6k55	7k90	12k80	17k00	20k75	23k70	31k	39k	58k50	72k75	88k5	115k5
Charge par $^m/_m{}^2$ des maillons vers les trous		7,81	7,60	7,81	7,81	7,81	7,93	7,93	7,70	8	7,81	7,94	8	8	7,50	8	7k
Valeur de R par $^m/_m{}^2$ des fuseaux		17,67	22,30	22,9	21,2	21	22,6	23,8	23,4	25,7	24,3	24,6	27,2	26,8	29,6	31	32,3
Travail du fer derrière le trou des fuseaux		7,76	7,40	7,71	7,76	7,71	7,29	7,71	7,98	8	7,86	7,90	7,77	9	8	8	8

TABLEAU DE LA CHAÎNE GALLE AVEC PIGNON

CHAÎNE GALLE

La section des mailles derrière les fuseaux a été calculée par la formule

$$\frac{R\,a\,b^2}{6} = \frac{P(2L - L')}{8}$$

D' ou

$$B = \sqrt{\frac{6\,P(2L-L')}{8\,R\,a\,d}}$$

formule dans laquelle $P = \frac{1}{4}$ de la charge sur l'un des cotés.

a = La somme des épaisseurs de lames d'un coté de la chaîne.

L = Le diamètre des fuseaux.

L' = La distance entre les milieux des sections de la maille, de chaque coté du fuseau.

Efforts à exercer	50k	100	150	200	250	500	750	1000	1500	2000	3000	4000	5000	7500	10,000	15000	20000	25,00	30000
N.ᵈᵉ Dents	8	8	8	8	8	8	8	8	8	8	8	9	9	9	9	9	9	10	10
N.ᵈᵉ Brins	2	2	2	2	2	2	4	4	4	4	6	6	6	6	6	6	8	8	8
a	10	12	15	16	18	21	23	28	32	38	41	44	51	68	71	86	100	112	130
b	3	4	5	5,5	6	7,5	9	10	18	14	11	19	20	23	28	34	40	46	50
c	2,5	3,5	4	4,5	5	65	7,5	8	10	11	14	16	17	19,3	23	29	35	40	44
d	10	10	10	12	14	15	16	18	20	24	28	32	33	40	45	55	65	75	80
e	96	304	39,8	42	47	55	60	73	83,5	93,5	107	1235	149	193	2075	251,5	292	362,5	420,5
f	31	32	48	50	56	63	71	88	101	120	130	155	180	230	297	300	355	425	500
g	15	16	20	22	25	30	36	40	46	34	62	72	73	96	110	130	150	200	250
h	65	85	11	11,5	13	16,5	19	23	25	31	34	36	42	56	61	73	85	96	108
i	2,5	3,5	45	5	3,5	6,5	7	9,5	16,5	13	13	13,5	16,5	22,5	23,5	23	32	35	42
Fusées brisées	1	1,5	1,5	2	2	3	2	3	3	3	4	4	4	4	5	6	2	8	

b. L'épaisseur derrière la maille. Les fuseaux ont été calculés à la flexion par la formule

$$P\,l = \frac{R\,B^3}{10,18} \quad \text{d'où} \quad D = \frac{10,18\,P\,L}{R}$$

(en donnant à R les valeurs indiquées dans le tableau), formule dans laquelle P est la charge sur un coté de la chaîne, et L la distance de l'axe du fuseau le plus éloigné des points d'encastrement.

Disposition 1

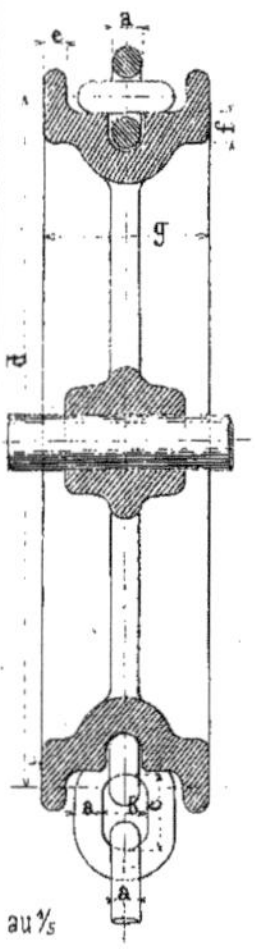

au 3/5

Ces rapports se rapprochent du pas des mailles anglaises c = 2,6 a mais en donnant une chaîne plus serrée que b = 1,2 a.

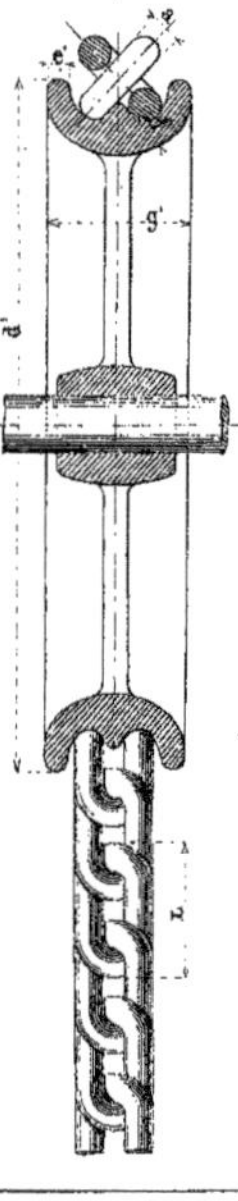

CHAINES ORDINAIRES ET POULIES A GORGES

Par la disposition de poulie à deux gorges parallèles tous les maillons sont inclinés à 48° sur le plan de rotation, ce qui soustrait la chaîne à la flexion que subit l'un des maillons, dans la disposition 1.

De même que la tôle est altérée par le poinçonnage, de même le fer, diminué de ½ mill. à 1 m/m par les chauffes successives, est altéré par la déformation et le forgeage. Une chaîne, en traction de rupture, travaille dans les mêmes conditions qu'une rivure, et l'un des maillons produit sur l'autre les mêmes effets de refoulement et d'écoulement de matière que le rivet tend à produire sur la pince.

Ouverture de divers maillons connus					Charges d'épreuve				
à mailles larges dites Allemandes	à mailles étroites dites Anglaises	chaîne de touage du Canal de Suez	Marine française	Amirauté anglaise	Chaînes ouvertes			Chaînes étançonnées	
					Suez	Marine fr^se	Amirauté	Marine fr^se	Amirauté
b = 1.5 a ; c = 3.5 a	b = 1.5 a ; c = 2.6 a	b = 1.2 a ; c = 3 a	b = 1.4 a ; c = 3.25 a	b = 1.6 a ; c = 4 a	16^x par m. m²	14^x par m. m²	14^x par m. m²	17^x par m. m²	17^x 9 par m. m²

Dimensions usuelles des chaines serrées, Poids, Charges d'épreuve, de rupture, de sécurité — Poulies.

Dimensions intérieures du maillon.	N°s	Diam. a	Poids m.c.t P^it	Double Section 2a	Epreuve E	Charge de rupture à 20x C	Charge de rupture à 26x C'	Maillon b	Maillon c	Poulies à gorges — Disposition 1 d	e	f	g	Disposition 2 d'	e'	f'	g'	Charges de sécurité
	1	7	1.10	77	1078	1540	2002	8'	22	168	5.2	7	38.5	168	5.2	7	35	215
b = a + 1	2	8	1.35	101	1414	2020	2626	9	24	192	6	8	44	192	6	8	40	282
c = 2a + 8	3	9	1.80	127	1778	2540	3302	10	26	216	6.4	9	49.5	216	6.4	9	45	355
	4	10	2.25	157	2198	3140	4082	11	28	240	7.5	10	55	240	7.5	10	50	439
	5	11	2.60	190	2660	3800	4940	12.5	31	264	8.2	11	60.5	264	8.2	11	55	532
b = a + 1.5	6	12	3.40	226	3164	4520	5876	13.5	33	288	9	12	66	288	9	12	60	632
c = 2a + 9	7	13	3.85	266	3724	5320	6916	14.5	35	312	9.7	13	71.5	312	9.7	13	65	744
	8	14	4.20	308	4312	6160	8014	15.5	37	336	10.5	14	77	336	10.5	14	70	862
	9	15	5.50	353	4942	7060	9178	17	40	360	11.2	15	82.5	360	11.2	15	75	1284
b = a + 2	*10	16	6.00	402	5628	8040	10459	18	42	384	12	16	88	384	12	16	80	1463
c = 2a + 10	11	17	6.50	454	6356	9080	11704	19	44	408	12.7	17	93.5	408	12.7	17	85	1652
	12	18	7.50	509	7126	10180	13234	20	46	432	12.8	18	99	432	12.8	18	90	1952
	13	19	8.20	567	7938	11340	14742	21	48	456	14.2	19	104.5	465	14.2	19	95	2063
	14	20	9.10	628	8792	12560	16328	22.5	51	480	15	20	110	480	15	20	100	2285
	15	21	9.90	698	9702	12860	18018	23.5	53	504	15.7	21	115.5	504	15.7	21	105	2599
b = a + 2.5	16	22	10.90	760	10640	15200	19760	24.5	55	528	16.5	22	121	528	16.5	22	110	2756
c = 2a + 11	17	23	12.10	831	11634	16620	21606	25.5	57	552	17.2	23	126.5	552	17.2	23	115	3024
	18	24	13.00	905	12670	18100	23530	26.5	59	575	18	24	132	576	18	24	120	3294
	19	25	14.10	982	13748	19640	25532	28	62	600	18.75	25	137.5	600	18.75	25	125	3574
	20	26	15.20	1062	14868	21240	27612	29	64	624	19.5	26	143	624	19.5	26	130	4460
b = a + 3	21	27	16.65	1148	16030	22900	29770	30	66	648	20.2	27	148.5	648	20.2	27	135	4809
c = 2a + 12	22	28	17.70	1232	17248	24640	32032	31	68	672	21	28	154	672	21	28	140	5174
	23	30	20.30	1414	19796	28280	36764	32	70	720	22.5	30	165	720	22.5	30	150	5938
	24	32	23.00	1609	22526	32180	41834	35.5	77	768	24	32	176	768	24	32	160	6757
	25	34	26.00	1816	25424	36320	47260	37.5	81	816	25.5	34	187	816	25.5	34	[illegible]	7627
b = a + 3.5	26	36	29.10	2036	28504	40720	52936	39.5	85	864	27	36	198	864	27	36	[illegible]	8921
c = 2a + 13	27	38	32.50	2268	31752	45360	58968	41.5	84	912	28.3	38	209	912	28.5	38	190	10160
	28	40	36.00	2513	35182	50260	65338	43	93	960	30	40	220	960	30	40	200	11258

Dejey & C.ie, 18, Rue de la Perle, Paris — Imp. de l'École Centrale et de la Société des Écoles d'Arts & Métiers

CHAINES CALIBRÉES ET LEURS NOIX.

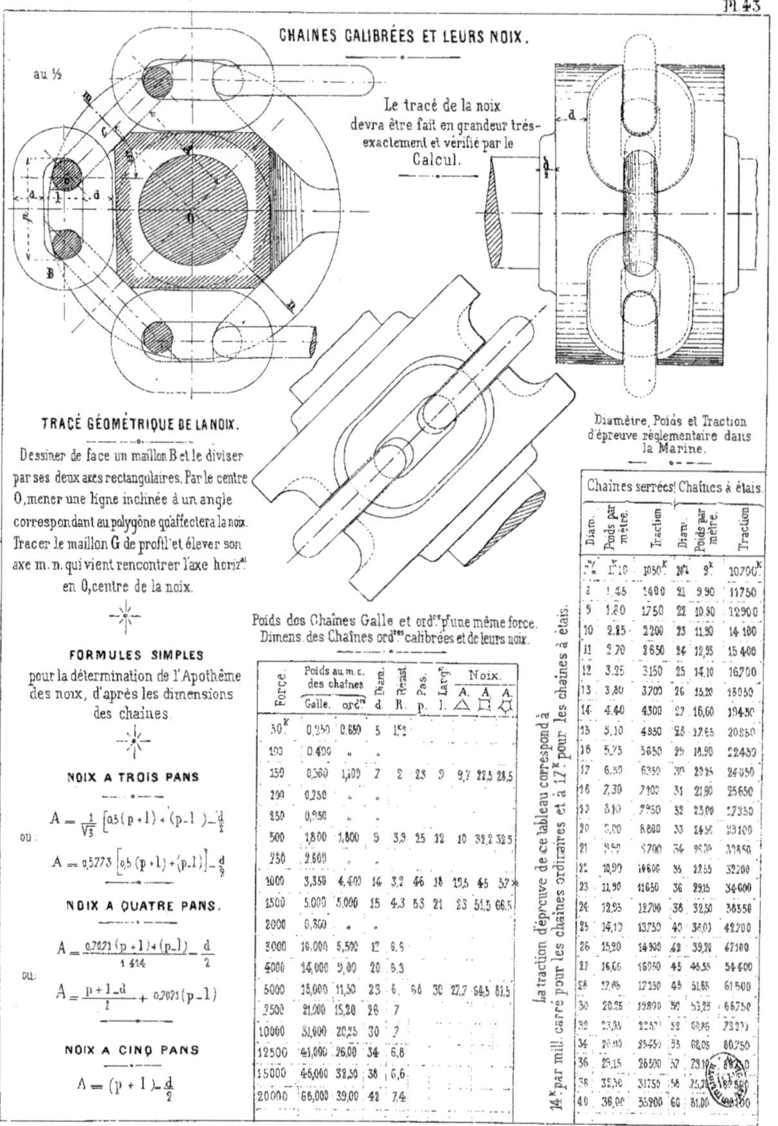

TRACÉ GÉOMÉTRIQUE DE LA NOIX.

Dessiner de face un maillon B et le diviser par ses deux axes rectangulaires. Par le centre O, mener une ligne inclinée à un angle correspondant au polygône qu'affectera la noix. Tracer le maillon G de profil et élever son axe m. n. qui vient rencontrer l'axe horiz^al en O, centre de la noix.

FORMULES SIMPLES

pour la détermination de l'Apothême des noix, d'après les dimensions des chaines.

NOIX A TROIS PANS

$$A = \frac{1}{\sqrt{3}}\left[0{,}5(p+1)+(p-1)\right]-\frac{d}{2}$$

ou

$$A = 0{,}5773\left[0{,}5(p+1)+(p-1)\right]-\frac{d}{2}$$

NOIX A QUATRE PANS.

$$A = \frac{0{,}7071(p+1)+(p-1)}{1{,}414}-\frac{d}{2}$$

ou

$$A = \frac{p+1-d}{l}+0{,}7071(p-1)$$

NOIX A CINQ PANS

$$A = (p+1)-\frac{d}{2}$$

Diamètre, Poids et Traction d'épreuve réglementaire dans la Marine.

Poids des Chaînes Galle et ord^re d'une même force.
Dimens. des Chaînes ord^res calibrées et de leurs noix.

Force	Poids au m.c. des chaînes		Diam. d	Résist. R	Pas. p	Larg. l	Noix A △	A □	A ⬠
	Galle.	ord^res							
50	0,250	0,650	5	1k2					
100	0,400	"		"					
150	0,560	1,100	7	2	23	9	9,7	22,5	28,5
200	0,750	"		"					
250	0,950	"		"					
500	1,800	1,800	9	3,3	25	12	10	32,2	32,5
750	2,600	"		"					
1000	3,350	4,400	14	3,2	46	18	19,5	45	57×
1500	5,000	5,000	15	4,3	53	21	23	51,5	66,5
2000	0,300	"		"					
3000	10,000	5,500	17	6,6					
4000	14,000	9,00	20	6,3					
5000	18,000	11,50	23	6,	66	30	27,7	64,5	81,5
7500	21,000	15,20	26	7					
10000	31,000	20,25	30	7					
12500	41,000	26,00	34	6,8					
15000	46,000	32,50	38	6,6					
20000	66,000	39,00	42	7,4					

	Chaînes serrées			Chaînes à étais	
Diam.	Poids par mètre	Traction	Diam.	Poids par mètre	Traction
7	1,10	1050	20	9	10700
8	1,45	1400	21	9,90	11750
9	1,80	1750	22	10,80	12900
10	2,25	2200	23	11,90	14100
11	2,70	2650	24	12,95	15400
12	3,25	3150	25	14,10	16700
13	3,80	3700	26	15,20	18050
14	4,40	4300	27	16,60	19450
15	5,10	4950	28	17,65	20850
16	5,75	5650	29	18,90	22450
17	6,50	6350	30	20,15	24050
18	7,30	7100	31	21,60	25650
19	8,10	7950	32	23,00	27350
20	9,00	8800	33	24,50	29100
21	9,50	9700	34	26,00	30850
22	10,90	10600	35	27,55	32200
23	11,90	11650	36	29,15	34600
24	12,95	12700	38	32,50	36550
25	14,10	13750	40	38,0	42700
26	15,20	14900	42	39,20	47100
27	16,65	16050	45	46,55	54600
28	17,65	17250	48	51,85	61500
30	20,35	19800	50	53,25	66750
32	23,05	22500	52	60,85	73200
34	26,00	25450	53	68,05	80750
36	29,15	26500	57	73,10	[illegible]
38	32,50	31750	58	75,70	[illegible]
40	36,00	35200	60	81,00	[illegible]

Dejey & Cie, 18 Rue de la Perle, Paris.   Imp. de l'École Centrale et de la Société des Écoles d'Arts & Métiers.

CROCHETS POUR MOUFLES DE GRUES

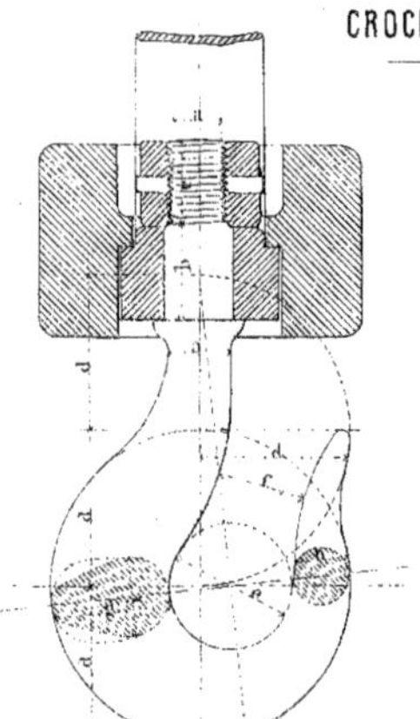

CROCHET
pour 2500 à 3000 k.

Échelle au 1/5.

Le tableau de Série a été établi, en admettant que $g = e$, ce qui est généralement.

TABLEAU DE SÉRIE

N^{os}	Poids élevés	a	b	c	d	e	f	g	h	i
1	50ᵏ	5	9	6	11	9	7	9	5	6
2	100	7	12	9	16	13	10	13	7	9
3	150	8	15	11	21	17	12	17	8	11
4	200	9	17	13	23	18	14	18	9	12
5	250	11	19	14	26	21	16	21	10	14
6	300	15	27	20	37	29	22	29	15	19
7	750	18	33	24	45	36	27	36	18	24
8	1000	21	38	28	52	41	31	41	21	27
9	1500	26	47	35	63	51	38	51	25	33
10	2000	30	54	40	73	58	44	58	29	38
11	3000	37	60	49	90	72	54	72	36	47
12	5000	47	85	63	116	92	69	92	46	61
13	7500	58	104	77	142	113	85	113	57	76
14	10000	67	121	89	163	131	98	131	65	86
15	12500	75	135	100	183	146	110	146	73	96
16	15000	82	148	109	200	160	120	160	80	106
17	20000	95	171	126	232	185	139	185	93	122

CHAÎNES A ÉTAIS ET LEURS ASSEMBLAGES

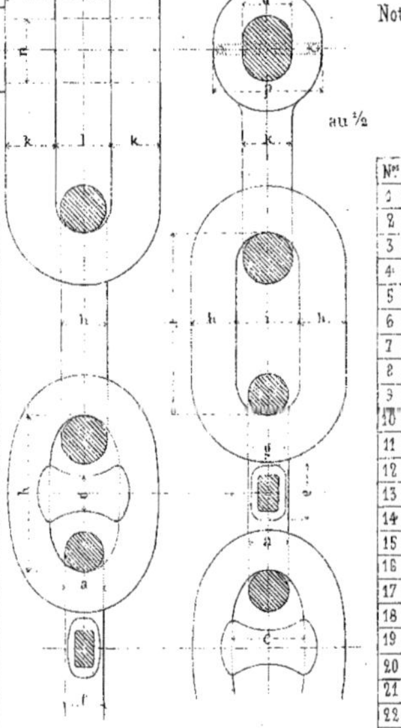

au 1/2

Nota : La chaîne ci-contre est basée sur la limite inférieure $a = 14$ mill.

N. — Nombre de maillons au mètre courant
P^{ds} — Poids de la chaîne par mètre courant
C^h — Charge d'épreuve. 17^k par m. m².

N^{os}	a	N.	P^{ds}	C^h	b	c	d	e	f	g	h	i	j	k	l	m	n	o	p
1	16	16.13	5.57	6800	61.5	28	14	22	8	12	19	24	72	21	22	64	24	19	45
2	18	14.33	7.38	8700	69.3	32	16	25	9	14	22	29	81	23	25	72	29	22	50
3	20	13.	9.53	10500	77	35	18	28	10	16	24	32	90	26	28	80	32	24	56
4	22	11.73	11.53	13000	84.7	39	20	30	11	18	26	36	99	29	31	88	35	26	62
5	24	10.86	13.92	15500	92.4	42	22	33	12	19	29	38	108	37	34	96	38	29	67
6	26	10.	15.48	18000	100.1	46	23	36	13	21	31	42	117	34	36	104	42	31	73
7	28	9.27	17.97	21000	107.8	49	25	39	14	22	34	45	126	36	39	112	45	34	78
8	30	8.60	20.54	24000	115.5	53	27	41	15	24	36	48	135	39	42	120	48	36	84
9	32	8.07	23.79	27000	123.2	56	29	44	16	26	38	51	144	42	43	128	51	38	90
10	34	7.60	25.92	31000	130.9	60	31	47	17	27	41	54	153	44	48	136	54	41	94
11	36	7.13	28.60	34500	138.6	63	32	50	18	29	43	58	162	47	50	144	58	43	101
12	38	6.86	31.87	38500	146.3	67	34	52	19	30	46	61	171	49	53	152	61	46	108
13	40	6.47	35.55	42000	154	70	36	55	20	32	48	64	180	52	56	160	64	48	112
14	42	6.20	38.51	46500	161.7	74	38	56	21	34	50	67	189	55	59	168	67	50	118
15	44	5.93	43.88	51000	169.4	77	40	61	22	35	53	70	198	57	62	176	70	53	123
16	46	5.66	47.00	56000	177.1	81	41	63	23	37	55	74	207	60	64	184	74	55	129
17	48	5.40	50.43	61000	184.8	84	43	66	24	38	58	77	216	62	67	192	77	58	134
18	50	5.20	55.50	66000	192.5	88	45	69	25	40	60	80	225	65	70	200	80	60	140
19	52	5.	58.63	71500	200.2	91	47	72	26	42	62	83	234	66	73	208	83	63	146
20	54	4.80	65.76	77000	207.9	95	49	75	27	43	65	86	243	70	76	216	86	65	151
21	56	4.66	68.53	83000	215.6	98	50	77	28	45	67	90	252	73	78	224	90	67	157
22	58	4.53	72.50	89000	223.3	102	52	80	29	46	70	93	261	75	81	232	93	70	162
23	60	4.33	76.39	95000	231	105	54	83	30	48	72	96	270	78	84	240	96	72	168

Dejey & Cie, 18, Rue de la Perle, Paris   Imp. de l'École Centrale et de la Société des Écoles d'Arts & Métiers

PALANS.

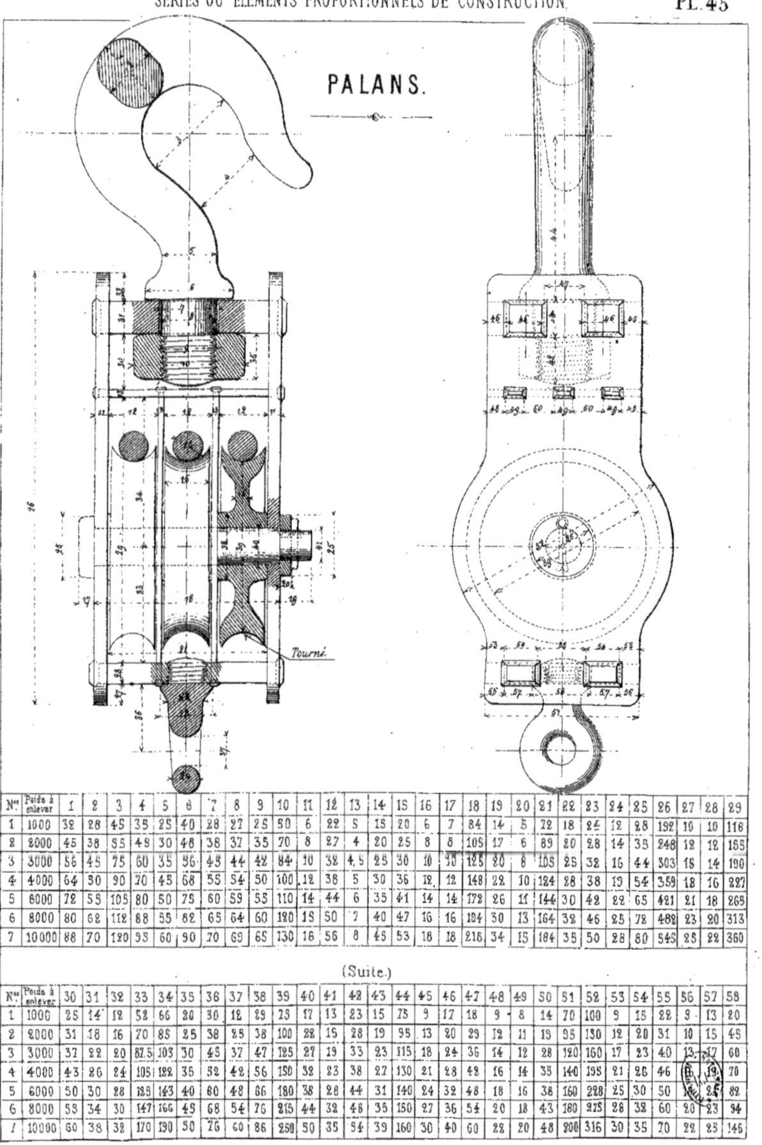

N°ˢ	Poids à enlever	1	2	3	4	5	6	7	8	9	10	11	12	13	14	15	16	17	18	19	20	21	22	23	24	25	26	27	28	29
1	1000	32	28	45	35	25	40	28	27	25	50	6	22	S	15	20	6	7	84	14	5	72	18	24	12	28	192	10	10	116
2	2000	45	38	55	49	30	48	38	37	35	70	8	27	4	20	25	8	8	105	17	6	89	20	28	14	33	248	12	12	155
3	3000	56	45	75	60	35	56	45	44	42	84	10	32	4,5	25	30	10	10	125	20	8	105	25	32	16	44	303	15	14	190
4	4000	64	50	90	70	45	68	55	54	50	100	12	38	5	30	36	12	12	148	22	10	124	28	38	19	54	359	18	16	227
5	6000	72	55	105	80	50	75	60	59	55	110	14	44	6	35	41	14	14	172	26	11	144	30	42	22	65	421	21	18	265
6	8000	80	62	112	88	55	82	65	64	60	120	15	50	7	40	47	16	16	194	30	13	164	32	46	25	72	482	23	20	313
7	10000	88	70	120	95	60	90	70	69	65	130	16	56	8	45	53	18	18	216	34	15	184	35	50	28	80	545	25	22	360

(Suite.)

N°ˢ	Poids à enlever	30	31	32	33	34	35	36	37	38	39	40	41	42	43	44	45	46	47	48	49	50	51	52	53	54	55	56	57	58
1	1000	25	14	12	52	66	20	30	12	29	23	17	13	23	15	75	9	17	18	9	8	14	70	100	9	15	22	9	13	20
2	2000	31	18	16	70	85	25	38	25	38	100	22	15	28	19	95	13	20	29	12	11	19	95	130	12	20	31	10	15	49
3	3000	37	22	20	87,5	103	30	45	37	47	125	27	19	33	23	115	18	24	36	14	12	28	120	160	17	23	40	13	17	60
4	4000	43	26	24	105	122	35	52	42	56	150	32	23	38	27	130	21	28	42	16	14	35	140	195	21	26	46	[illegible]	19	70
5	6000	50	30	28	129	143	40	60	48	66	180	38	28	44	31	140	24	32	48	18	16	38	160	228	25	30	50	[illegible]	25	82
6	8000	53	34	30	147	166	45	68	54	76	215	44	32	48	35	150	27	36	54	20	18	43	180	275	28	32	60	20	23	94
7	10000	60	38	32	170	190	50	76	60	86	250	50	35	54	39	160	30	40	60	22	20	48	200	316	30	35	70	22	25	146

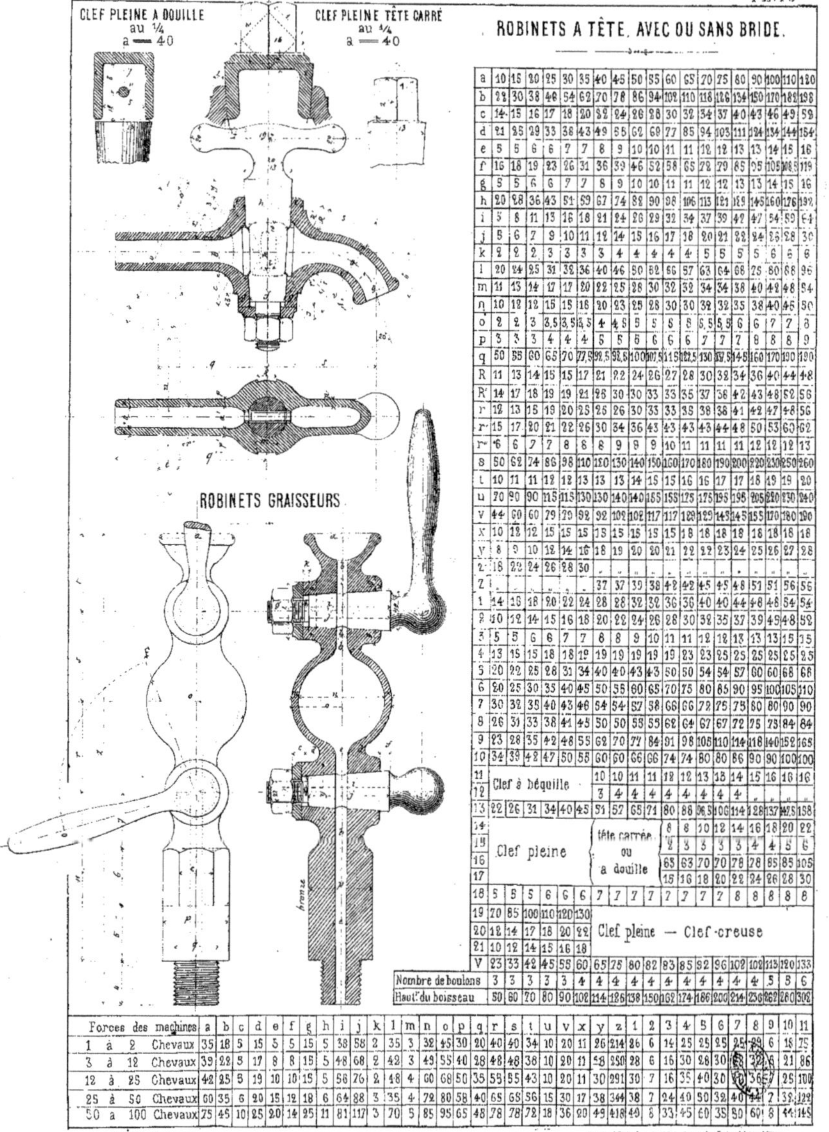

ROBINETS A TÊTE, AVEC OU SANS BRIDE.

a	10	15	20	25	30	35	40	45	50	55	60	65	70	75	80	90	100	110	120
b	22	30	38	46	54	62	70	78	86	94	102	110	118	126	134	150	170	182	198
c	14	15	16	17	18	20	22	24	26	28	30	32	34	37	40	43	46	49	52
d	21	25	29	33	38	43	49	55	62	69	77	85	94	103	111	124	134	144	154
e	5	5	6	6	7	7	8	9	10	10	11	11	12	12	13	13	14	15	16
f	16	18	19	23	26	31	36	39	46	52	58	65	72	79	85	95	105	108	119
g	5	5	6	6	7	7	8	9	10	10	11	11	12	12	13	13	14	15	16
h	20	28	36	43	51	59	67	74	82	90	98	106	113	121	129	145	160	176	192
i	5	8	11	13	16	18	21	24	26	29	32	34	37	39	42	47	54	59	64
j	5	6	7	9	10	11	12	14	15	16	17	18	20	21	22	24	26	28	30
k	2	2	2	3	3	3	3	4	4	4	4	5	5	5	5	6	6	6	6
l	20	24	25	31	32	36	40	46	50	62	66	57	63	64	68	75	80	88	96
m	11	13	14	17	17	20	22	25	28	30	32	32	34	34	38	40	42	48	54
n	10	12	12	15	15	18	20	23	25	28	30	30	32	32	35	38	40	45	50
o	2	2	3	3,5	3,5	3,5	4	4,5	5	5	5	5	5,5	5,5	6	6	7	7	8
p	3	3	3	4	4	4	5	5	6	6	6	6	7	7	7	8	8	8	9
q	50	55	60	65	70	77,5	92,5	92,5	100	107,5	115	122,5	130	137,5	145	160	170	190	190
R	11	13	14	15	15	17	21	22	24	26	27	28	30	32	34	36	40	44	48
R'	14	17	18	19	19	21	26	30	30	33	33	35	37	38	42	43	48	52	56
r	12	13	15	19	20	25	25	26	30	33	33	35	38	38	41	42	47	48	56
r'	15	17	20	21	22	26	30	34	36	43	43	43	43	44	48	50	53	60	62
r"	6	6	7	7	8	8	8	9	9	9	10	11	11	11	11	12	12	12	13
s	50	62	74	86	98	110	120	130	140	150	160	170	180	190	200	220	230	250	260
t	10	11	11	12	12	13	13	13	14	15	15	16	16	17	17	18	19	19	20
u	70	80	90	115	115	130	130	140	140	155	155	175	175	195	195	205	220	230	240
v	44	60	60	79	79	92	92	102	102	117	117	129	129	145	145	155	170	180	190
x	10	12	12	15	15	15	15	15	15	15	15	18	18	18	18	18	18	18	18
y	8	9	10	12	14	16	18	19	20	20	21	22	22	23	24	25	26	27	28
z	18	22	24	26	28	30													
Z							37	37	39	38	42	42	45	45	48	51	51	56	56
1	14	16	18	20	22	24	28	28	32	32	36	36	40	40	44	48	48	54	54
2	10	12	14	15	16	18	20	22	24	26	28	30	32	35	37	39	45	48	52
3	5	5	6	6	7	7	8	8	9	10	11	11	12	12	13	13	13	15	15
4	13	15	15	18	18	19	19	19	19	19	19	23	23	25	25	25	25	25	25
5	20	22	25	28	31	34	40	40	43	43	50	50	54	54	57	60	60	68	68
6	20	25	30	35	40	45	50	55	60	65	70	75	80	85	90	95	100	105	110
7	30	32	35	40	43	46	54	54	57	58	66	66	72	75	75	80	80	90	90
8	26	31	33	38	41	45	50	50	53	55	62	64	67	67	72	75	73	84	84
9	23	28	35	42	48	55	62	70	77	84	91	98	105	110	114	118	140	152	165
10	34	39	42	47	50	55	60	60	66	66	74	74	80	80	86	90	90	100	100
11	Clef à béquille						10	10	11	11	12	12	13	13	14	15	16	16	16
12							3	4	4	4	4	4	4	4	4				
13	22	26	31	34	40	45	51	57	65	71	80	88	96,5	106	114	128	137	147,5	158
14	Clef pleine				tête carrée ou à douille					8	8	10	12	14	16	18	20	22	
15										2	3	3	3	3	4	4	5	6	
16										63	63	70	70	78	78	85	85	105	
17										15	16	18	20	22	24	26	28	30	
18	5	5	5	6	6	6	7	7	7	7	7	7	7	7	8	8	8	8	8
19	70	85	100	110	120	130													
20	12	14	17	18	20	22	Clef pleine — Clef-creuse												
21	10	12	14	15	16	18													
V	23	33	42	45	55	60	65	75	80	82	83	85	92	96	102	102	113	120	133
Nombre de boulons	3	3	3	3	3	4	4	4	4	4	4	4	4	4	4	4	5	5	6
Haut.r du boisseau	50	60	70	80	90	102	114	126	138	150	162	174	186	200	214	236	262	280	302

Forces des machines	a	b	c	d	e	f	g	h	i	j	k	l	m	n	o	p	q	r	s	t	u	v	x	y	z	1	2	3	4	5	6	7	8	9	10	11
1 à 2 Chevaux	35	18	5	15	5	5	15	5	58	58	2	35	3	32	45	30	20	40	40	34	10	20	11	26	214	26	6	14	25	25	25	29	6	18	75	
3 à 12 Chevaux	39	22	5	17	8	8	15	5	48	68	2	42	3	49	55	40	28	48	48	38	10	20	11	58	280	28	6	16	30	28	30		6	21	86	
12 à 25 Chevaux	42	25	5	19	10	10	15	5	56	76	2	48	4	60	68	50	35	55	55	43	10	20	11	30	291	30	7	16	35	40	30		6	25	100	
25 à 50 Chevaux	60	35	6	20	15	12	18	6	64	88	3	35	4	72	80	58	40	65	65	56	15	30	17	38	344	38	7	24	40	50	32	40	7	39	122	
50 à 100 Chevaux	75	45	10	25	20	14	25	11	81	117	3	70	5	85	95	65	48	78	78	72	18	36	20	49	418	46	8	33	45	60	35	50	60	8	44	145

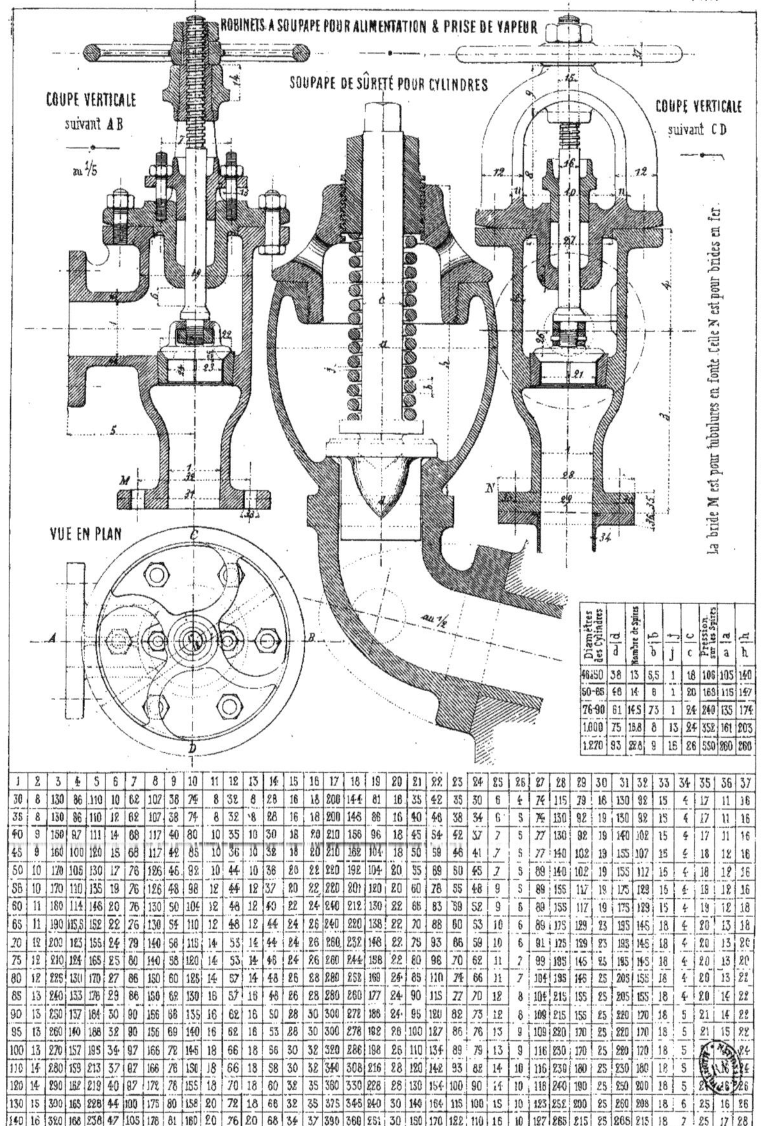

Diamètres des Cylindres	d	Nombre de Spires	b	j	c	Pression sur les Spires	a	h
46à50	38	13	5,5	1	18	106	105	140
50-65	46	14	8	1	20	168	115	147
76-90	61	14.5	73	1	24	240	135	174
1.000	75	15.8	8	13	24	352	161	203
1.270	93	22.8	9	15	26	550	260	260

1	2	3	4	5	6	7	8	9	10	11	12	13	14	15	16	17	18	19	20	21	22	23	24	25	26	27	28	29	30	31	32	33	34	35	36	37
30	8	130	86	110	10	62	102	38	74	8	32	8	28	16	18	200	144	81	16	35	42	35	30	6	4	74	115	79	16	130	92	15	4	17	11	16
35	8	130	86	110	12	62	107	38	74	8	32	8	28	16	18	200	148	86	16	40	46	38	34	6	5	74	130	92	19	130	92	15	4	17	11	16
40	9	150	97	111	14	68	117	40	80	10	35	10	30	18	20	210	156	96	18	45	54	42	37	7	5	77	130	92	19	140	102	15	4	17	11	16
45	9	160	100	120	15	68	117	42	85	10	36	10	32	18	20	210	162	104	18	50	59	46	41	7	5	77	140	102	19	155	107	15	4	18	12	16
50	10	170	105	130	17	76	126	46	92	10	44	10	36	20	22	220	192	104	20	55	69	50	45	7	5	89	140	102	19	155	112	15	4	18	12	16
55	10	170	110	135	19	76	126	48	98	12	44	12	37	20	22	220	201	120	20	60	78	55	48	9	5	89	155	117	19	175	129	15	4	18	12	16
60	11	180	114	148	20	76	130	50	104	12	48	12	40	22	24	240	212	130	22	65	83	59	52	9	6	89	155	117	19	175	129	15	4	19	12	18
65	11	190	115,5	152	22	76	130	54	110	12	48	12	44	24	26	240	220	138	22	70	88	60	53	10	6	89	175	129	23	195	145	18	4	20	13	18
70	12	200	123	155	24	79	140	56	115	14	53	14	44	24	26	260	232	148	22	75	93	66	59	10	6	91	185	129	23	195	145	18	4	20	13	20
75	12	210	124	165	25	80	140	58	120	14	53	14	46	24	26	260	244	158	22	80	98	70	62	11	7	99	195	145	25	195	145	18	4	20	13	20
80	12	225	130	170	27	86	150	60	125	14	57	14	48	26	28	280	252	169	24	85	110	74	66	11	7	104	195	146	25	205	155	18	4	20	13	22
85	13	240	133	176	29	86	150	62	130	16	57	16	48	26	28	280	260	177	24	90	115	77	70	12	8	104	215	155	25	205	155	18	4	20	14	22
90	13	250	137	184	30	90	156	66	135	16	62	16	50	28	30	300	272	186	24	95	120	82	73	12	8	109	215	155	25	220	170	18	5	21	14	22
95	13	260	140	188	32	90	156	69	140	16	62	16	53	28	30	300	278	182	26	100	127	86	76	13	9	109	220	170	25	220	170	18	5	21	15	22
100	13	270	157	195	34	97	166	72	145	18	66	18	56	30	32	320	286	198	26	110	134	89	79	13	9	116	230	170	25	220	170	18	5	[illegible]	[illegible]	24
110	14	280	159	213	37	97	166	76	150	18	66	18	58	30	32	340	308	216	28	120	142	93	82	14	10	116	230	180	25	230	180	18	5	[illegible]	[illegible]	24
120	14	290	162	219	40	97	172	78	155	18	70	18	60	32	35	360	330	228	28	130	154	100	90	14	10	116	240	190	25	250	200	18	5	[illegible]	16	26
130	15	300	165	228	44	100	175	80	158	20	72	18	66	32	35	375	345	240	30	140	164	115	100	15	10	123	252	200	25	260	208	18	6	25	16	26
140	16	320	168	238	47	105	178	81	160	20	76	20	68	34	37	390	360	251	30	150	170	122	110	16	10	127	265	215	25	268	215	18	7	25	17	28

RÉGULATEUR CONIQUE

N° 11 AU 1/10   à bielles non croisées   Elévation et coupe

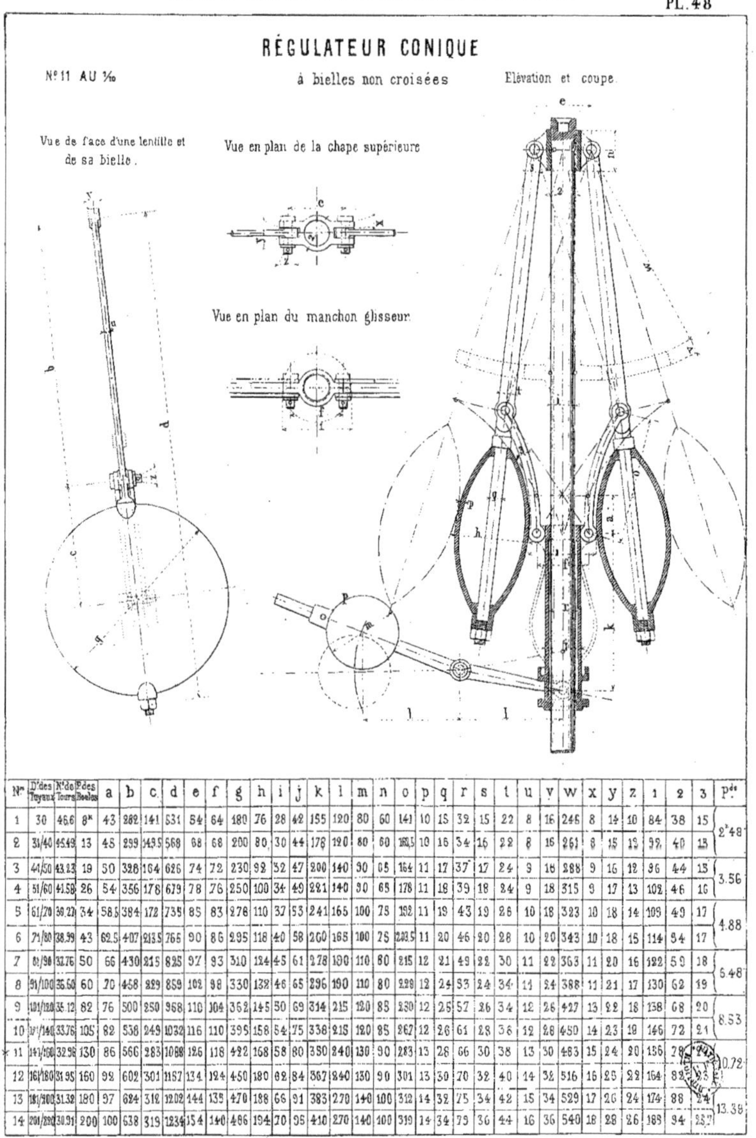

N°	D'des Tuyaux	N' de Tours	P des Boules	a	b	c	d	e	f	g	h	i	j	k	l	m	n	o	p	q	r	s	t	u	v	w	x	y	z	1	2	3	p
1	30	46.6	8k	43	282	141	531	54	64	180	76	28	42	155	120	80	60	141	10	15	32	15	22	8	16	245	8	14	10	84	38	15	2.48
2	31/40	45.49	13	45	299	149.5	568	68	68	200	80	30	44	178	120	80	60	168.5	10	16	34	16	22	8	16	261	8	15	13	92	40	15	
3	41/50	43.23	19	50	328	164	626	74	72	230	92	32	47	200	140	90	65	164	11	17	37	17	24	9	18	288	9	16	12	96	44	15	3.56
4	51/60	41.58	26	54	356	178	679	78	76	250	100	34	49	221	140	90	65	178	11	18	39	18	24	9	18	315	9	17	13	102	46	16	
5	61/70	39.27	34	58.5	384	172	735	85	83	276	110	37	53	241	165	100	75	192	11	19	43	19	26	10	18	323	10	18	14	109	49	17	4.88
6	71/80	38.99	43	62.5	407	213.5	765	90	86	295	118	40	58	260	165	100	75	203.5	11	20	46	20	28	10	20	343	10	18	15	114	54	17	
7	81/90	37.76	50	66	430	215	825	97	93	310	124	45	61	278	190	110	80	215	12	21	49	22	30	11	22	363	11	20	16	122	59	18	6.48
8	91/100	36.60	60	70	458	229	859	102	98	330	132	46	65	296	190	110	80	229	12	24	53	24	34	11	24	388	11	21	17	130	62	19	
9	101/120	35.12	82	76	500	250	968	110	104	362	145	50	69	314	215	120	85	230	12	25	57	26	34	12	26	427	13	22	18	138	68	20	8.53
10	121/140	33.76	105	82	538	249	1032	116	110	395	158	54	75	338	215	120	85	267	12	26	61	28	36	12	28	450	14	23	19	146	72	21	
11	141/160	32.98	130	86	566	283	1088	126	118	422	168	58	80	350	240	130	90	283	13	28	66	30	38	13	30	483	15	24	20	156	78	24	10.72
12	161/180	31.95	160	92	602	301	1157	134	124	450	180	62	84	367	240	130	90	301	13	30	70	32	40	14	32	516	16	25	22	164	82	23	
13	181/200	31.32	180	97	624	312	1202	144	135	470	188	66	91	383	270	140	100	312	14	32	75	34	42	15	34	529	17	26	24	174	88	24	13.38
14	201/220	30.91	200	100	638	319	1234	154	140	466	194	70	95	410	270	140	100	319	14	34	79	36	44	16	36	540	18	28	26	188	94	25.7	

PORTES DE FOURNEAUX

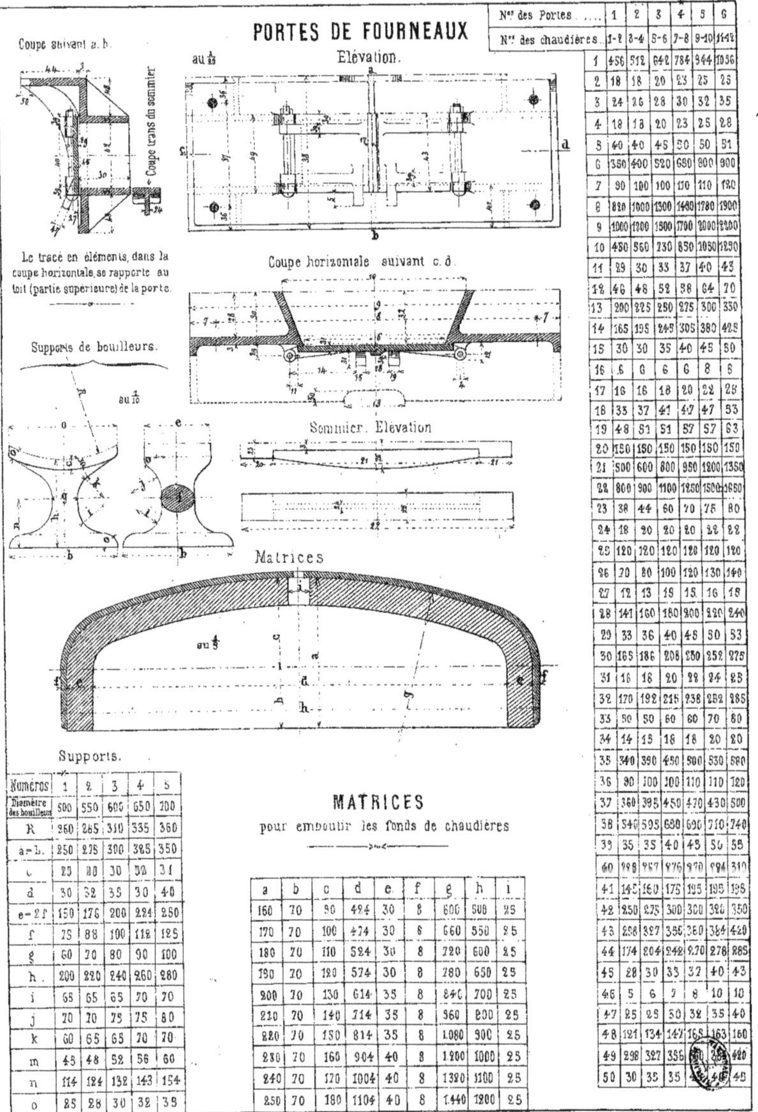

N°s des Portes	1	2	3	4	5	6
N°s des chaudières	1-2	3-4	5-6	7-8	9-10	11-12
1	456	512	642	784	944	1036
2	18	18	20	23	25	25
3	24	26	28	30	32	35
4	18	18	20	23	25	28
5	40	40	45	50	50	51
6	350	400	520	680	800	900
7	90	100	100	110	110	120
8	820	1000	1300	1480	1780	1900
9	1000	1200	1500	1700	2000	2200
10	480	560	730	850	1050	1230
11	29	30	33	37	40	43
12	46	48	52	58	64	70
13	200	225	250	275	300	330
14	165	195	245	305	380	428
15	30	30	35	40	45	50
16	5	6	6	6	8	8
17	16	16	18	20	22	25
18	33	37	41	47	47	53
19	48	51	51	57	57	63
20	150	150	150	150	150	150
21	500	600	800	950	1200	1350
22	800	900	1100	1250	1500	1650
23	38	44	60	70	75	80
24	18	20	20	20	22	22
25	120	120	120	120	120	120
26	70	80	100	120	130	140
27	12	13	13	15	16	18
28	141	160	180	200	220	240
29	33	36	40	45	50	53
30	165	186	208	230	252	275
31	16	18	20	22	24	25
32	170	192	215	238	252	285
33	50	50	60	60	70	80
34	14	15	18	18	20	20
35	340	390	450	500	530	580
36	90	100	100	110	110	120
37	360	395	450	470	430	500
38	540	595	680	690	710	740
39	35	35	40	45	50	55
40	298	957	876	970	994	310
41	145	160	175	195	195	198
42	250	275	300	300	326	350
43	298	327	355	380	384	420
44	174	204	242	270	278	285
45	28	30	33	32	40	43
46	5	6	7	8	10	10
47	25	25	30	32	35	40
48	121	134	147	165	163	160
49	298	327	356	[illegible]	384	420
50	30	35	35	[illegible]	40	45

Supports.

Numéros	1	2	3	4	5
Diamètre des bouilleurs	500	550	600	650	700
R	260	285	310	335	360
a = L	250	275	300	325	350
c	25	30	30	32	31
d	30	32	35	30	40
e = 2f	150	176	200	224	250
f	75	88	100	112	125
g	60	70	80	90	100
h	200	220	240	260	280
i	65	65	65	70	70
j	70	70	75	75	80
k	60	65	65	70	70
m	45	48	52	56	60
n	114	124	132	143	154
o	25	28	30	32	39

MATRICES
pour emboutir les fonds de chaudières

a	b	c	d	e	f	g	h	i
160	70	90	494	30	8	600	500	25
170	70	100	474	30	6	660	550	25
180	70	110	524	30	8	720	600	25
190	70	120	574	30	8	780	650	25
200	70	130	614	35	8	840	700	25
210	70	140	714	35	8	960	800	25
220	70	150	814	35	8	1.080	900	25
230	70	160	904	40	8	1.200	1000	25
240	70	170	1004	40	8	1.320	1100	25
250	70	180	1104	40	8	1.440	1200	25

TRAVERSES POUR TROUS D'HOMME EN FERMETURE DE BOUILLEUR

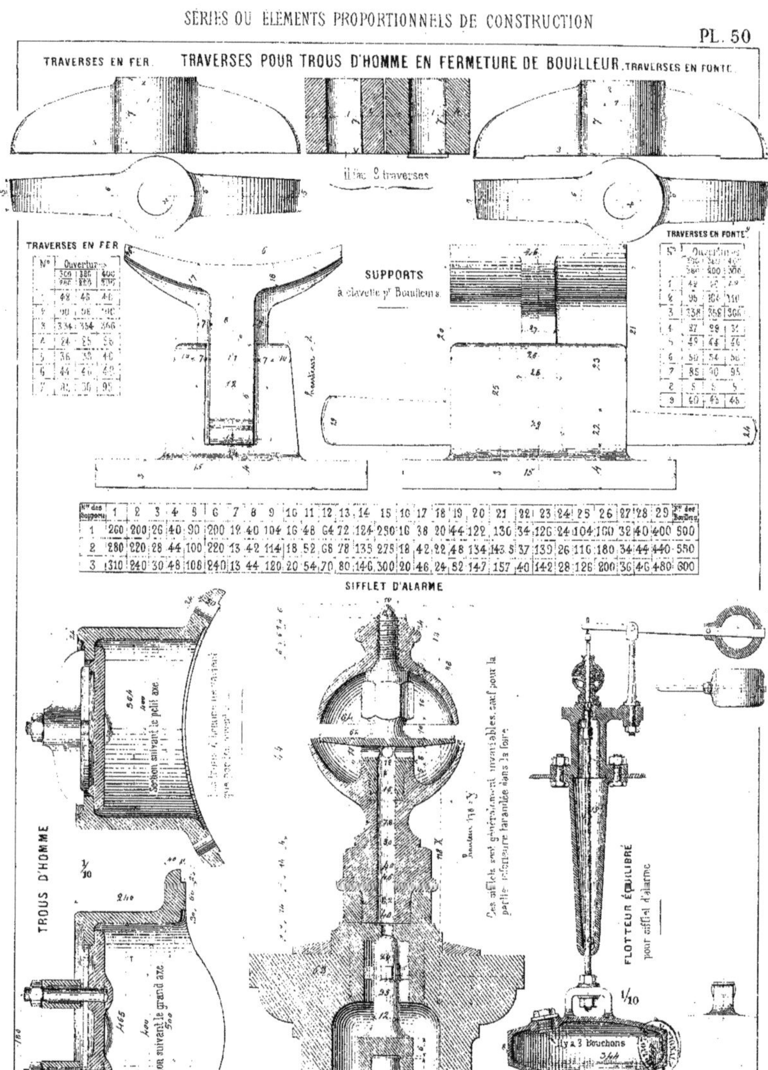

TRAVERSES EN FER

N°	Ouvertures		
	300	350	400
1	48	45	46
2	90	96	90
3	344	354	366
4	24	25	26
5	36	38	40
6	44	46	48
7	32	36	95

TRAVERSES EN FONTE

N°	Ouvertures		
	300	350	400
1	42	44	46
2	95	104	110
3	338	356	366
4	27	29	31
5	42	44	46
6	50	54	56
7	85	90	95
8	5	5	5
9	40	45	48

N° des supports	1	2	3	4	5	6	7	8	9	10	11	12	13	14	15	16	17	18	19	20	21	22	23	24	25	26	27	28	29	N° des boulons
1	260	200	26	40	90	200	12	40	104	16	48	64	72	124	250	16	38	20	44	122	136	34	126	24	104	160	32	40	400	500
2	280	220	28	44	100	220	13	42	114	18	52	66	78	135	275	18	42	22	48	134	143	37	139	26	116	180	34	44	440	550
3	310	240	30	48	108	240	13	44	120	20	54	70	80	146	300	20	46	24	52	147	157	40	142	28	126	200	36	46	480	600

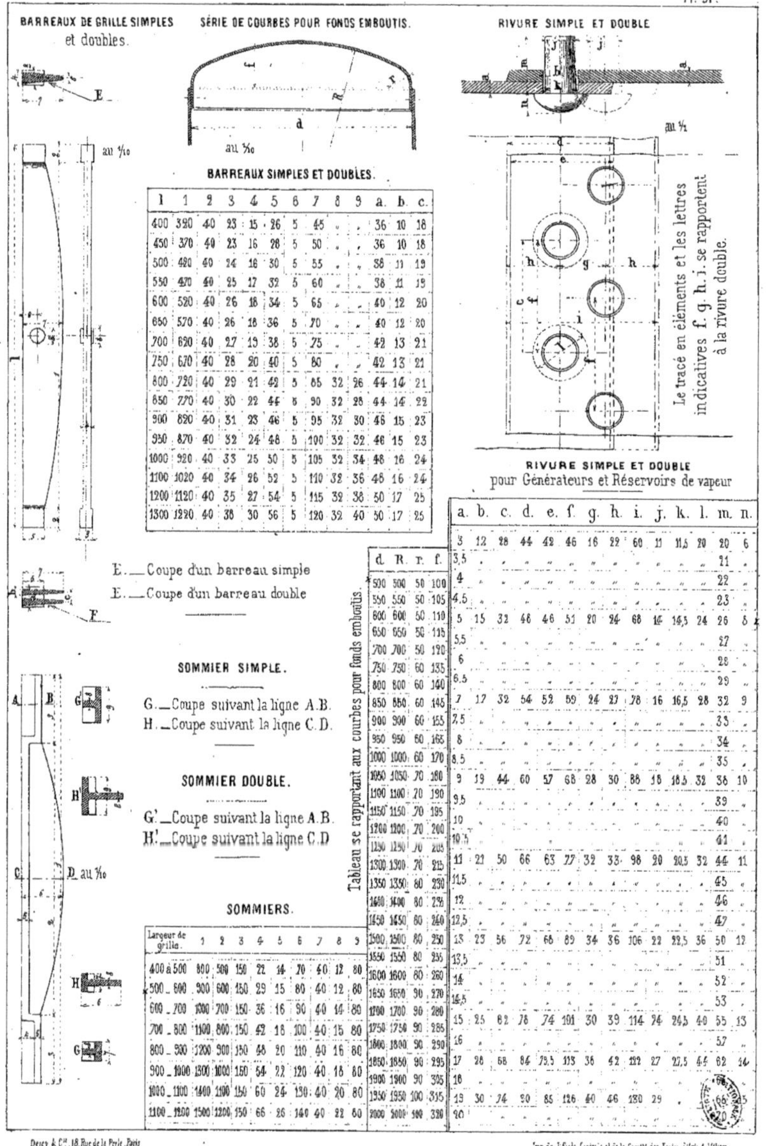

BARREAUX SIMPLES ET DOUBLES.

l	1	2	3	4	5	6	7	8	9	a.	b.	c.
400	320	40	23	15	26	5	45	"	,	36	10	18
450	370	40	23	16	28	5	50	"	,	36	10	18
500	420	40	24	16	30	5	55	"	,	38	11	19
550	470	40	25	17	32	5	60	"	,	38	11	19
600	520	40	26	18	34	5	65	"	,	40	12	20
650	570	40	26	18	36	5	70	"	,	40	12	20
700	620	40	27	19	38	5	75	"	,	42	13	21
750	670	40	28	20	40	5	80	"	,	42	13	21
800	720	40	29	21	42	5	85	32	26	44	14	21
850	770	40	30	22	44	5	90	32	28	44	14	22
900	820	40	31	23	46	5	95	32	30	46	15	23
950	870	40	32	24	48	5	100	32	32	46	15	23
1000	920	40	33	25	50	5	105	32	34	48	16	24
1100	1020	40	34	26	52	5	110	32	36	48	16	24
1200	1120	40	35	27	54	5	115	32	38	50	17	25
1300	1220	40	36	30	56	5	120	32	40	50	17	25

Tableau se rapportant aux courbes pour fonds emboutis.

d	R	r	f.
500	500	50	100
550	550	50	105
600	600	50	110
650	650	50	115
700	700	50	120
750	750	60	135
800	800	60	140
850	850	60	145
900	900	60	155
950	950	60	165
1000	1000	60	170
1050	1050	70	180
1100	1100	70	190
1150	1150	70	195
1200	1200	70	200
1250	1250	70	205
1300	1300	70	215
1350	1350	80	230
1400	1400	80	235
1450	1450	80	240
1500	1500	80	250
1550	1550	80	255
1600	1600	80	260
1650	1650	90	270
1700	1700	90	280
1750	1750	90	285
1800	1800	90	290
1850	1850	90	295
1900	1900	90	305
1950	1950	100	315
2000	2000	100	320

RIVURE SIMPLE ET DOUBLE pour Générateurs et Réservoirs de vapeur

a.	b.	c.	d.	e.	f.	g.	h.	i.	j.	k.	l.	m.	n.
3	12	28	44	42	46	16	22	60	11	11,5	20	20	6
3,5												21	
4												22	
4,5												23	
5	15	32	46	46	51	20	24	68	16	14,5	24	26	8
5,5												27	
6												28	
6,5												29	
7	17	32	54	52	59	24	27	78	16	16,5	28	32	9
7,5												33	
8												34	
8,5												35	
9	19	44	60	57	68	28	30	88	18	18,5	32	38	10
9,5												39	
10												40	
10,5												41	
11	21	50	66	63	77	32	33	98	20	20,5	32	44	11
11,5												45	
12												46	
12,5												47	
13	23	56	72	68	89	34	36	106	22	22,5	36	50	12
13,5												51	
14												52	
14,5												53	
15	25	62	78	74	101	30	39	114	24	24,5	40	55	13
16												57	
17	28	68	84	73,5	113	36	42	122	27	27,5	44	62	14
18													
19	30	74	90	85	126	40	46	130	29			66	15
20													

SOMMIERS.

Largeur de grille.	1	2	3	4	5	6	7	8	9
400 à 500	800	500	150	22	14	70	40	12	80
500 _ 600	900	600	150	29	15	80	40	12	80
600 _ 700	1000	700	150	36	16	90	40	14	80
700 _ 800	1100	800	150	42	18	100	40	15	80
800 _ 900	1200	900	150	48	20	110	40	16	80
900 _ 1000	1300	1000	150	54	22	120	40	18	80
1000 _ 1100	1400	1100	150	60	24	130	40	20	80
1100 _ 1200	1500	1200	150	66	26	140	40	22	80

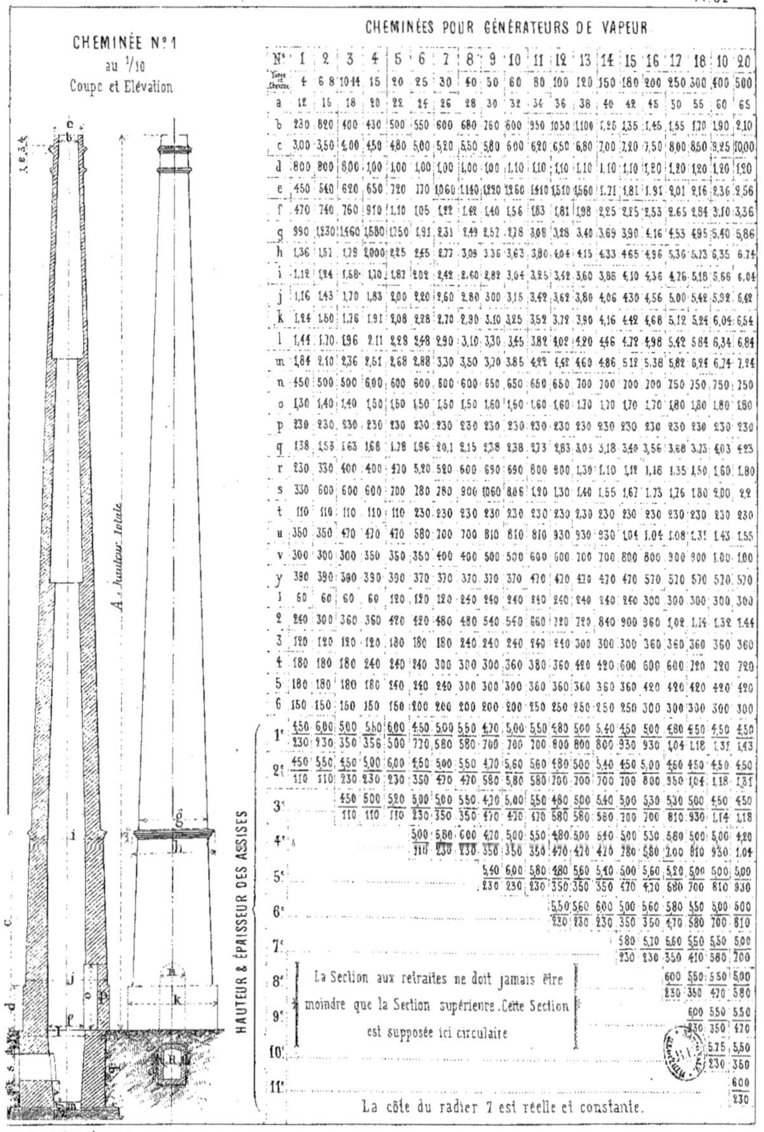

CHEMINÉES POUR GÉNÉRATEURS DE VAPEUR

N°	1	2	3	4	5	6	7	8	9	10	11	12	13	14	15	16	17	18	19	20
Force en chevaux	4	6-8	10-14	15	20	25	30	40	50	60	80	100	120	150	180	200	250	300	400	500
a	12	15	18	20	22	24	26	28	30	32	34	36	38	40	42	45	50	55	60	65
b	230	320	400	430	500	550	600	680	760	800	950	1050	1100	1,25	1,35	1,45	1,55	1,70	1,90	2,10
c	3,00	3,50	4,00	4,50	4,80	5,00	5,20	5,50	5,80	6,00	6,20	6,50	6,80	7,00	7,20	7,50	8,00	8,50	9,25	10,00
d	0,800	0,800	0,800	1,00	1,00	1,00	1,00	1,00	1,00	1,10	1,10	1,10	1,10	1,10	1,10	1,20	1,20	1,20	1,20	1,20
e	450	540	620	650	720	770	1060	1140	1220	1260	1410	1510	1560	1,71	1,81	1,91	2,01	2,16	2,36	2,56
f	470	740	760	910	1,10	1,05	1,22	1,42	1,40	1,56	1,83	1,81	1,98	2,25	2,25	2,53	2,65	2,84	3,10	3,36
g	990	1230	1460	1580	1750	1,91	2,31	2,49	2,57	2,78	3,08	3,28	3,40	3,69	3,90	4,16	4,53	4,95	5,40	5,86
h	1,36	1,51	1,79	2,00	2,25	2,45	2,77	3,09	3,36	3,63	3,80	4,04	4,15	4,33	4,65	4,96	5,36	5,73	6,35	6,74
i	1,12	1,24	1,58	1,70	1,87	2,02	2,42	2,60	2,82	3,04	3,25	3,52	3,60	3,86	4,10	4,36	4,76	5,18	5,66	6,04
j	1,16	1,43	1,70	1,83	2,00	2,20	2,60	2,80	3,00	3,15	3,42	3,62	3,80	4,06	4,30	4,56	5,00	5,42	5,92	6,42
k	1,24	1,50	1,76	1,91	2,08	2,28	2,70	2,90	3,10	3,25	3,52	3,72	3,90	4,16	4,42	4,68	5,12	5,24	6,04	6,54
l	1,44	1,70	1,96	2,11	2,28	2,48	2,90	3,10	3,30	3,45	3,82	4,02	4,20	4,46	4,72	4,98	5,42	5,84	6,34	6,84
m	1,84	2,10	2,36	2,51	2,68	2,88	3,30	3,50	3,70	3,85	4,22	4,42	4,60	4,86	5,12	5,38	5,82	6,24	6,74	7,24
n	450	500	500	600	600	600	600	600	650	650	650	650	700	700	700	700	750	750	750	750
o	1,30	1,40	1,40	1,50	1,50	1,50	1,50	1,50	1,60	1,60	1,60	1,60	1,70	1,70	1,70	1,70	1,80	1,80	1,80	1,80
p	230	230	230	230	230	230	230	230	230	230	230	230	230	230	230	230	230	230	230	230
q	1,38	1,53	1,63	1,88	1,78	1,96	2,01	2,15	2,38	2,38	2,73	2,83	3,03	3,18	3,40	3,56	3,68	3,73	4,03	4,23
r	230	330	400	400	470	520	520	600	690	690	800	800	1,30	1,10	1,18	1,16	1,35	1,50	1,60	1,80
s	330	600	600	600	700	780	780	900	1060	806	1,20	1,30	1,40	1,55	1,67	1,73	1,76	1,80	2,00	2,2
t	110	110	110	110	110	230	230	230	230	230	230	230	230	230	230	230	230	230	230	230
u	350	350	470	470	470	580	700	700	810	810	930	930	930	1,04	1,04	1,08	1,31	1,43	1,55	[illegible]
v	300	300	300	350	350	350	400	400	500	500	600	600	700	700	800	800	900	900	1,00	1,00
y	390	390	390	390	390	370	370	370	370	370	470	470	420	470	470	570	520	570	520	570
1	60	60	60	60	120	120	120	240	240	240	240	240	240	240	240	300	300	300	300	300
2	240	300	360	360	420	420	480	480	540	540	660	720	720	840	900	960	1,02	1,14	1,32	1,44
3	120	120	120	120	180	180	180	240	240	240	240	240	300	300	300	360	360	360	360	360
4	180	180	180	240	240	240	300	300	300	360	380	360	420	420	600	600	600	720	720	720
5	180	180	180	180	240	240	240	300	300	300	360	360	360	360	360	420	420	420	420	420
6	150	150	150	150	150	200	200	200	200	200	250	250	250	250	250	300	300	300	300	300
1e	450/230	600/230	500/350	560/356	600/500	450/720	500/580	550/580	470/700	500/700	550/700	480/800	500/800	540/800	450/930	500/930	480/1,04	450/1,18	450/1,31	450/1,43
2e	450/110	550/110	450/230	500/230	600/230	450/350	500/470	550/470	470/580	560/580	560/580	480/700	500/700	540/700	450/700	500/800	450/950	450/1,04	450/1,18	450/1,31
3e			450/110	500/110	520/110	500/230	500/350	550/350	470/470	500/470	550/470	480/580	500/580	540/580	500/700	530/700	530/810	500/930	450/1,14	450/1,18
4e						500/110	580/230	600/230	470/350	500/350	550/350	480/470	500/470	540/470	500/780	530/580	580/700	500/810	500/930	420/1,04
5e									540/230	600/230	580/230	480/350	560/350	540/350	500/470	560/420	520/580	500/700	500/810	500/930
6e												550/230	560/230	600/230	500/350	560/350	580/470	550/580	500/700	500/810
7e															580/230	510/230	560/350	550/410	550/580	500/700
8e																	600/230	550/350	550/470	500/580
9e																		600/230	550/350	550/470
10e																			5,75/230	5,50/350
11e																				600/230

Rows 1e à 11e : HAUTEUR & ÉPAISSEUR DES ASSISES.

La Section aux retraites ne doit jamais être moindre que la Section supérieure. Cette Section est supposée ici circulaire.

La côte du radier 7 est réelle et constante.

Desjey & Cie, 18, Rue de la Perle, Paris — Imp. de l'École Centrale et de la Société des Écoles d'Arts & Métiers

ROBINETS RÉCHAUFFEURS POUR CYLINDRES
à enveloppes.

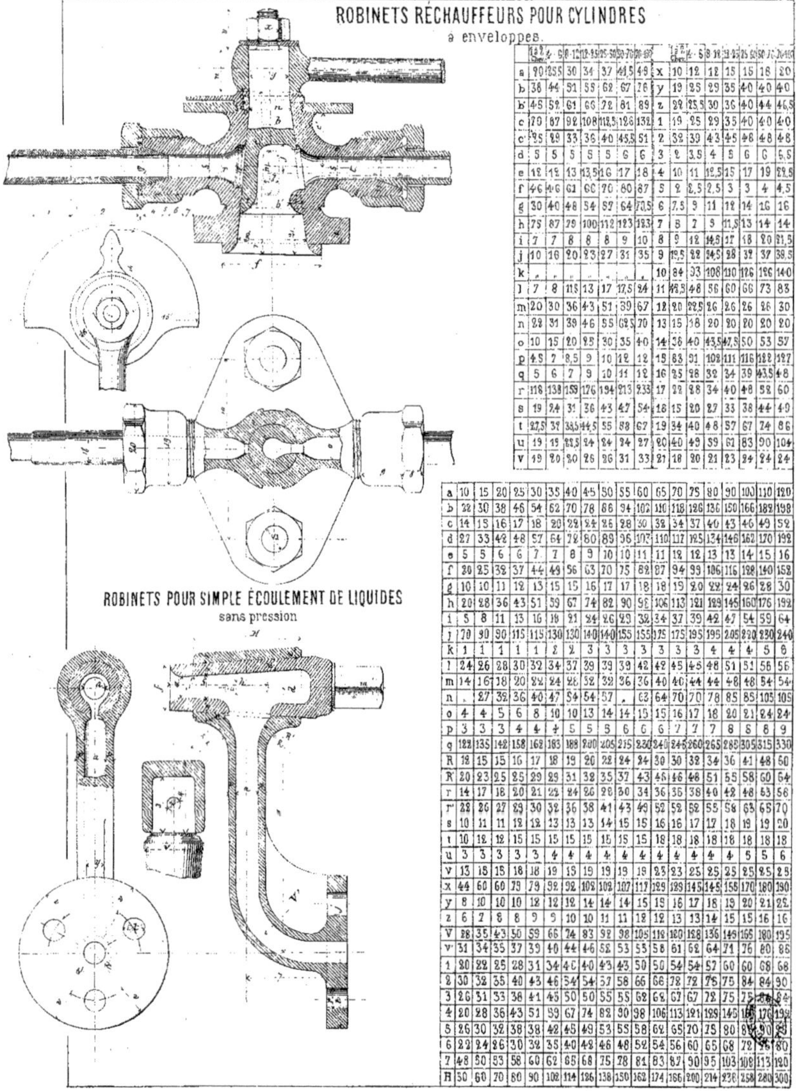

ROBINETS POUR SIMPLE ÉCOULEMENT DE LIQUIDES — sans pression

	1 à 2 Chev.	4-5	8-12	12-25	25-50	50-70	70-100		1 à 2 Chev.	4-5	8-12	12-25	25-50	50-70	70-100
a	20	25,5	30	34	37	41,5	49	x	10	12	12	15	15	18	20
b	38	44	51	55	62	67	76	y	19	25	29	35	40	40	40
b'	45	52	61	66	72	81	89	z	22	25,5	30	36	40	44	46,5
c	70	87	92	108	112,5	126	132	1	19	25	29	35	40	40	40
c'	25	29	33	36	40	45,5	51	2	32	39	43	45	48	48	48
d	5	5	5	5	5	6	6	3	2	3,5	4	5	6	6	6,5
e	12	12	13	13,5	16	17	18	4	10	11	12,5	15	17	19	22,5
f	46	46	61	66	70	80	87	5	2	2,5	2,5	3	3	4	4,5
g	30	40	48	54	57	64	70,5	6	7,5	9	11	12	14	16	16
h	75	87	79	100	112	123	123	7	8	7	9	11,5	13	14	14
i	7	7	8	8	8	9	10	8	9	12	14,5	17	18	20	21,5
j	10	16	20	23	27	31	35	9	19,5	22	24,5	28	32	37	39,5
k	"	"	"	"	"	"	"	10	84	93	108	110	126	126	140
l	7	8	11,5	13	17	17,5	24	11	42,5	48	56	60	66	73	83
m	20	30	36	43	51	59	67	12	20	22,5	26	26	26	26	30
n	22	31	39	46	55	62,5	70	13	15	18	20	20	20	20	20
o	10	15	20	25	30	35	40	14	36	40	43,5	47,5	50	53	57
p	4,5	7	8,5	9	10	12	12	15	83	91	102	111	116	122	127
q	5	6	7	9	10	11	12	16	25	28	32	34	39	43,5	48
r	118	138	159	176	194	213	233	17	22	28	34	40	48	52	60
s	19	24	31	36	43	47	54	18	15	20	27	33	38	44	49
t	27,5	32	38,5	44,5	55	88	67	19	34	40	48	57	67	74	86
u	19	19	22,5	24	24	24	27	20	40	49	59	61	83	90	104
v	19	20	20	26	26	31	33	21	18	20	21	23	24	24	24

a	10	15	20	25	30	35	40	45	50	55	60	65	70	75	80	90	100	110	120
b	22	30	38	46	54	62	70	78	86	94	102	110	118	126	136	150	166	182	198
c	14	15	16	17	18	20	22	24	26	28	30	32	34	37	40	43	46	49	52
d	27	33	42	48	57	64	72	80	89	96	103	110	117	125	134	146	162	170	192
e	5	5	6	6	7	7	8	9	10	10	11	11	12	12	13	13	14	15	16
f	20	25	32	37	44	49	56	63	70	75	82	87	94	99	106	116	128	140	152
g	10	10	11	12	13	15	15	16	17	17	18	18	19	20	22	24	26	28	30
h	20	28	36	43	51	59	67	74	82	90	98	106	113	121	129	145	160	176	192
i	5	8	11	13	16	18	21	24	26	29	32	34	37	39	42	47	54	59	64
j	70	90	90	115	115	130	130	140	140	155	155	175	175	195	195	205	220	230	240
k	1	1	1	1	1	2	2	3	3	3	3	3	3	3	4	4	4	5	6
l	24	26	28	30	32	34	37	39	39	39	42	42	45	45	48	51	51	56	56
m	14	16	18	20	22	24	28	32	32	36	36	40	40	44	44	48	48	54	54
n	.	27	32	36	40	47	54	54	57	.	63	64	70	70	78	85	85	105	105
o	4	4	5	6	8	10	10	13	14	14	15	15	16	17	18	20	21	24	24
p	3	3	3	4	4	4	5	5	5	6	6	6	7	7	7	8	8	8	9
q	122	135	142	158	162	183	188	200	205	215	230	240	245	260	265	285	305	315	330
R	12	15	15	16	17	18	19	20	22	24	24	30	30	32	34	36	41	48	60
R'	20	23	25	25	29	29	31	32	35	37	43	46	46	48	51	55	58	60	64
r	14	17	18	20	21	22	24	26	28	30	34	36	36	38	40	42	48	53	56
r'	22	26	27	29	30	32	36	38	41	43	49	52	52	52	55	58	63	65	70
s	10	11	11	12	12	13	13	13	14	15	15	16	16	17	17	18	19	19	20
t	10	12	12	15	15	15	15	15	15	15	15	18	18	18	18	18	18	18	18
u	3	3	3	3	3	4	4	4	4	4	4	4	4	4	4	4	5	5	6
v	13	15	15	18	18	19	19	19	19	19	19	23	23	25	25	25	25	25	25
x	44	60	60	79	79	92	92	102	102	107	117	129	129	145	145	155	170	180	190
y	8	10	10	10	12	12	12	14	14	14	15	15	16	17	18	19	20	21	22
z	6	7	8	8	9	9	10	10	11	11	12	12	13	13	14	15	15	16	16
V	28	35	43	50	59	66	74	83	92	98	105	112	120	128	136	146	165	180	195
v'	31	34	35	37	39	40	44	46	52	53	55	58	61	62	64	71	76	80	86
1	20	22	25	28	31	34	40	40	43	43	50	50	54	54	57	60	60	68	68
2	30	32	35	40	43	46	54	54	57	58	66	66	72	72	75	75	84	84	90
3	26	31	33	38	41	45	50	50	55	55	62	62	67	67	72	75	75	[illegible]	84
4	20	28	36	43	51	59	67	74	82	90	98	106	113	121	129	145	[illegible]	170	199
5	26	30	32	38	38	42	45	49	53	55	58	62	65	70	75	80	8[illegible]	90	9[illegible]
6	22	24	26	30	32	35	40	42	46	48	52	54	56	60	65	68	72	[illegible]	80
7	48	50	53	58	60	62	65	68	75	78	81	83	87	90	95	103	108	113	120
H	50	60	70	80	90	102	114	126	138	150	162	174	186	200	214	226	258	280	300

Dujey & Cie, 18, Rue de la École, Paris.

Imp. de l'École Centrale et de la Société des Écoles d'Arts & Métiers

POMPES ALIMENTAIRES VERTICALES

à plongeur

Pompe N° 2 au 1/4

Coupe verticale.

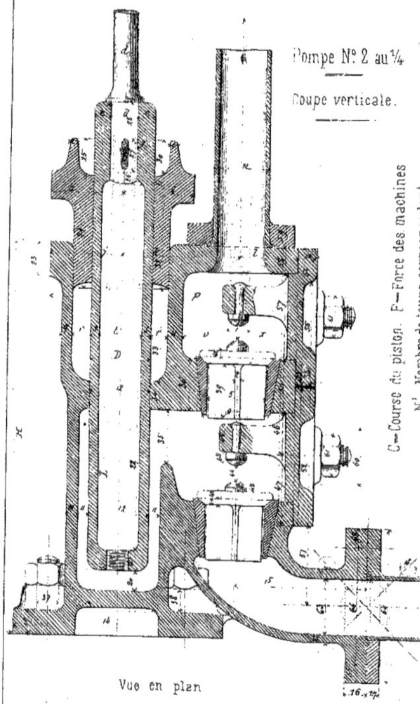

Vue en plan

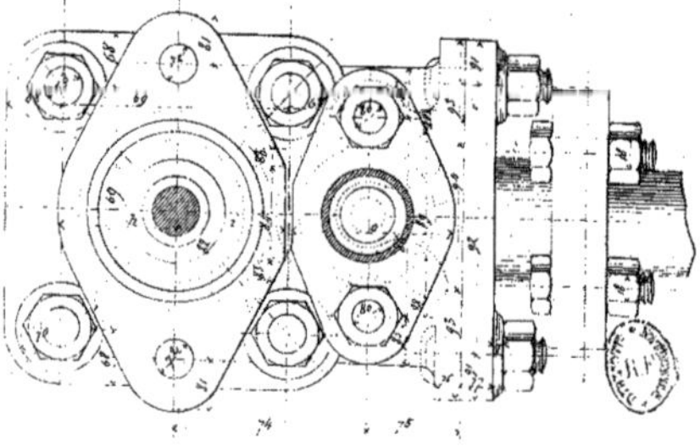

C—Course du piston. F—Force des machines

N' Nombre de tours correspondant.

N°	1	2	3	4	5
D	50	55	65	70	80
C	120	140	160	180	220
F	1-2	2-3	3-4	4-6	6-8
N'	150-200	120-160	100-130	76-114	62-82
H	324	348	328	413	462
L	370	414	460	500	552
a	20	22	25	28	30
b	35	38	43	45	52
c	14	15,5	18,5	20	24
d	22	24	28	30	32
e	6	7	7	9	9
f	60	86	98	114	117
g	7	8	9	9	10
h	62	66	73	77,5	84
i	53	61	62	65,5	74
j	62	66	73	77,5	84
k	100	107	116	125	135
l	48	52	56	60	65
m	16	17	18	20	22
n	45	50	55	60	65
o	87	99	99	111	111
p	210	233	245	264,5	284
q	9	10	11	12	13
r	15	15,5	16,5	17	18,5
s	7	7,5	8	9	10
t	36	40	49	52	60
u	12	14	14	15	15
v	48	50	53	57	62
x	48	52	56	60	65
y	14	15	15	15	17
z	41	45	48	51	56
1	20	21	22	22	24
2	8	9	9	10	10
3	61	68	72	78	85
4	70	75	84	88	96
5	50	55	60	65	70
6	10	11	12	13	15
7	13	13	14	15	16
8	5	6	6	6	8
9	61	68	74	78	86
10	9	10	11	12	15
11	9	10	11,5	12	12
12	50	58	65	70	80
13	18	20	23	25	30
14	170	190	210	240	270
15	110	118	120	124	136
16	16	18	18	18	20
17	11	12	12	18	20
18	15	15	15	15	18
19	20	22	24	25	26
20	16	18	20	20	20
21	16	18	20	25	30
22	293	327	357	352	432
23	25	26	28	30	30
24	79	85	98	103	109
25	35	36	38	39	42
26	17	20	24	25	25
27	23	26	30	33	33
28	21	23	29	31	32
29	6	7	7	8	10
30	27	30	31	31	33
31	24	25	27	28	30
32	59	68	73	83	88

N°	1	2	3	4	5
33	85	93	98	100	104
34	20	22	24	26	28
35	45	50	55	60	65
36	42	45	50	53	54
37	18	20	20	23	25
38	22	24	24	26	28
39	44	49	53	56	59
40	5	6	6,5	7	8
41	5	6	6,5	7	8
42	4	4	4	5	5
43	5	6	6	6	8
44	13	14	15	16	18
45	6	7	8	8	8
46	23	25	26	27	30
47	20	21	23	25	27
48	72	78	84	90	94
49	48	50	55	60	60
50	42	45	50	53	54
51	68	73	73	83	92
52	112	120	130	140	148
53	2	3	4	5	.
54	28	30	33	35	37
55	36	60	64	70	74
56	7	"	"	"	.
57	73	78	84	90	94
58	20	21	23	25	27
59	15	20	20	20	22
60	36	42	42	48	52
61	15	18	18	20	23
62	7,5	8,5	9	10	11
63	45	50	55	60	65
64	130	140	140	155	175
65	19	19	19	19	23
66	92	102	102	117	129
67	50	55	60	65	70
68	25	30	30	34	38
69	120	130	150	172	194
70	3.5	4.5	4.5	5	5
71	8	10	12	12	14
72	20	20	20	20	23
73	18	20	20	23	25
74	100	115	116	125	135
75	48	52	56	60	65
76	18	19	20	26	26
77	16	17	18	20	22
78	5	6	6	7	8
79	45	50	50	58	60
80	18	20	20	20	20
81	25	26	26	29	30
82	151	162	178	188	201
83	9	10	11	12	13
84	45	50	55	60	65
85	23	26	26	26	26
86	93	109	109	125	125
87	24	26	26	26	30
88	9	10	11	12	13
89	82	90	96	100	112
90	9	10	10	10	12
91	20	24	24	27	28,5
92	130	144	144	156	168
93	49	57	54	62	63,5
94	72	78	84	86	98
"	"	"	"	"	"

Dejey & Cie. 18 Rue de la Perle, Paris

Imp. de l'École Centrale et de la Société des Textes d'Arts & Métiers

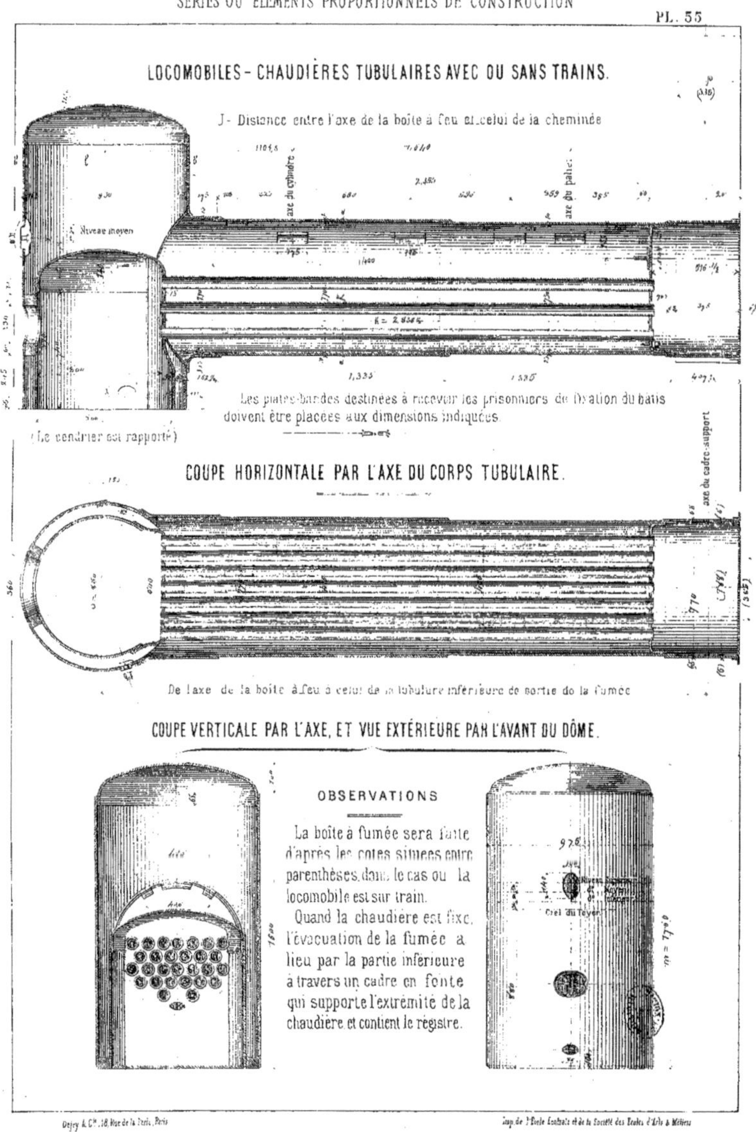

LOCOMOBILES - CHAUDIÈRES TUBULAIRES AVEC OU SANS TRAINS.
J - Distance entre l'axe de la boîte à feu et celui de la cheminée
axe du cylindre
axe du palier
Niveau moyen
Les plates-bandes destinées à recevoir les prisonniers de fixation du bâtis
doivent être placées aux dimensions indiquées.
(Le cendrier est rapporté)
COUPE HORIZONTALE PAR L'AXE DU CORPS TUBULAIRE.
De l'axe de la boîte à feu à celui de la tubulure inférieure de sortie de la fumée
axe du cadre support
COUPE VERTICALE PAR L'AXE, ET VUE EXTÉRIEURE PAR L'AVANT DU DÔME.
OBSERVATIONS
La boîte à fumée sera faite
d'après les cotes situées entre
parenthèses, dans le cas où la
locomobile est sur train.
Quand la chaudière est fixe,
l'évacuation de la fumée a
lieu par la partie inférieure
à travers un cadre en fonte
qui supporte l'extrémité de la
chaudière et contient le registre.

SÉRIES OU ÉLÉMENTS PROPORTIONNELS DE CONSTRUCTION

LOCOMOBILES

	2	4	6	8	12	16
CHAUDIÈRES						
Force en chevaux	2	4	6	8	12	16
Timbre de la Chaudière	6	6	6	6	6	6
Ep.r des tôles du corps de la Chaudière	7	8	8,5	9	10	10,5
idem ... du foyer	8	9	10	10,5	11,5	12
...id. ...du corps cylindrique de la boîte à feu	9	10	11	11,5	12,5	13
...id ... de la calotte de la boîte à feu	14	14	15	15	16	16
...id ... de la plaque tubulaire du foyer	10,5	12	13	13,5	15	15,5
...id ... id. de la boîte à fumée	15	15	16	16	17	17
Nombre des tubes	8	13	16	20	28	34
Diamètre extérieur des tubes	70	70	70	70	70	70
Longueur des tubes entre les plaques tubulaires	1,738	2,045	2,280	2,566	2,833	3,109
Épaisseur des tubes en fer étiré	3	3	3	3	3	3
De l'axe de la boîte à feu à celui de la cheminée	2,147	2,320	2,820	3,004	3,343	3,884
Diam. moyen de la chaudière	450	550	650	700	770	850
Diamètre intérieur du dôme	585	694	776	847	950	1,00
Hauteur ... id	1,18	1,38	1,54	1,65	1,76	1,86
Hauteur du foyer	590	690	745	830	880	930
Diam intérieur du foyer	450	550	630	700	800	850
Surface de chauffe du foyer	0,70	1,07	1,26	1,88	2,07	2,56
...id. ...id. des tubes	2,93	5,60	7,69	10,11	16,70	22,25
(On ne met des bagues dans les tubes que du côté de la boîte à feu.)						
CENDRIER						
H.t totale du Cendrier	180	200	210	220	240	260
Surface de la Grille	0,159	0,1727	0,3117	0,3848	0,5026	0,5674
Épaisseur des barreaux	11	12	12	13	13	13
Distance entre 2 barreaux consécutifs	8	9	9	9	9	9
En résumé la surface de chauffe par cheval est	1,8	1,65	1,50	1,53	1,55	1,55
Diam. des Cheminées	160	200	235	270	330	370
H.t des cheminées au dess. des chaud. (mesurée au-dessus des tubes)	2,8	3,30	3,700	4,000	sans	train
Surface de la cheminée	0,02	0,031	0,043	0,062	0,085	0,107
Section de la cheminée p. rapp.t à celle de la grille	1/4	1/4	1/4	1/4	1/4	1/4
CHEMINÉES						
H.t du conduit de fumée près la Valve	200	250	300	350	400	.
...idem... id. la cheminée	.	300	350	400	450	500
Orifice de la valve { Longueur	108	165	194	220	255	294
de sortie de fumée { Largeur	204	230	235	300	385	400
H.t au-dessus du sol massif supportant la cheminée	300	300	350	400	450	580
Diam. du trou de descente le même pour toutes	500	500	500	500	500	500
Épaisseur des cloisons du Conduit	100	100	100	100	220	220
Haut.r des cheminées au-dessus du massif	.	10m	10m	10m	10m	10m
Épaisseur du sol au-dessus du Conduit	.	200	200	200	200	200
ALIMENTATIONS						
De l'axe du cylindre à celui des pompes	104	127	152	165	198	215
Hauteur des Clapets	18	20	21	22	32	35
Diamètre des Clapets	16	18	21	25	30	35
Éloge des Clapets	55	6	7	7	8	10
Diam. intérieur de la pompe	11	14	17	19	23	27
Épaisseur du Corps de Pompe	3	3	3	3	4	4,5
La tige du Piston	200	250	280	300	350	400
Diam. ext.r des tuyaux d'aspiration & de refoulement	15	20	25	25	30	35
Nombre de tours de la machine par minute	200	180	170	160	140	120
CYLINDRE						
Diamètre intérieur du Cylindre	100	130	160	180	230	260
Diamètre de la bride du Cylindre	166	230	276	300	360	390
Longueur totale ... idem	310	370	410	436	520	580
Épaisseur ... id	12	15	16	17	18	19
Épaisseur de la bride du Cylindre	16	20	22	23	26	27
Diamètre de l'orifice d'Échappement	36	45	55	60	75	90

	2	4	6	8	12	16
BOÎTE À TIROIR						
Dimensions extérieures { Longueur	236	292	324	400	420	480
{ Largeur	95	114	130	146	166	220
Épaisseur de fonte	8	9	11	12	13	14
Diam. de l'orifice d'arrivée de vapeur	30	37	45	50	60	67
H.t totale de la boîte à tiroir au-dessus de la plaque de friction	100	106	126	130	154	157
Diamètre intérieur du tuyau d'arrivée de vapeur	20	35	40	45	50	55
Épaisseur du tuyau en Cuivre Rouge	2,5	2,5	2,5	2,5	2,5	2,5
ORIFICES DU CYLINDRE						
Admission de Vapeur { Longueur	42	56	65	75	92	152
{ Largeur	10	14	16	18	21	23
Échappement { Longueur	42	56	65	75	92	132
{ Largeur	16	24	28	30	34	40
Distance entre les orifices d'admission et d'évacuat.n	12	16	20	22	23	30
Longueur de la plaque de friction	130	180	200	236	274	310
Largeur ...id...id	70	88	99	110	132	182
TIROIR DE DISTRIBUTION						
Hauteur	15,5	20	23	26	30	32,5
Plus petite distance entre les orifices d'admission	65	93	110	122	135	160
Plus grande distance entre les orifices d'admission	96	129	142	158	186	206
Épaisseur du tiroir	38	44	48	50	56	66
Hauteur des plaques de détente	38	53	59	66	77	86
Épaisseur des plaques de détente	9	11	12	13	14	16
Course de distribution	30	39	44	49	58	63
Course de détente	38	50	56	63	74	82
VOLANTS						
Diam. extérieur du Volant	800	900	1100	1200	1400	1700
Alésage	55	60	70	75	85	95
Diamètre du moyeu	105	116	134	144	170	180
Largeur de la Jante dans le sens du rayon	65	75	80	86	100	110
Épaisseur de la Jante dans le sens de l'axe	46	50	55	60	68	72
Épaisseur du moyeu dans le sens de l'axe	105	120	120	130	140	155
Largeur de la couronne	110	70	10	11	14	15
Épaisseur à chaque extrémité de la couronne	120					
Section des bras près du moyeu	[illegible]	[illegible]	[illegible]	[illegible]	[illegible]	[illegible]
Section des bras près de la Jante	[illegible]	[illegible]	[illegible]	[illegible]	[illegible]	[illegible]
Nombre de bras	6	6	6	6	6	6
Les mach.s de 2 et 4 ch.x ord.t la poulie qui commande le régulat.r, coulée avec le volant						
ARBRES MANIVELLES						
Diamètre des tourillons pour les volants	55	60	70	75	85	95
Longueur des tourillons pour volants	108	118	123	133	143	156
Diamètre des Collets des paliers	50	55	65	70	80	90
Longueur ...id (ordin. = à 1 et 1/2 le Diam.)	72	80	80	90	106	120
Diam. des embases des collets des paliers	65	70	82	86	98	110
Épaisseur ...id ... id	12	12	20	20	20	20
Sections rectangulaires des bras	[illegible]	[illegible]	[illegible]	[illegible]	[illegible]	[illegible]
Diam. du collet de la bielle motrice	55	60	70	75	80	90
Longueur id id	52	58	66	70	80	90
Diam. ... du collet de la bielle	70	70	82	86	95	110
Diam. du tourillon recevant l'excentrique	65	70	82	86	98	110
Longueur du tourillon recevant l'excentrique	65,5	71	81	92	97,5	102
De milieu en milieu des collets des paliers	450	520	590	640	740	810
Diamètre de la poulie donnant le mouv.t régul.r	120	130	96	105	134	160
Du milieu du collet du palier à celui de la poulie	.	.	70	75	85	93
Rayon de l'arbre manivelle	100	125	166	150	175	200
PORTE du FOYER						
Hauteur de l'Ouverture	180	200	210	220	230	240
Largeur	280	280	300	330	360	400
Section des Châssis	56²	20²	60²	68²	55²	62²
SOUPAPES de SÛRETÉ, Double - Diam. des Soupapes	30	40	45	45	55	60

Dejey & C.ie 18 Rue de la Perle, Paris

Imp. de l'École Centrale et de la Société des Écoles d'Arts à Melun

PORTE au FOYER

	1	2	3	4	5	6
De centre en centre des soupapes	52	54	82	62	72	82
Longueur du bras de levier du Contre-Poids	400	480	600	600	610	620
Diam. de l'ouverture dans la Chaudière	94	94	118	118	136	156
Diamètre extérieur du Contre-Poids	110	110	150	150	165	185
Épaisseur du Contre-Poids	9	9	12	12	12	13

BIELLES

	1	2	3	4	5	6
Alésage du Coussinet	55	60	70	75	80	100
Épaisseur du bronze au fond du Coussinet	14	16	17	18	20	22
Distance entre les deux branches	65	70	82	88	104	114
Épaisseur de chaque branche à l'endroit de la Clavette	14	16	18	21	23	24
Épaisseur de la Clavette	10	12	13	14	16	18
Longueur de la rainure de Clavetage	25,5	32	36,5	42	46	48
Du dessous du Coussinet à l'extrémité des branches	125	147	166	177	205	225
Largeur des branches	34	38	44	46	52	60
Épaisseur des joues	9	10	11	12	14	15
De centre en centre des Têtes	500	625	700	750	875	1000
Section de la bielle près de la Tête	16/14	18/15	22/18	22/14	24/16	28/18
Section des branches de la fourchette	22/12	32/14	36/16	44/17	44/15	48/21
Alésage des Coussinets de la fourchette (Acier)	30	35	38	40	45	50
Largeur des deux têtes	35	40	44	48	56	65
Distance entre les branches de la fourchette	66	74	78	80	92	104
Diam. extérieur des Têtes	58	66	75	80	88	96
Épaisseur du Coussinet en acier	5	6	5,5	7	7,5	8

BÂTIS

	1	2	3	4	5	6
Longueur totale de la Clavette (Cône 2 mm par décim.)	172	196	225	230	253	270
Hauteur de l'axe des paliers au-dessus du Bâtis	150	175	185	208	240	250
Du dessus du Bâtis à celui de la Chaudière (Petite Virole)	75	88	53,5	95	1095	130
Épaisseur de la Tablette sup.re du Bâtis	11	13	14	15	16	17
Largeur d°	230	286	328	380	430	480
Épaisseur des joues du Bâtis	10	11	11	13	14	15
De milieu en milieu des Paliers	450	554	590	640	740	870
De l'axe du cylindre à celui des Paliers	921	1185	1396	1640	1640	1856
D° en axe des prisonniers extrêmes	1486	1706	1908	2010	2355	2604
Nombre de prisonniers	8	8	10	10	19	20
Épaisseur du Palier	64	70	78	84	100	110
Diamètre des boulons du Palier	18	20	25	27	25	30
D° en axe des prisonniers	108	115	134	137	157	176
Épaisseur de l'écrou (par d°)	8	8	9	10	11	
d° en dessus	11	11	12	14	16	16
d° en hauteur	9	9,5	10	10	11	14
Du dessus du Coussinet au-dessus du Palier	5	5	6,5	8	9	10

COUSSINETS

	1	2	3	4	5	6
Largeur du Coussinet	72	80	86	90	106	120
Profondeur de la Rainure	5	5	6	6	6	7
Largeur	16	18	20	23	25	28
Distance du fond de la rainure au boulon	7	7	7	8	8	9
Alésage des Coussinets	50	55	56	70	80	90
Hauteur du Palier au-dessus du Palier	94	90	102	110	125	163
Épaisseur du Palier	20	22	23	25	23	30

TÊTES DES PISTONS

	1	2	3	4	5	6
Diam. de la Tige	24	26	30	32	36	40
Longueur de la partie filetée	72	80	84	50	118	125
Plus petit diamètre de la partie filetée	26	34	38	41	45	50
Hauteur du Piston	55	68	72	75	105	105

PISTONS

	1	2	3	4	5	6
Épaisseur de la partie supérieure et inférieure				8	13	15
d° d° cylindrique				19	15	15
Épaisseur du Bossage				22	26	28
Diamètre des Bossages				45	49	52
Nombre d°				4	4	4
Diamètre des Vis				28	30	32

PISTONS

	1	2	3	4	5	6
Hauteur des Bagues	18,5	20,5	21	21	29	30
Profondeur des Bagues	5	6	6	6	7	7
Diam. de la douille recevant la partie filetée				60	64	70
Course du Piston	200	250	260	300	350	400
Le jeu au fond des Bagues, égale	12 millimètres					

EXCENTRIQUES

	1	2	3	4	5	6
Diamètre extérieur	140	154	170	190	220	240
Alésage du Moyeu	65	70	72	86	98	100
Diamètre du Moyeu	90	100	108	120	134	150
Largeur totale de l'Excentrique	54	62	70	74	85	91
Largeur de la partie entrant dans le Collier	18	21	24	26	29	31
Section près du Collier	26/11	30/12	34/14	38/15	52/17	46/18
d°. à l'extrémité des branches de la fourchette	16/7	22/8	44/9	26/10	30/12	32/12
Distance int.re des deux branches de la fourchette	34	38	41	45	46	54

BARRES & COLLIERS D'EXCENTRIQUE

	1	2	3	4	5	6
Alésage du Tourillon	20	24	26	28	32	36
Épaisseur de 2 Douilles de la fourchette	14	16	18	20	22	24
Largeur du Collier	25	30	34	36	41	44
Diamètre du fond de la Gorge	140	155	170	190	220	240
Largeur du fond de la gorge	18	21	24	26	29	31
De centre en centre des boulons	184	204	230	252	294	314
Diamètre des boulons	12	12	15	15	18	18
Épaisseur de bronze au fond de la Gorge	6	6	7	7	8	8
De centre du Tourillon à celui du Collier		815	920	1130	1130	1232
d° d° (Pour l'excentrique de détente)	458	570	636	642	800	222
Épaisseur de fer au milieu du Collier	14	16	17	19	20	22
Épaisseur de fer près des oreilles	9	10	12	13	14	15

GLISSOIRES

	1	2	3	4	5	6
Milieu du cylindre à celui du support des Glissoires	668	785	884	952	1064	1215
D'axe en axe des boulons des Glissoires	465	552	612	642	745	840
Distance intérieure entre les 2 Glissoires	65	80	90	90	100	112
Largeur des Glissoires	50	56	60	62	70	80
Épaisseur des Glissoires	10	12	14	15	18	19
d°. de la Nervure	8	10	11	12	13	14
Hauteur de la Nervure	30	40	43	48	55	60
Diamètre des Soupapes	70	85	110	130	145	170

SOUPAPES DE SÛRETÉ

	1	2	3	4	5	6
De l'axe de l'arbre à l'axe de la soupape	65	80	95	110	125	140
De l'axe de la soupape à l'axe du contre-Poids	390	480	520	660	750	840
Section du Levier, à l'axe de la Soupape	32/11	38/12	44/14	48/15	48/17	52/18
Diamètre de l'arbre monté sur les pointes	25	30	34	40	42	46
Diamètre de la pointe	16	24	28	34	38	42
Longueur de l'arbre monté sur les pointes	140	160	180	210	235	260
Diamètre ext.r du Contre-Poids	150	215	255	259	310	340
Épaisseur du Contre-Poids	15	18	20	22	25	30
Poids du Contre-Poids	28,5	41	76,4	98	127,7	[illegible]
Diamètre des boulons des brides sup.res	16	18	20	23	25	28
Nombre d°	4	4	5	5	5	5

CHAPELLES TUBULAIRES

	1	2	3	4	5	6
Diam. des boulons fixant la Tubulure à la Chaud.re	16	18	20	23	25	28
Nombre	5	5	6	6	6	8
Épaisseur de la bride supérieure	28	30	34	38	44	46
d° d° inférieure	22	25	28	30	34	38
Épaisseur du Siège	7	9	10	11	12	
d° de la bride	14	15	16	18	18	22
Section des oreilles	16/8	18/9	44/10	46/10	30/14	34/14
Diamètre des Vis	25	25	28	30	35	
Hauteur de la Tubulure	120				120	

Dupuy & C.ie, 18 Rue du Petit Pont, Paris

CHAUDIÈRES TUBULAIRES MIXTES A UN SEUL CORPS

Coupe verticale par l'axe

Type N.º 2

Echelle au 1/40

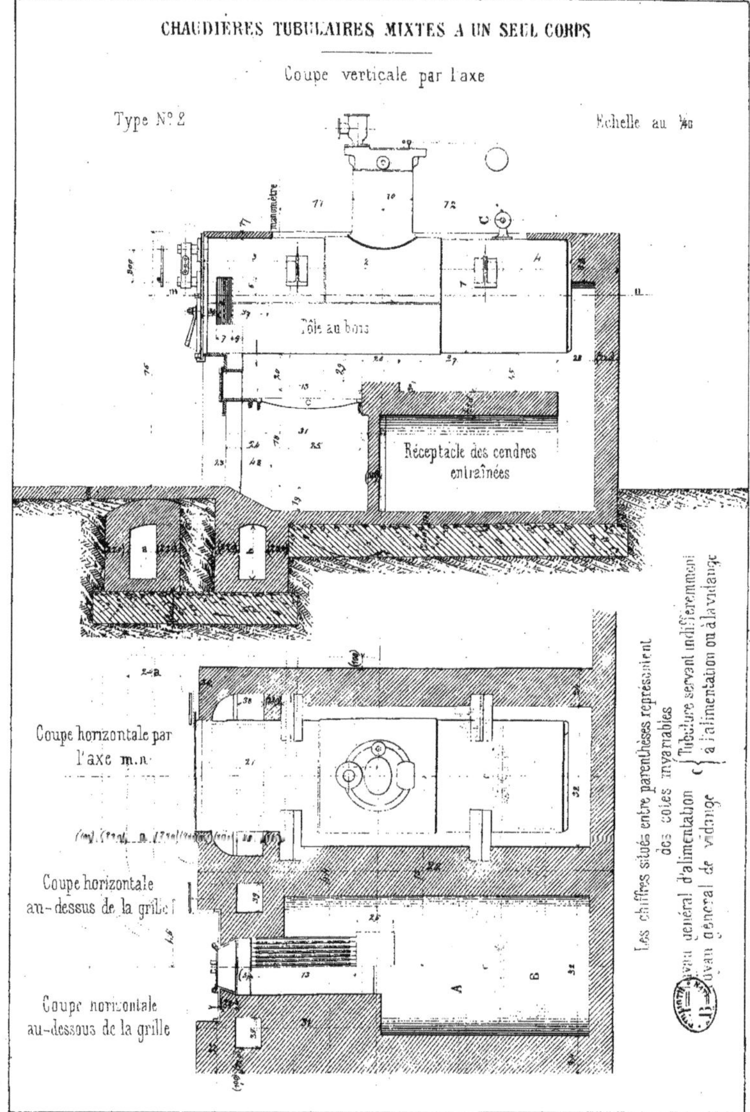

CHAUDIÈRES TUBULAIRES A FOURNEAUX EN BRIQUES
A UN SEUL CORPS

Type N° 2   Échelle au 1/40

Demi-vue extérieure par l'avant
et Demi-coupe en avant du réservoir de vapeur

Demi-coupe avant
et après la grille.

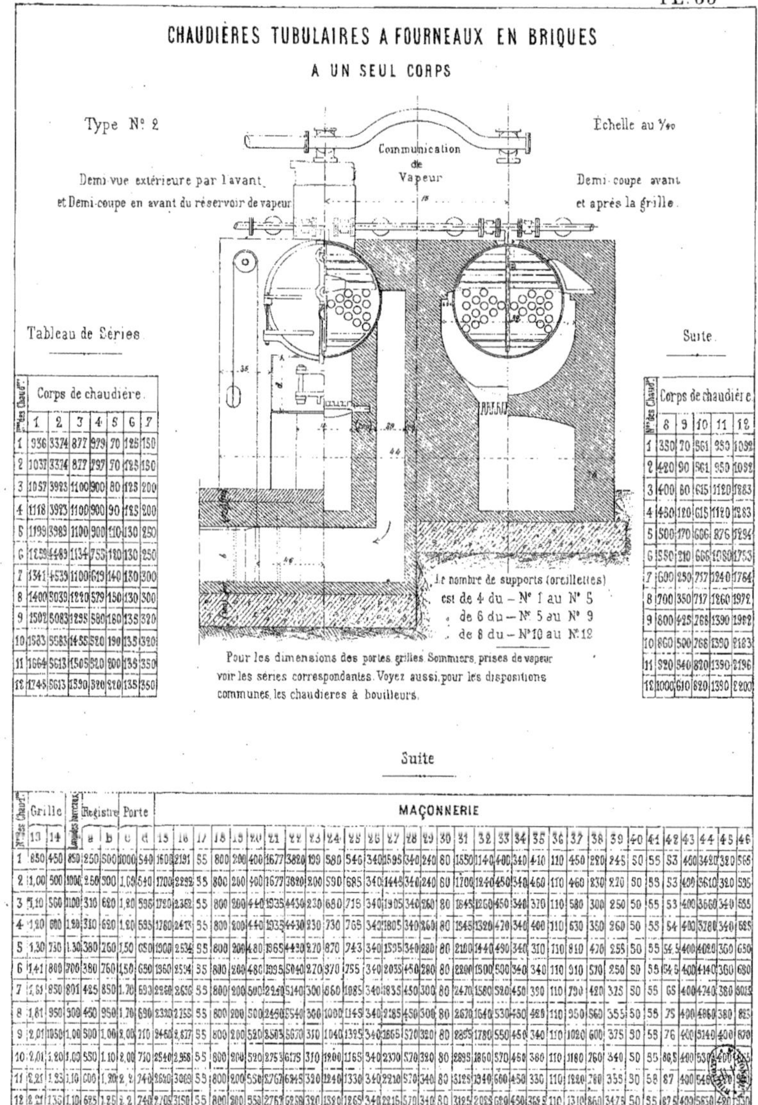

Le nombre de supports (oreillettes)
est de 4 du — N° 1 au N° 5
, de 6 du — N° 5 au N° 9
, de 8 du — N° 10 au N° 12

Pour les dimensions des portes, grilles, Sommiers, prises de vapeur
voir les séries correspondantes. Voyez aussi, pour les dispositions
communes, les chaudières à bouilleurs.

Tableau de Séries

Nº des Chaud.	Corps de chaudière						
	1	2	3	4	5	6	7
1	936	3374	877	979	70	125	150
2	1037	3374	877	797	70	125	180
3	1057	3923	1100	900	80	125	200
4	1118	3923	1100	900	90	125	200
5	1199	3989	1100	900	110	130	250
6	1259	4489	1134	755	180	130	250
7	1341	4539	1100	619	140	130	300
8	1400	5039	1220	579	150	130	300
9	1502	5083	1295	580	180	135	320
10	1583	5583	1455	520	190	135	320
11	1664	5613	1505	520	200	135	350
12	1745	5613	1390	520	220	135	350

Suite

Nº des Chaud.	Corps de chaudière				
	8	9	10	11	12
1	380	70	561	950	1092
2	420	90	561	950	1092
3	400	60	615	1120	1283
4	450	120	615	1120	1283
5	500	170	666	876	1294
6	550	210	666	1080	1753
7	600	250	717	1240	1764
8	700	350	717	1260	1972
9	800	425	768	1390	1982
10	860	500	768	1390	2183
11	920	540	820	1390	2196
12	1000	610	820	1390	2200

Suite

Nº des Chaud.	Grille 13	14	Languettes latéraux	Registre a	b	c	d	Porte 15	16	17	18	19	20	21	22	23	24	25	26	27
1	.850	450	850	250	500	1000	540	1600	2191	55	800	200	400	1677	3820	199	580	546	340	1595
2	1,00	500	1000	250	500	1,00	540	1700	2292	55	800	200	400	1677	3820	200	590	685	340	1445
3	1,10	560	1100	310	620	1,20	595	1720	2352	55	800	200	440	1935	4430	230	680	715	340	1905
4	1,20	600	1,20	310	620	1,20	595	1780	2413	55	800	200	440	1935	4430	230	730	765	340	1805
5	1,30	730	1,30	380	260	1,50	650	1900	2534	55	800	200	480	1965	4430	270	870	743	340	1595
6	1,41	800	700	380	760	1,50	650	1960	2594	55	800	200	480	1995	5040	270	370	755	340	2035
7	1,61	850	801	425	850	1,70	693	2260	2656	55	800	200	500	2240	5140	300	660	1085	340	1835
8	1,81	950	300	450	950	1,70	690	2320	2755	55	800	200	500	2450	5540	300	1000	1145	340	2185
9	2,01	1050	1,00	500	1,00	2,00	710	2460	2877	55	800	200	520	2503	5670	310	1040	1395	340	1665
10	2,01	1,20	1,00	550	1,10	2,00	710	2540	2958	55	800	200	520	2753	6175	310	1900	1165	340	2370
11	2,21	1,23	1,10	600	1,20	2,2	740	2620	3069	55	800	200	550	2767	6945	320	1240	1330	340	2210
12	2,21	135	1,10	685	1,25	2,2	740	2705	3150	55	800	200	550	2767	6258	320	1320	1265	340	2215

Nº des Chaud.	28	29	30	31	32	33	34	35	36	37	38	39	40	41	42	43	44	45	46
1	340	240	80	1550	1140	400	340	410	110	450	220	245	50	55	53	400	3420	320	565
2	340	240	80	1700	1240	450	340	460	110	460	230	220	50	55	53	400	3610	320	595
3	340	260	80	1845	1260	450	340	370	110	580	300	250	50	55	53	400	3660	340	555
4	340	260	80	1945	1320	470	340	400	110	630	350	260	50	55	54	400	3780	340	585
5	340	280	80	2100	1440	490	340	310	110	810	470	255	50	55	54.5	400	4020	360	650
6	450	280	80	2200	1500	500	340	340	110	910	570	250	50	55	54.5	400	4140	360	680
7	450	300	80	2470	1580	520	450	390	110	790	420	325	50	55	65	400	4240	380	3025
8	450	300	80	2670	1640	530	450	425	110	950	560	355	50	55	75	400	4860	380	825
9	570	320	80	2895	1780	550	450	340	110	1020	600	375	50	55	76	400	5140	400	870
10	570	320	80	2895	1860	570	450	360	110	1180	760	340	50	55	86.5	400	5300	400	[illegible]
11	570	340	80	3125	1940	600	450	330	110	1220	780	355	50	58	87	400	5460	[illegible]	[illegible]
12	570	340	80	3125	2025	620	450	367.5	110	1310	860	347.5	50	55	87.5	400	5650	420	550

Chaudières mixtes à un seul corps

NUMÉROS DES CHAUDIÈRES	1	2	3	4	5	6	7	8	9	10	11	12
Epaisseur du Corps de Chaudière — Pression égale à 5 K^os	8	8,5	8,5	9	9,5	9,5	10,5	10,5	11	11,50	12	12,5
d° 6 d°	9	9,5	10	10	10,5	11	12	13	13	13,5	14	14,5
d° 7 d°	10	10,5	11	11,5	12	12,5	13,5	14	14,5	15	16	16,5
Epaisseur du Dôme	7	7	7,5	7,5	8	8	8,5	8,5	9	9	10	10
Diamètre du Tuyau d'Alimentation et de Vidange	40	40	40	40	50	50	50	50	60	60	60	60
Epaisseur des plaques tubulaires	18	18	18	18	19	19	19	19	20	20	20	20
Diamètre des Rivets de la Chaudière (pour une pression de 5 K^os)	17	17	17	17	19	19	19	19	21	21	21	21
Ecartement des Rivets de la Chaudière	59	59	59	68	68	68	68	68	77	77	77	77
Ecartement des deux Lignes de rivets de la Chaudière	24	24	24	28	28	28	28	28	32	32	32	32
Ecartement des Rivets des plaques tubulaires	38	38	38	44	44	44	44	44	50	50	50	50
Recouvrement des tôles de la Chaudière	78	78	78	88	88	88	88	88	98	98	98	98
Recouvrement des tôles des Plaques tubulaires	54	54	54	60	60	60	60	60	66	66	66	66
Epaisseur des Tubes	3	3	3	3	3	3	3	3	3	3	3	3
Diamètre des Robinets de prise de Vapeur	60	65	70	75	80	85	90	100	180	120	130	140
Diamètre des Robinets d'alimentation d'échappement et de Vidange	30	30	35	35	40	40	45	45	50	55	60	60
Diamètre des Soupapes pour 6 K^os de pression	50	55	60	70	80	90	100	115	130	140	150	150+
Diamètre de la prise de Vapeur du Giffard	20	25	25	25	25	25	35	35	35	35	40	40
Diamètre des Rivets du Dôme	17	17	17	17	17	17	17	17	19	19	19	19
Recouvrement des tôles du Dôme	78	78	78	78	78	78	78	78	88	88	88	88
d° de la tôle sur la fonte	80	80	80	80	80	80	80	80	90	90	90	90
De l'axe des Rivets au bord des recouvrements	27/53	27/53	27/53	27/53	27/53	27/53	27/53	27/53	30/60	30/60	30/60	30/60
Largeur du réceptable des matières entrainées	340	340	340	340	450	450	450	450	570	520	520	520
Epaisseur de la partie en fonte du Dôme	35	35	35	35	40	40	40	40	45	45	45	45
Développement de la Tôle au bois	1,400	1,500	1,500	1,500	1,600	1,700	1,700	1,800	1,800	1,900	1,900	2,000
Nombre de Viroles	3	3	3	3	3	5	5	5	5	5	5	5
Entre la Plaquet d'arrière et la Maçonnerie	250	250	300	300	300	350	350	400	400	400	450	450
Hauteurs des fers à T	150	150	150	150	150	150	160	160	160	160	160	160
Recouvrement maximum des Plaques tubulaires	60	60	66	66	66	72	72	72	72	78	78	78
Cornière de la Boîte à fumée	40×40/6	40×40/6	45×45/7	45×45/7	50×50/8	50×50/8	55×55/9	55×55/9	60×60/10	60×60/10	65×65/11	65×65/11
Epaisseur de la Jante de la boite à fumée	6	6	6	6	7	7	7	7	8	8	8	8
Diamètre des rivets des Fers à T	17	17	17	17	17	17	21	21	21	21	21	21
Diamètre des Rivets de la Cornière de la boîte à fumée	12	12	12	12	15	15	15	15	17	17	17	17

Supports de la Chaudière

	1	2	3	4	5	6	7	8	9	10	11	12
Nombre	4	4	4	4	4	6	6	6	6	8	8	8
Longueur de la Base	300	300	300	350	350	350	400	400	400	450	450	450
Largeur d°	215	215	215	230	230	230	240	240	240	250	250	250
Epaisseur d°	35	35	35	38	38	38	40	40	40	42	42	42
Quart de rond	40/30	40/30	40/30	40/30	40/30	40/30	50/40	50/40	50/40	50/40	50/40	50/40
Distance du dessus de la nervure au quart de rond	30	30	30	30	28	28	30	30	30	30	30	30
Epaisseur de la nervure	35	35	35	35	35	35	40	40	40	40	40	40
Nombre de Rivets	4	4	4	4	6	6	6	6	6	6	6	6
Diamètre des Rivets	25	25	25	25	25	25	25	25	25	25	25	25
Distance d'Axe en axe sur l'horizontale	135	135	135	140	140	140	150	150	150	150	160	160
d° à la Base	75	75	75	80	75	75	80	80	80	82	82	82
Des Rivets supérieurs au bord supérieur	75	75	75	80	60	60	62	62	62	62	62	62

SÉRIES OU ÉLÉMENTS PROPORTIONNELS DE CONSTRUCTION

CHAUDIÈRES MIXTES A UN SEUL CORPS

NUMÉROS DES CHAUDIÈRES	1	2	3	4	5	6	7	8	9	10	11	12
Rapport entre la surface de la grille et les Carneaux	1:4	1:4	1:4	1:4	1:4	1:4	1:4,3	1:4,3	1:4,6	1:4,6	1:5	1:5
Surface de Chauffe nominale	15	20	25	30	40	50	60	80	100	120	140	160
Diamètre des Tubes (*Intérieur* = 64) Extérieur =	70	70	70	70	70	70	70	70	70	70	70	70
Longueur des Tubes entre les Plaques tubulaires	3000	3,000	3,500	3,500	3,500	4,000	4,000	4,500	4,500	5,000	5,000	5,000
De Centre en centre des Tubes	90	90	90	90	90	90	90	90	90	90	90	90
Nombre de Tubes	18	26	28	36	48	52	64	78	98	108	124	144
Diamètre des Plaques tubulaires	0,920	1,020	1,040	1,100	1,180	1,240	1,320	1,380	1,480	1,580	1,640	1,720
Surface de Chauffe directe (Y compris les plaques d'arrière)	4200	5,290	6,170	6,390	6890	8,230	8,970	10,57	11,53	13,56	13,87	14,78
d° d° des Tubes	10,85	15,62	19,68	25,32	33,76	41,80	51,45	70,51	88,59	108,54	124,62	144,72
d° d° totale réelle	15,55	20,96	25,85	31,71	40,65	50	60,42	81,08	100,12	122,10	138,49	150,60
d° de la Grille	0,382	0,500	0,616	0,720	0,950	1,120	1,350	1,710	2,100	2,400	2,750	3,000
Largeur de la Grille	0,450	0,500	0,560	0,600	0,730	0,800	0,850	0,950	1,050	1,200	1,250	1,350
Longueur de la Grille	0,850	1,000	1,100	1,200	1,300	1,400	1,600	1,800	2,000	2,010	2,200	2,200
Section de passage dans les Tubes	0,0528	0,0826	0,090	0,115	0,154	0,167	0,205	0,250	0,315	0,347	0,398	0,463
d° d° à travers la boîte à fumée	0,105	0,126	0,160	0,180	0,250	0,275	0,360	0,420	0,480	0,560	0,644	0,700
d° d° dans les Carneaux	0,107	0,124	0,148	0,180	0,230	0,284	0,315	0,397	0,456	0,520	0,550	0,560
Dimensions des ouvertures de la boîte à fumée	150/350	150/420	200/400	200/450	250/500	250/550	300/600	300/700	300/800	350/850	350/920	350/1000
Surface de chacun des deux Carneaux	0,0535	0,062	0,074	0,090	0,115	0,142	0,158	0,199	0,228	0,260	0,275	0,300
Dimensions du Registre	250/500	250/500	310/620	300/620	380/760	380/760	425/850	450/950	500/1000	550/1100	600/1200	625/1250
Du dessus de la Grille au dessous de la Chaudière	400	400	440	440	480	480	500	500	520	520	550	550
Production de Vapeur par heure (18 K.os par mètre)	270	360	450	540	720	900	1080	1440	1800	2450	2515	2880
Charbon brûlé par heure (1 K.o pour 8 K.os d'eau)	34	45	56	68	90	112	135	180	225	270	315	360
Charbon brulé par mètre carré de surface de Grille	90	90	90	95	95	100	100	105	107	112	115	120
Rapport entre la surface de Grille et les Carneaux	1:4	1:4	1:4	1:4	1:4	1:4	1:4,3	1:4,3	1:4,6	1:4,6	1:5	1:5
Du dessus des Tubes au niveau moyen	140	140	140	140	140	140	140	140	140	140	140	140
Hauteur entre le niveau inférieur et supérieur de l'eau	180	180	180	180	180	180	180	180	180	180	180	180
Du niveau moyen à la partie supérieure de la Chaudière	0,25	0,28	0,30	0,32	0,34	0,36	0,38	0,40	0,42	0,45	0,48	0,50
Diamètre du dôme de vapeur	700	750	750	800	800	850	850	900	900	950	950	1000
Volume moyen en eau, de la Chaudière	1,34	1,62	1,84	1,87	2,23	2,80	3,17	3,72	4,68	5,05	5,50	5,55
d° d° en Vapeur d°	0,61	0,72	0,93	1,05	1,07	1,50	1,79	2,00	2,24	2,61	3,10	3,25
Volume total intérieur, en Eau et Vapeur	1,95	2,34	2,80	2,92	3,30	4,30	4,96	5,72	6,92	7,74	8,60	8,80
Surface de Grille, par mètre carré de surface de Chauffe	2,54	2,50	2,47	2,40	2,37	2,25	2,25	2,14	2,10	2,00	1,96	1,87
Rapport entre la section des Tubes et la Grille	1-6,6	1-6,05	1-6,8	1-6,2	1-6,1	1-6,7	1-6	1-6,8	1-6,7	1-6,9	1-6,9	1-6,5
Du dessus des Tubes au niveau le plus bas	50	50	50	50	50	50	50	50	50	50	50	50
Distance entre les robinets de jauge extrêmes	130	130	130	130	130	130	130	130	130	130	130	130
De centre en centre des Tubulures du niveau d'eau	300	300	300	300	300	300	300	300	300	300	300	300
Rapport du Volume de la Chambre de Vapeur au Volume de Vapeur par heure	2,26	2,00	2,07	1,96	1,48	1,78	1,66	1,39	1,24	1,25	1,23	1,15
Rapport du Volume d'eau contenu au Volume vapeur par heure	4,97	4,50	3,83	3,46	3,10	3,11	2,94	2,58	2,60	2,35	2,19	1,92
Rapport du Volume d'eau au Volume de vapeur	2,20	2,25	2,01	1,78	2,08	1,87	1,77	1,86	2,09	2,05	1,70	1,75
D'axe en axe des deux rangs de Tubes verticaux du milieu	140	140	140	140	150	150	150	150	160	160	160	160
Largeur des Carneaux Verticaux	243	268,5	248,5	259	254,5	249,5	375,5	355,5	376	341,5	357	342,5
Longueur d° d°	220	230	300	350	470	570	450	560	600	760	780	860
De l'Autel au dessous de la Chaudière	240	240	260	260	280	280	300	300	320	320	340	340
Hauteur sous la Chaudière derrière l'autel	320	320	340	340	360	360	380	380	400	400	420	420
Entre le corps de la chaudière et la paroi du fourneau	100	100	100	100	120	120	120	120	140	140	[illegible]	[illegible]
Saillie de l'autel sur la Grille	160	160	180	180	200	200	200	200	200	200	[illegible]	[illegible]
Epaisseur des murs du fourneau sur l'axe horizontal	340	340	340	340	340	340	450	450	450	450	450	450
Epaisseur du corps de Chaudière, sur une pression de 4 K.os	6,5	7	7,5	7,5	8	8	8,5	9	9,5	10	10	10,5

Dejey & Cie 18, Rue de la Perle, Paris

Imp. de l'École Centrale et de la Société des Écoles d'Arts & Métiers

CHAUDIÈRES A BOUILLEURS AVEC CORPS TUBULAIRE ET

FOURNEAUX EN BRIQUES

—————×—————

N°1. Coupe verticale suivant W.W.

au 1/25   (v. pl. 63)

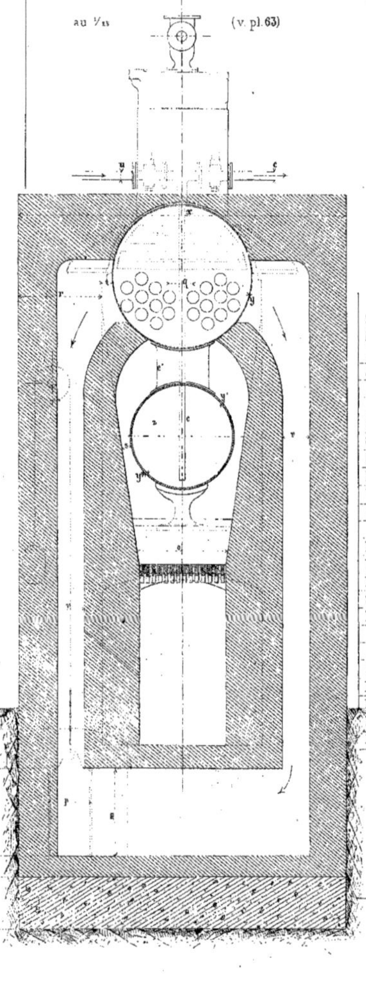

Suite du tableau

N°s	1	2	3	4	5	6	7	8	9	10	11	12
o	550	560	600	730	800	850	900	950	1050	1200	1250	1350
p	250	250	310	380	380	425	450	450	500	550	600	625
q	140	140	140	140	140	150	150	150	160	160	160	160
r	340	340	340	340	340	450	450	450	450	450	450	450
s	60	60	65	65	70	70	75	75	75	80	80	80
t	50	50	55	55	60	60	65	65	70	70	75	75
u	40	40	40	40	50	50	50	50	60	60	60	60
v	152	155	185	190	230	295	282	355	375	400	405	432
Pressions de: x	1.88	1.92	1.98	2.08	2.78	2.90	2.98	3.12	3.16	3.22	3.24	3.38

Chaudières Corps		1	2	3	4	5	6	7	8	9	10	11	12
$4^{x}=$	y	6	6.5	7	7.5	7.5	8	8	8.5	9	9.5	10	10
$5=$	y	7	8	8.5	8.5	9	9.5	9.5	10.5	10.5	11	11.5	12
$6=$	y	8	9	9.5	10	10	10.5	11	12	12	13	13.5	14
$7=$	y	9	10	10.5	11	11.5	12	12.5	13.5	14	14.5	15	16

Bouilleurs — Corps		1	2	3	4	5	6	7	8	9	10	11	12
$4^{x}=$	y'	6	6	6	6.5	6	6	6	6	6	6	6	6.5
$5=$	y'	6.5	6.5	6.5	7	6.5	6.5	6.5	6.5	6.5	6.5	6.5	7
$6=$	y'	7	7	7	7.6	7	7	7	7	7	7	7	7.5
$7=$	y'	7.5	7.5	7.5	8	7.5	7.5	7.5	7.5	7.5	7.5	7.3	8

Bouilleurs — Corps de feu		1	2	3	4	5	6	7	8	9	10	11	12
$4^{x}=$	y''	8	8	8.5	8.5	8	8	8	8	8	8	8	8.5
$5=$	y''	8.5	8.5	9	9	8.5	8.9	8.5	8.5	8.5	8.5	8.5	9
$6=$	y''	9	9	9.5	9.5	9	9	9	9	9	9	9	9.5
$7=$	y''	9.5	9.5	10	10	9.5	9.5	9.5	9.5	9.5	9.5	9.5	10

Bouilleurs — Calotte emboutie		1	2	3	4	5	6	7	8	9	10	11	12
$4^{x}=$	z	8	8	8	8.5	8.5	8	8	8	8	8	8	8.5
$5=$	z	8.5	8.5	8.5	9	8.5	8.5	8.5	8.5	8.5	8.5	8.5	9
$6=$	z	9	9	9.5	9.5	9	9	9	9	9	9	9	9.5
$7=$	z	9.5	9.5	9.5	10	9.5	9.5	9.5	9.5	9.5	9.5	9.5	10

	1	2	3	4	5	6	7	8	9	10	11	12
N°s des Chaudières	1	2	3	4	5	6	7	8	9	10	11	12
Surf. de chauffe nominales	20 m²	25	30	40	50	60	75	85	100	120	150	160
Nombre de tubes	20	24	36	38	44	60	62	78	80	100	114	126
d°— de bouilleurs	1	1	1	1	2	2	2	2	2	2	2	2
Surf. de chauffe directe	5.30	10.95	11.23	13.15	20.15	20.65	25.20	25.97	29.61	30.57	34.65	36.63
d°——— des tubes	10.36	14.47	21.71	26.75	30.97	42.23	45.87	62.73	72.38	90.47	114.42	126.67
d°——— totale (C)	20.26	25.42	32.94	39.90	51.12	62.88	75.07	88.70	101.99	121.04	149.06	163.30
Surf. de la grille (S)	0.50	0.62	0.72	0.95	1.18	1.35	1.53	1.71	2.10	2.40	2.75	3.00
Section de passage des tubes (O)	0.064	0.072	0.116	0.128	0.141	0.193	0.200	0.251	0.257	0.322	0.367	0.405
Ouvertures de la boîte à fumée	0.105	0.120	0.180	0.200	0.250	0.325	0.36	0.42	0.45	0.50	0.56	0.644
Rapport entre S et (O) ci dessus	7.8	8	6.2	7.8	7.9	7	7.65	6.8	8.17	7.42	7.49	7.41
Vap.r par heure (18k par m²) (v)	360	450	540	720	900	1170	1350	1530	1800	2150	2700	2880
Charbon brulé à l'heure (1k p' 8k)	45	56	67.5	92	112	142	169	191	225	270	337	360
d° par m² de grille	90	91	94	97	100	109	110	112	107	112	119	120
Eau moyenne en chaudière (E)	1.77	2.14	2.83	3.32	4.03	4.38	5.23	6.02	7.08	8.06	8.68	9.84
Vapeur en moyenne d° (V)	0.52	0.62	0.76	0.98	1.11	1.13	1.56	1.75	2.05	2.25	2.68	3.12
Eau et vapeur, total	2.29	2.76	3.60	4.30	5.14	5.50	6.80	7.77	9.13	10.31	11.36	13.00
Surf. (S) par m² de surf (C)	2.50	2.46	2.40	2.37	2.24	2.08	2.04	2.01	2.10	2.00	1.88	1.87
Rapport entre (V et v) ci-dessus	1.43	1.40	1.41	1.58	1.44	1.00	1.15	1.14	1.14	1.05	1.00	1.08
d° (E et v) d°	5.00	4.75	5.22	4.61	4.48	3.75	3.88	3.92	3.98	3.72	3.21	3.42
d° (E et V) d°	3.40	3.44	3.70	3.38	3.63	3.87	3.36	3.44	3.45	3.58	3.24	3.15
Section d'un carneau vert.al	0.05	0.06	0.07	0.09	0.11	0.14	0.16	0.20	0.22	0.24	0.29	0.34
De centre en centre des chaud.res	1.685	1.69	1.76	1.87	2.54	2.67	2.75	2.90	2.94	3.00	3.01	3.165
Largeur de la porte (fourneau)	350	400	400	520	520	650	650	650	800	800	900	900
Nomb. d'entretoises des plaques	2	2	2	2	2	2	4	4	6	6	6	8
De centre en centre des bouilleurs					680	680	660	730	730	730	730	780

Fer plat pour entretoises des plaques tubulaires —— 40/25

Diamètre des tubes { intérieurement ——— 64 / extérieurement ——— 70

Distance de centre en centre ——— 95

Nombre de Communications par bouilleur ——— 2

CHAUDIÈRES A BOUILLEURS
avec Corps tubulaires et Fourneaux en Briques.

Nᵒˢ	1	2	3	4	5	6	7	8	9	10	11	12
A.	324	896	1037	1057	1118	1199	"	"	"	"	"	"
B.	3058	3356	3356	3985	3905	3570	4470	4520	5080	5095	5555	5585
C.	600	600	600	700	600	600	650	650	650	650	650	200
D.	3184	3486	3486	4045	4035	4095	4604	4654	5164	5190	5690	5725
E.	885	930	1000	1070	982	1020	1075	1120	1150	1210	1245	1315
F.	180	180	180	200	180	180	190	190	190	190	190	200
G.	300	300	300	350	300	300	325	375	325	325	325	350
H.	415	455	455	495	495	515	515	515	535	535	565	565
I.	160	160	160	200	160	160	180	180	180	180	180	200
J.	240	240	240	280	240	240	260	260	260	260	260	280
K.	800	800	800	800	800	800	800	800	800	800	800	800
L.	1000	1100	1200	1300	1400	1600	1700	1800	2000	2000	2200	2200
M.	550	600	600	650	650	700	700	700	750	750	800	800
N.	750	750	800	800	850	850	900	900	900	950	950	1000
O.	810	880	1020	1040	1100	1180	1240	1320	1380	1480	1560	1640
P.	150	150	150	200	200	250	250	300	300	320	320	350
Q.	350	400	600	500	625	650	720	700	750	800	860	920

	1	2	3	4	5	6	7	8	9	10	11	12
R.	140	140	140	140	140	140	140	140	140	140	140	140
S.	180	180	180	180	180	180	180	180	180	180	180	180
T.	232	250	280	300	320	340	360	380	400	420	450	480
U.	50	50	50	50	50	50	50	50	50	50	50	50
V.	255	295	295	295	335	335	335	335	355	355	385	365
X.	330	400	400	480	500	500	560	560	600	600	720	780
Y.	356	356	356	405	405	470	470	520	520	555	555	585
Z.	2,70	3,00	3,00	3,50	3,50	3,50	4,00	4,00	4,50	4,50	5,00	5,00

	1	2	3	4	5	6	7	8	9	10	11	12
a.	250	275	275	300	300	300	300	300	300	320	320	350
b.	3,88	4,18	4,18	4,73	4,73	4,78	5,30	5,35	5,84	5,88	6,38	6,40
c.	30	35	35	40	40	45	45	45	50	55	60	60
d.	25	25	25	25	25	35	35	35	35	40	40	40
d'.	55	60	70	80	90	100	115	115	130	140	150	160
e.	18	18	18	18	18	19	19	19	19	20	20	20
e'.	7	7,5	7,5	8	8	8,5	8,5	8,5	9	9	10	10
e''.	9	9	9	11	9	9	10	10	10	10	10	11
f.	300	300	300	300	300	300	300	300	300	300	300	300
g.	130	130	130	130	130	130	130	130	130	130	130	130
h.	600	600	600	600	600	600	600	600	600	600	600	600
i.	220	220	220	220	220	220	220	220	220	220	220	220
j.	110	110	110	110	110	110	110	110	110	110	110	110
k.	340	340	390	390	450	450	500	500	530	530	560	560
l.	120	120	120	120	120	120	120	120	120	120	120	120
m.	500	500	620	760	760	850	950	950	1000	1100	1200	1250
n.	65	70	75	80	85	90	100	100	110	120	130	140

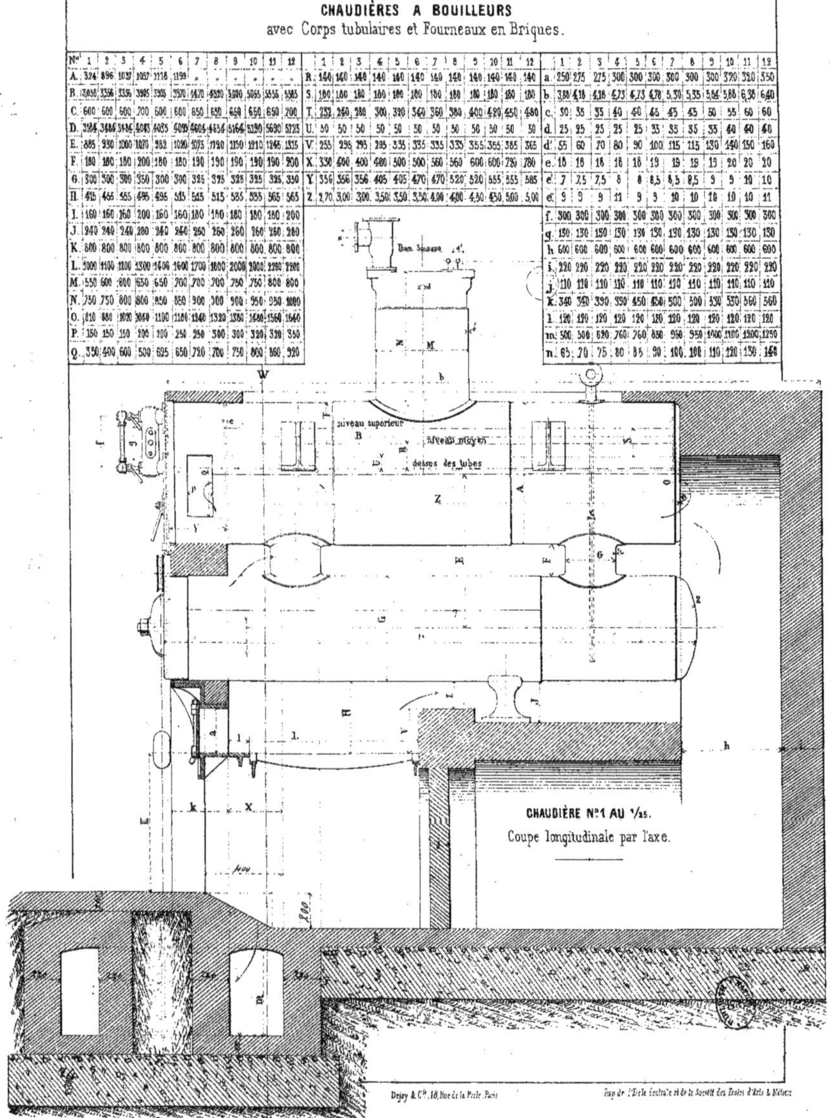

CHAUDIÈRE Nᵒ1 AU 1/25.

Coupe longitudinale par l'axe.

Coupe verticale   Élévation

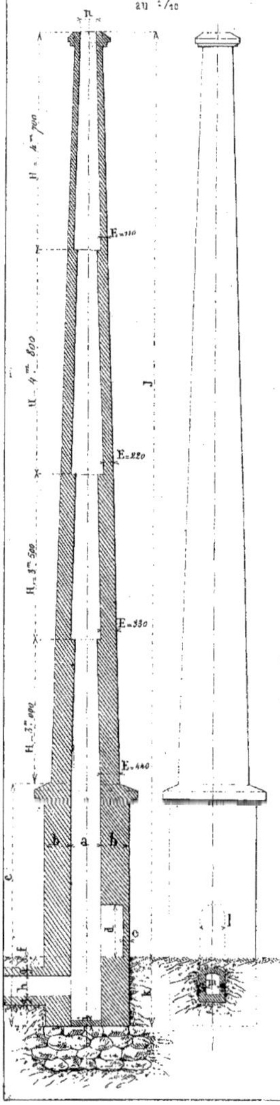

au 1/10

CHEMINÉES EN BRIQUES

rondes ou carrées pour chaudières à bouilleurs.

Cheminée au 1. pour chaudière de 6 à 8 chevaux

hauteur totale 19ᵐ 60

Tableau de Série

Aucune Section au-dessus de la base ne devra être plus petite qu'en n

Forces en Chevaux	4	6-8	10-12	16	23	30	50	60	100	120	150	180	200	500
a	500	650	880	800	1220	1460	1620	1320	2060	1750	2160	2380	2600	3920
b	440	550	660	660	660	660	770	880	990	990	1100	1100	1100	1210
c	2800	300	3960	4000	4300	4600	5000	7320	8020	9020	10000	8330	8900	9730
d	100	1100	1100	1100	1200	1200	1200	1300	1600	1600	1600	1600	1600	1700
e	110	110	110	110	110	110	110	110	110	110	110	110	110	110
f	200	200	200	200	220	220	220	300	300	300	300	00	00	200
g	220	220	220	220	220	220	220	220	220	220	330	330	330	330
h	400	400	540	620	700	800	900	1300	1500	1500	1600	1800	2200	2400
i	110	110	110	220	220	220	220	220	220	220	330	330	330	330
j	17,40	19,60	23,90	25,00	29,30	32,60	32,00	32,00	15,80	43,00	48,00	50,20	56,20	65,00
k	1510	1510	1810	1720	1650	1700	1720	2740	2740	2740	2290	2460	3000	3250
l	500	500	600	500	700	700	600	700	800	800	800	800	800	800
m	300	300	300	310	300	300	400	800	700	700	1,00	1,00	1,40	1,60
n	300	350	440	480	600	650	850	800	1,20	1,10	1,40	1,50	1,60	2,20
1re assise — H	4500	3000	2800	3000	3200	3600	2500	3000	3000	3800	3000	3000	3000	4600
1re assise — E	330	440	550	550	550	550	660	770	880	880	990	990	990	1100
2e — H	4500	3500	3400	3550	4400	4600	5200	3600	3500	4000	3400	3450	3500	5100
2e — E	220	330	440	440	440	440	550	660	770	770	880	880	880	990
3e — H	5000	4800	4000	4100	5000	5600	4000	4200	4100	4300	3200	3900	4000	5600
3e — E	110	220	330	330	330	330	440	550	660	660	770	770	770	880
4e — H		4700	4600	4560	5600	6600	4200	4100	4650	4600	4200	4380	4500	6800
4e — E		110	220	220	220	220	330	440	550	550	660	660	680	770
5e — H			5200	5200	6200	7600	5700	5400	6300	4800	4660	4600	5000	6600
5e — E			110	110	110	110	220	330	440	440	550	580	550	660
6e — H							6800	6000	5800	5000	5000	6300	5500	7000
6e — E							110	220	330	330	440	440	440	550
7e — H									6800	5000	5150	5800	6200	7400
7e — E									220	220	330	330	330	440
8e — H									7210	6000	6000	6400	6800	8800
8e — E									110	110	220	220	[illegible]	[illegible]
9e — H											6500	7000	7500	8000
9e — E											110	110	110	220